U0884111

"十三五"国家重点出版物出版规划项目
面向可持续发展的土建类工程教育丛书
"十二五"普通高等教育本科国家级规划教材
普通高等教育工程造价类专业系列教材

工程造价（专业）概论

第2版

编　著　李建峰　赵　健　王淑芳　房　伟
　　　　孟　乐　张　艳　徐丽娇　勾利娜
主　审　陈起俊

机械工业出版社

本书是工程造价专业“工程造价概论”或“工程造价专业概论”课程教材，也是一本对学生进行专业教育的教材。全书共8章，依次介绍了工程与工程建设、土木工程、工程造价及其管理、工程造价专业人才培养目标和要求、工程造价专业人才培养方案与课程体系、大学学习原理与专业学习方法、工程造价专业人士制度、工程造价专业人才需求与择业导向等内容。

本书的作用在于指导大一新生及早了解本专业的基本情况和行业发展态势，明确学习目标和任务，掌握学习规律和方法，增强学习的目的性、主动性和责任感，为今后学好专业课程、掌握专业技能和从事相关工作打下坚实基础。

本书可作为普通高等学校、高等职业院校工程造价专业教学用书，也可作为学生自学的参考资料，还可作为土木工程技术人员了解工程造价的参考书。

本书配有电子课件，免费提供给选用本书作为教材的授课教师。需要者请登录机械工业出版社教育服务网（www. cmpedu. com）注册免费下载，或根据书末的“信息反馈表”索取。

图书在版编目（CIP）数据

工程造价（专业）概论/李建峰等编著. —2版. —北京：机械工业出版社，2017.4（2025.8重印）

“十三五”国家重点出版物出版规划项目　“十二五”普通高等教育本科国家级规划教材　普通高等教育工程造价类专业系列教材

ISBN 978-7-111-56588-8

Ⅰ. ①工…　Ⅱ. ①李…　Ⅲ. ①工程造价—高等学校—教材　Ⅳ. ①TU723.32

中国版本图书馆CIP数据核字（2017）第071881号

机械工业出版社（北京市百万庄大街22号　邮政编码100037）
策划编辑：刘　涛　责任编辑：刘　涛　郭克学
责任校对：潘　蕊　封面设计：马精明　责任印制：张　博
三河市宏达印刷有限公司印刷
2025年8月第2版第10次印刷
184mm×260mm · 11.75印张 · 271千字
标准书号：ISBN 978-7-111-56588-8
定价：38.00元

电话服务　　　　　　　　　网络服务
客服电话：010-88361066　机　工　官　网：www. cmpbook. com
　　　　　010-88379833　机　工　官　博：weibo. com/cmp1952
　　　　　010-68326294　金　　书　　网：www. golden-book. com
封底无防伪标均为盗版　　　机工教育服务网：www. cmpedu. com

普通高等教育工程造价类专业系列教材

编 审 委 员 会

主任委员：尹贻林

副主任委员：吴佐民　王传生　陈起俊　李建峰　周和生

刘元芳　邹　坦

委　　员（按姓氏笔画排序）：

马　楠　王来福　李　伟　刘　涛　闫　瑾

严　玲　张建平　张敏莉　陈德义　周海婷

柯　洪　荀志远　徐学东　陶学明　晏兴威

曾繁伟　董士波　解本政　谭敬胜

序　一

1996年，建设部和人事部联合发布了《造价工程师执业资格制度暂行规定》，工程造价行业期盼多年的造价工程师执业资格制度和工程造价咨询制度在我国正式建立。该制度实施以来，我国工程造价行业取得了三个方面的主要成就：

一是形成了独立执业的工程造价咨询产业。通过住房和城乡建设部标准定额司和中国建设工程造价管理协会（以下简称中价协），以及行业同仁的共同努力，造价工程师执业资格制度和工程造价咨询制度得以顺利实施。目前，我国已拥有注册造价工程师近11万人，甲级工程造价咨询企业1923家，年产值近300亿元，进而形成了一个社会广泛认同独立执业的工程造价咨询产业。该产业的形成不仅为工程建设事业做出了重要的贡献，也使工程造价专业人员的地位得到了显著提高。

二是工程造价管理的业务范围得到了较大的拓展。通过大家的努力，工程造价专业从传统的工程计价发展为工程造价管理，该管理贯穿于建设项目的全过程、全要素，甚至项目的全寿命周期。造价工程师的地位之所以得以迅速提高就在于我们的业务范围没有仅仅停留在传统的工程计价上，是与我们提出的建设项目全过程、全要素和全寿命周期管理理念得到很好的贯彻分不开的。目前，部分工程造价咨询企业已经通过他们的工作成就，得到了业主的充分肯定，在工程建设中发挥着工程管理的核心作用。

三是通过推行工程量清单计价制度实现了建设产品价格属性从政府指导价向市场调节价的过渡。计划经济体制下实行的是预算定额计价，显然其价格的属性就是政府定价；在计划经济向市场经济过渡阶段，仍然沿用预算定额计价，同时提出了“固定量、指导价、竞争费”的计价指导原则，其价格的属性具有政府指导价的显著特征。2003年《建设工程工程量清单计价规范》实施后，我们推行工程量清单计价方式，该计价方式不仅是计价模式形式上的改变，更重要的是通过“企业自主报价”改变了建设产品的价格属性，它标志着我们成功地实现了建设产品价格属性从政府指导价向市场调节价的过渡。

尽管取得了具有划时代意义的成就，但是必须清醒地看到我们的主要业务范围仍然相对单一、狭小，具有系统管理理论和技能的工程造价专业人才仍很匮乏，学历教育的知识体系还不能适应行业发展的要求，传统的工程造价管理体系部分已经不能适应构建我国法律框架和业务发展要求的工程造价管理的发展要求。这就要求我们重新审视工程造价管理的内涵和任务、工程造价行业发展战略和工程造价管理体系等核心问题。就上述三个问题笔者认为：

1. 工程造价管理的内涵和任务。工程造价管理是建设工程项目管理的重要组成部分，它是以建设工程技术为基础，综合运用管理学、经济学和相关的法律知识与技能，为建设项目的工程造价的确定、建设方案的比选和优化、投资控制与管理提供智力服务。工程造价管理的任务是依据国家有关法律、法规和建设行政主管部门的有关规定，对建设工程实施以工程造价管理为核心的全面项目管理，重点做好工程造价的确定与控制、建设方案的优化、投资风险的控制，进而缩小投资偏差，以满足建设项目投资期望的实现。工程造价管理应以工程造价的相关合同管理为前提，以事前控制为重点，以准确工程计量与计价为基础，并通过优化设计、风险控制和现代信息技术等手段，实现工程造价控制的整体目标。

2. 工程造价行业发展战略。一是在工程造价的形成机制方面，要建立和完善具有中国特色的“法律规范秩序，企业自主报价，市场形成价格，监管行之有效”的工程价格的形成机制。二是在工程造价管理体系方面，构建以工程造价管理法律、法规为前提，以工程造价管理标准和工程计价定额为核心，以工程计价信息为支撑的工程造价管理体系。三是在工程造价咨询业发展方面，要在“加强政府的指导与监督，完善行业的自律管理，促进市场的规范与竞争，实现企业的公正与诚信”的原则下，鼓励工程造价咨询行业“做大做强，做专做精”，促进工程造价咨询业可持续发展。

3. 工程造价管理体系。工程造价管理体系是指建设工程造价管理的法律法规、标准、定额、信息等相互联系且可以科学划分的整体。制订和完善我国工程造价管理体系的目的是指导我国工程造价管理法制建设和制度设计，依法进行建设项目的工程造价管理与监督。规范建设项目投资估算、设计概算、工程量清单、招标控制价和工程结算等各类工程计价文件的编制。明确各类工程造价相关法律、法规、标准、定额、信息的作用、表现形式以及体系框架，避免各类工程计价依据之间不协调、不配套，甚至互相重复和矛盾的现象。最终通过建立我国工程造价管理体系，提高我国建设工程造价管理的水平，打造具有中国特色和国际影响力的工程造价管理体系。工程造价管理体系的总体架构应围绕四个部分进行完善，即工程造价管理的法规体系、工程造价管理标准体系、工程计价定额体系以及工程计价信息体系。前两项是以工程造价管理为目的，需要法规和行政授权加以支撑，要将过去以红头文件形式发布的规定、方法、规则等以法规和标准的形式加以表现；后两项是服务于微观的工程计价业务，应由国家或地方授权的专业机构进行编制和管理，作为政府服务的内容。

我国从1996年开始实施造价工程师执业资格制度。天津理工大学在全国率先开设工程造价本科专业，2003年才获得教育部的批准。但是，工程造价专业的发展已经取得了实质性的进展，工程造价业务从传统概预算计价业务发展到工程造价管理。尽管如此，目前我国的工程造价管理体系还不够完善，专业发展正在建设和变革之中，这就急需构建具有中国特色的工程造价管理体系，并积极把有关内容贯彻到学历教育和继续教育中。

2010年4月，笔者参加了2010年度“全国普通高等院校工程造价类专业协作组会议”，会上通过了尹贻林教授提出的成立“普通高等教育工程造价类专业系列教材”编审委员会的议题。我认为，这是工程造价专业发展的一件大好事，也是工程造价专业发展的一项重要基础工作。该套系列教材是在中价协下达的“造价工程师知识结构和能力标准”的课题研究基础上规划的，符合中价协对工程造价知识结构的基本要求，可以作为普通高等院校工程造价专业或工程管理专业（工程造价方向）的本科教材。2011年4月中价协在天津召开了理事长会议，会议决定在部分普通高等院校工程造价专业或工程管理专业（工程造价方向）试点，推行双证书（即毕业证书和造价员证书）制度，我想该系列教材将成为对认证院校评估标准中课程设置的重要参考。

该套教材体系完善，科目齐全，笔者虽未能逐一拜读各位老师的新作，进而加以评论，但是，我确信这将又是一个良好的开端，它将打造一个工程造价专业本科学历教育的完整结构，故笔者应尹贻林教授和机械工业出版社的要求，欣然命笔，写下对工程造价专业发展的一些个人看法，勉为其序。

中国建设工程造价管理协会
秘书长　吴佐民

注：本序写于2011年。

序　二

进入21世纪，我国高等教育界逐渐承认了工程造价专业的地位。这是出自以下考虑：首先，我国三十余年改革开放的过程主要是靠固定资产投资拉动经济的迅猛增长，导致对计量计价和进行投资控制的工程造价人员的巨大需求，客观上需要在高校办一个相应的本科专业来满足这种需求。其次，高等教育界的专家、领导也逐渐意识到一味追求宽口径的通才培养不能适用于所有高等教育形式，开始分化，即重点大学着重加强对学生的人力资源投资通用性的投入以追求“一流”，而对于大多数的一般大学则着力加强对学生的人力资源投资专用性的投入以形成特色。工程造价专业则较好地体现了这种专用性，它是一个活跃而精准满足上述要求的小型专业。第三，大学也需要有一个不断创新的培养模式，既不能泥古不化，也不能随市场需求而频繁转变。达成上述共识后，高等教育界开始容忍一些需求大，但适应面较窄的专业。在十余年的办学历程中，工程造价专业周围逐渐聚拢了一个学术共同体，以“全国普通高等院校工程造价类专业教学协作组”的形式存在着，每年开一次会议，共同商讨在教学和专业建设中遇到的难题，目前已有几十所高校的专业负责人参加了这个学术共同体，日显人气旺盛。

在这个学术共同体中，大家认识到，各高校应因地制宜，创出自己的培养特色。但也要有一些核心课程来维系这个专业的正统和根基。我们把这个根基定为与大学生的基本能力和核心能力相适应的课程体系。培养学生基本能力是各高校基础课程应完成的任务，对应一些公共基础理论课程；而核心能力则是今后工程造价专业适应行业要求的培养目标，对应一些高校自行设置、各有特色的工程造价核心专业课程。这两类能力和其对应的课程各校均已达成共识，从而形成了这套“普通高等教育工程造价类专业系列教材”。以后的任务则是要在发展能力这个层次上设置各校特色各异又有一定共识的课程和教材，从英国工程造价（QS）专业的经验看，这类用于培养学生的发展能力的课程或教材至少应该有项目融资及财务规划、价值管理与设计方案优化、LCC及设施管理等。这是我们协作组今后的任务，可能要到“十三五”才能实现。

那么，高等教育工程造价专业的培养对象，即我们的学生应如何看待并使用这套教材呢？我想，学生应首先从工程造价专业的能力标准体系入手，真正了解自己为适应工程造价咨询行业或业主方、承包商方工程计量计价及投资控制的需要而应当具备的三个能力层次体系，即从成为工程造价专业人士必须掌握的基本能力、核心能力、发展能力入手，了解为适应这三类能力的培养而设置的课程，并检查自己的学习是否掌握了这几种能力。如此循环往复，与教师及各高校的教学计划互动，才能实现所谓的“教学相长”。

工程造价专业从一代宗师徐大图教授在天津大学开设的专科专业并在技术经济专业植入工程造价方向以来，在21世纪初，由天津理工大学率先获得教育部批准正式开设目录外专业，到本次教育部调整高校专业目录获得全国管理科学与工程学科教学指导委员会全体委员投票赞成保留，历时二十余载，已日臻成熟。期间徐大图教授创立的工程造价管理理论体系至今仍为后人沿袭，而后十余年间又经天津理工大学公共项目及工程造价研究所研究团队及开设工程造价专业的高校同行共同努力，已形成坚实的教学体系及理论基础，在工程造价这个学术共同体中聚集了国家级教学名师、国家级精品课、国家级优秀教学团队、国家级特色专业、国家级优秀教学成果等一系列国家教学质量工程中的顶级成果，对我国工程造价咨询业和建筑业的发展形成强烈支持，贡献了自己的力量，得到了高等工程教育界的认同，也获得了世界同行的瞩目。可以想见，经过进一步规划和建设，我国高等工程造价专业教育必将赶超世界先进水平。

天津理工大学公共项目与工程造价研究所（IPPCE）所长
尹贻林　博士　教授

注：本序写于2011年。

前　言

《工程造价（专业）概论》第1版出版已有五年多，多次重印，受到广大读者的关注和厚爱。随着我国工程造价专业和行业的不断发展壮大，社会对工程造价专业人才需求的不断提高以及《高等学校工程造价本科指导性专业规范》（2015年版）的正式发布，编者深感教材内容已略显陈旧，不能完全适应我国工程造价专业的教学需要。因此，修订出版第2版就成了必然。

本书在整个修订过程中，坚持“紧跟时代、吐故纳新、完善内容、贴近教学、突出实用”的指导思想，使教材内容更加符合当前工程造价专业的发展和教学要求。本书再版主要修订了以下内容：

1）更新了我国近几年的工程实例，增加了著名工程、超级工程纪录片的观看网址。

2）根据《高等学校工程造价本科指导性专业规范》（2015年版），对我国工程造价专业人才培养目标、要求、培养方案以及课程体系进行了修订。

3）根据章节重点，每章后面增加了习题。

4）针对工程造价领域的人才需求，为工程造价专业毕业的学生提出了更多的择业建议。

5）在保持原版教材风格的基础上，对语言和内容进行了锤炼，使内容更加充实精练、贴近教学。

全书共8章，包括工程与工程建设、土木工程、工程造价及其管理、工程造价专业人才培养目标和要求、工程造价专业人才培养方案与课程体系、大学学习原理与专业学习方法、工程造价专业人士制度、工程造价专业人才需求与择业导向等内容。

全书由长安大学李建峰教授策划，李建峰、赵健、王淑芳、房伟、孟乐、张艳、徐丽娇、勾利娜等编著。

本书由山东建筑大学陈起俊教授担任主审。陈教授为本书提供了许多建设性的意见，在此深表谢意。

本书的再版基于我们教学研究团队的努力，也有历届读者、同行的中肯建议，更有出版社的大力支持；另外，在修订过程中参阅了大量的文献和资料，在此对这些文献的作者和所有关心本书的同行、使用者、支持者深表谢意。

由于诸多原因，本书仍会存在一些不足，恳请各位读者不吝赐教，我们将不胜感激。

编著者

教学建议（学习导言）

1. 教学导航

“工程造价（专业）概论”是一门在大一开设的专业教育启蒙课程，其内容涉及与工程造价（专业）相关的多方面知识。本教材在编写过程中，不仅考虑到专业基础知识的介绍，还与其他相关课程有着很好的衔接。教材的内容安排包括专业基础知识、专业教育起点与专业培养体系、专业学习指导和专业就业指导四大模块，具体的框架体系和知识要点如图1所示。

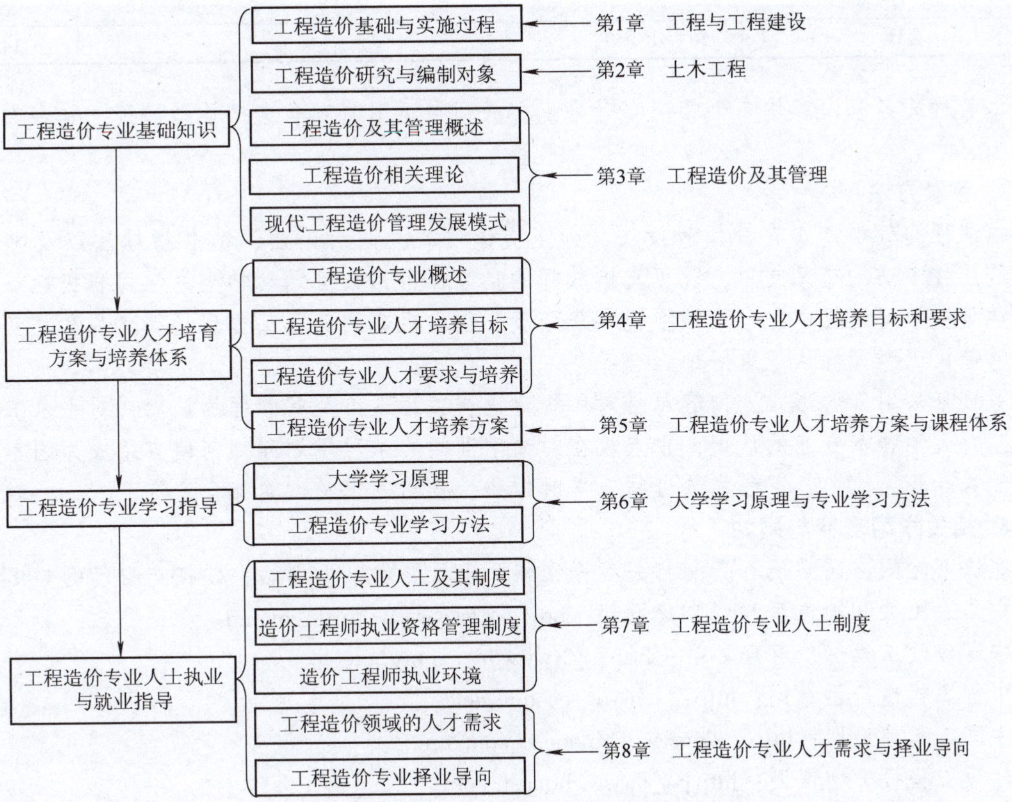

图1　本书框架体系和知识要点

2. 课内外教学内容及学时分配

使用本教材的课内外教学内容及学时安排可参考表1。

表1　课内外教学内容及学时安排参考表

章节	内　　容	课内学时	课　　外	课外时数
1	工程与工程建设	2	观看超级工程纪录片至少两次；参观实际工程项目至少一次；可以完成一份调研报告（内容是对土木工程及分类的认识）	6
2	土木工程	3～4		

（续）

章节	内　　容	课内学时	课　　外	课外时数
3	工程造价及其管理	2～3	写一份自我介绍，包括爱好、兴趣、上大学的目的及对大学的印象	3
4	工程造价专业人才培养目标和要求	2		
5	工程造价专业人才培养方案与课程体系	2	参观本专业优秀学生作业、毕业设计，组织一次师生（也可邀请高年级学生）思想、学习交流；可以完成一份调研报告（内容是对工程造价专业的认识及四年大学生活的规划）	3
6	大学学习原理与专业学习方法	1		
7	工程造价专业人士制度	2	可请专业人士做职业报告	2
8	工程造价专业人才需求与择业导向	2		
合计		16～18		14

本教材的各章内容均多于相应学时分配，教师在运用时可有选择性地讲授，其余内容可供学生自学。

3. 教学方法

本课程的教学方式有教师教授法、师生交谈法、共同讨论法、读书指导法以及翻转课堂。这几种方法的交叉使用，既可发挥教师的指导作用，又可调动学生的学习积极性。

学生在学习过程中，也应该重视实践环节，创造机会到实际工程现场等参观和感受，以期使感性认识和理性认识更好地融合。

考核可采用开卷形式，内容包括对工程建设、工程造价及其管理的认识，对土木工程的了解，对大学和本专业的认识，重点放在对大学期间的学习规划和如何使自己成为国家所需要的优秀专业人才上。课程成绩应结合平时作业、日常表现及试卷综合评定。

4. 相关学习资料与网站

在课余时间，同学们可查阅相关参考文献，也可登录以下网站，以扩充自己的知识：

中华人民共和国住房和城乡建设部：http：//www. mohurd. gov. cn。

中国建设工程造价管理协会：http：//www. ceca. org. cn。

中国工程造价信息网：http：//www. costcn. net。

中国工程建设网：http：//www. chinacem. com. cn。

建设工程投资增值网：http：//www. bqcost. com。

筑龙网：http：//www. zhulong. com。

国际造价工程师联合会：http：//www. icoste. org。

国际工程管理学术研究网：http：//www. sttrz. org/Index. html。

各省市地区的工程造价信息网等。

目　录

第1章 工程与工程建设

学习要点 本章介绍工程造价基本知识——工程与工程建设的概念、分类和工程建设程序，我国工程建设法规与管理制度。通过本章的学习，要求了解工程与工程建设的基本概念，熟悉工程与工程建设项目的分类，明确工程相关的科学技术以及工程建设在国民经济中的地位和作用，重点掌握工程建设程序以及我国现行的工程建设法规与管理制度。

1.1 工程

1.1.1 工程的相关概念

1. 科学、技术及工程的概念

工程的含义涉及很多方面，为了更好地理解工程的含义，首先需要了解几个与工程相关的名词术语。

（1）科学 **科学**是指运用范畴、定理、定律等思维形式反映现实世界各种现象、本质、规律的知识体系，是对一定条件下物质变化规律的总结。科学的任务是探索自然界和社会的本质及其发展规律。

按照不同的划分依据，科学一般有以下几种分类方法：

1）按研究对象的不同，科学可分为自然科学、社会科学和思维科学，以及总结和贯穿于三个领域的哲学和数学。**自然科学**是指研究无机自然界和包括人的生物属性在内的有机自然界的各门科学的总称，如数学、物理、化学、天文学等都属于自然科学的研究领域；**社会科学**是指用科学的方法，研究人类社会的各种现象的各学科总体或其中任一学科，如政治学、经济学、管理学等都属于社会科学的研究范围；**思维科学**是指研究人的意识与大脑、精神与物质、主观与客观的综合性科学。

2）按与实践的不同联系，科学可分为理论科学、技术科学和应用科学等。理论科学是指偏重理论总结和理性概括，强调较高普遍的理论认识而非直接实用意义的科学，如数学、天文学、生物学等；**技术科学**是指偏重指导生产技术的基本理论学科，如理论力学、结构力学、电子学、电工学等；**应用科学**是指把基础理论转向实际应用的科学，如施工技术与组织、工程招标投标、项目管理等。

3）按人类对自然规律利用的直接程度，科学可分为自然科学和实验科学两类。自然科学在前面已经介绍过，这里不再重复；**实验科学**是指以实验为基础，将人类已经认识的自然规律，用一定的手段汇集在一起的科学。

4）按是否适合用于人类目标，科学可分为广义科学和狭义科学两类。**广义科学**是指将传统的实验科学的定义域外延，从三维空间拓展到N维空间的理论体系，是虚拟中的科学；**狭义科学**是指广义科学中适合人类生存的科学。

（2）技术　**技术**是指根据自然科学原理和生产实践经验，通过改造环境以实现特定目标的生产工艺、作业方法等。技术的任务是利用和改造自然，以其生产的产品为人类服务。技术主要具有以下三个特性：

1）条件性。技术是有条件的，由于科学规律是客观的，技术必须符合科学规律才能发挥作用，它必然要受到客观环境的制约，只有在特定的条件下才能发挥作用。技术的条件性要求我们在应用技术时，需认真考查目标环境是否适合技术的应用。

2）目的性。技术是有目的的，它是以满足人的需要为前提的，正因如此，技术才体现出它的价值。具有目的性的行为方法才能称之为技术，才有技术意义。技术的目的性要求我们在应用技术时，要认真注意这种技术除了形成我们想要的结果之外，是否还可能存在一些意想不到的结果，产生一些间接意义。

3）抽象性。技术是抽象的，一种技术实际上是总结出来的一种方法，而不是一项活动，它源于实践活动又高于实践活动。技术的抽象性要求我们在应用技术时，必须把技术和实际联系起来，把抽象的技术具体化。

不断发展的技术促进了人类物质文明的发展，推动了人类社会的进步。但是，技术进步也带来某些不良的影响，如环境污染问题日益严重等，这也越来越引起全人类的关注和思考。

（3）工程　**工程**是指以科学技术为依托，通过科学知识的应用，并结合经验的判断、自然资源的经济利用，以最短的时间和精而少的人力做出高效、可靠且对人类有用的东西。工程的任务是解决实际需要的问题。

在现代社会中，“工程”一词有广义和狭义之分。**广义的工程**是指为达到某种目的，按一定的计划和组织，在一个较长时间周期内，应用有关的科学知识和技术手段，将投入的各种资源最好地为人类服务而进行协作活动的过程；**狭义的工程**是指应用有关的科学知识和技术手段，通过有组织的活动将某个（或某些）现有实体（自然的或人造的）转化为具有预期使用价值的人造产品的过程。

2. 科学、技术和工程的关系

科学、技术和工程是三个不同的概念，它们之间既有紧密的联系又有明显的区别，三者之间的区别见表1-1。科学是技术的理论指导和理论基础，结合科学进行开发研究，得出新材料、新工艺、新品种的方法就是技术；技术是科学的实际运用，是科学和生产的中介，没有技术，科学对生产就没有实际意义；工程则是以科学与技术为依托，解决现实生活中的实际问题，工程和技术对科学也有巨大的反作用，在技术开发和工程实践过程中所出现的新现象和提出的新问题，可以扩展科学研究的领域，工程和技术能为科学研究提供必要的仪器设备。

表1-1　科学、技术与工程的区别

项　目	科　学	技　术	工　程
目的	创造知识的研究活动	创造方法、技巧	创造对人类有用的东西
任务	回答“是什么”“为什么”	回答“做什么”“怎样做”	回答“怎样满足实际需求”
研究内容	发现、探索未知活动	发明、创造实践活动	寻求为人类服务的活动
研究成果	知识形态	知识形态和物质形态	物质形态
侧重点	理论研究	介于理论和经验之间	实际经验
方法	侧重分析	侧重综合	侧重运用
评价标准	正确与否	有效与否	适用与否

3. 科学家和工程师

（1）科学家　科学家是指对真实自然及未知生命、环境、现象及其相关现象统一性的客观数字化重现与认识、探索、实践、定义的专业类别贡献者，包括自然科学家和社会科学家。所有自然科学和社会科学的研究人员，达到了一定的造诣，获得有关部门和行业内的认可，均可以称为科学家，如数学家、物理学家、化学家、哲学家和思想家等，都属于科学家的范畴。

成为一名科学家并不是一蹴而就的，优秀的科学家必须具备以下素质：

1）好奇心。好奇心是一名科学家首先应该具备的素质，对自然的好奇，对普通事物的好奇，对事物规律的好奇，都促使他们对事物的本质进行探知，并把对个别事物的认知归纳成为最基本的简单而重要的法则。

2）恒心。优秀的科学家必须具有恒心，在科学研究的道路上会遇到很多困难和挫折，恒心能够促使他们在研究过程中不断努力，锲而不舍，坚持自己的科学研究事业。

3）自信心。优秀的科学家应该有很强的自信心，任何研究成果的出现都是一项创新，只有拥有足够的自信心、相信自己判断的科学家才能坚持自己的成果，从而其成果才有可能被大家所验证而成为科学成就。

（2）工程师　工程师是指具有从事工程系统操作、设计、管理和评估能力的人员。在欧洲的一些国家，工程师称谓的使用被法律所限制，它必须用于持有学位的人士，而其他没有学位的人士使用工程师的称谓属于违法行为。在美国大部分州及加拿大一些省份也有类似法律存在，通常只有在专业工程考试取得合格时才可被称为工程师。在美国，工程师（Engineer）一词也用于指操作机械发动机（Engine）的人，也可以将工程师理解为工程的原动力、启动人。工程师必须具有以下几个方面的素质：

1）政治素质。政治素质主要体现在工程师有能为国家和社会的进步与发展献身的精神，即必须具备良好的民族精神，并将民族精神寓于自己的个体意识之中，将民族精神作为基本素质来要求自己、提高自己。工程师还应该拥有很强的责任心，有一种造福后代和振兴民族的强烈责任感。

2）知识素质。知识素质主要体现在工程师不仅应具有扎实的基础科学知识和工程科学知识，还应该具备经济、社会、文化、管理等方面的知识。某些专业的工程师还应该具备很好的审美观，如建筑工程师。另外，工程师还应该具备很好的再学习能力、终生学习能力和对知识的灵活运用能力。

3）能力素质。能力素质主要体现在工程师除了具有扎实的基础科学知识和广博的知识面等知识素质外，还应具备与社会相适应的能力素质，包括社会适应能力、创新能力、交流合作能力、组织管理能力、全局思维能力、独立解决问题的能力、自学能力、实践能力等。工程师的能力素质与其知识素质具有同等重要的地位，有时甚至更为重要。

4）竞争素质。具有竞争力是一名工程师的必备核心素质。竞争力是知识、理解力、创造性、经验和完成任务能力的综合体现，是工程师对从未遇到过的问题进行判断的能力和利用各种技能解决这些问题的能力。工程师的知识越多，理解力和创造性越强，经验也越丰富，对企业的发展贡献越大。

（3）科学家和工程师的差异　科学家和工程师往往容易混淆，但两者的概念仍然存在很多差异，两者的差异见表1-2。科学家努力探索大自然，以便发现一般性法则；工程师则遵照此既定原则，通过科学解决一些技术问题。

表 1-2 科学家和工程师的差异

项 目	科 学 家	工 程 师
工作意向	研究和发现未知世界的本质及发展规律	开发新技术和新设计创建新事物
工作特征	探索世界以发现普遍法则	使用普遍法则以设计实际物品
才能要求	好奇心、恒心、自信心、探索求知	竞争力、能规划、能预见、能评价

1.1.2 工程的分类

随着人类文明的发展，人们可以创造出结构和功能都更加复杂的产品，工程也逐渐发展成为一门独立的学科和技艺。按照科学技术应用领域的不同可以将工程分为土木工程、市政工程、园林工程、交通工程、机械工程、生物工程等。

（1）土木工程 **土木工程**是建造各类工程设施的科学技术的统称。它既指所应用的材料、设备和所进行的勘测、设计、施工、保养维修等技术活动，也指工程建设的对象，即建造在地上或地下、陆上或水中，直接或间接为人类生产、生活、军事、科研服务的各种工程设施，如房屋、道路、铁路、运输管道、隧道、桥梁、运河、堤坝、港口、电站、飞机场、海洋平台、给水排水以及防护工程等。

例如，北京大兴国际机场（图 1-1）又称北京第二国际机场、北京首都机场，是建设在北京市大兴区礼贤镇、榆垡镇与河北廊坊市广阳区的超大型国际航空综合交通枢纽。2016 年，机场主体工程已开工建设，配套设施已完成设计并将陆续开工。机场 T1 航站区建筑群总面积 143 万 m^2，航站楼主体面积 103 万 m^2，分为三个标段，分别由北京城建、北京建工、中建八局实施，总工期 1218 个日历天，计划于 2019 年 7 月 15 日交付。截至 2016 年，航站楼主体及 5 个指廊的近 9000 根基础桩已全部施工完毕。

图 1-1 北京大兴国际机场规划图

（2）市政工程 **市政工程**是指建造各类市政设施的科学技术的统称。它是指在城市区、镇（乡）规划建设范围内设置、基于政府责任和义务为居民提供有偿或无偿公共产品和服务的各种建筑物、构筑物、设备等。城市生活配套的各种公共基础设施建设都属于市政工程范畴，如常见的城市道路、桥梁、地铁，与生活紧密相关的各种管线、广场、城市绿化等的建设。

图 1-2 西安地铁二号线

例如，西安市地铁二号线（图 1-2）是西安地铁首条运营线路，也是客流量最大、最为重要的线路。一期工程主线于2006年09月29日开工建设、2011年09月16日通车；南延伸段于2010年04月开工建设、2014年06月16日通车，为贯穿市区南北中轴线的核心线路。全长26.8km，设21座地下车站，平均站距1.28km。

（3）园林工程　**园林工程**是指进行园林建设的科学技术的统称。它包括地形改造的土方工程、置石工程、园林绿水工程和园林驳岸工程、喷泉工程、给水排水工程、园路工程和种植工程等。园林工程应该重点注意如何运用新材料、新设备、新技术，如何在综合发挥园林的生态效益、社会效益和经济效益功能的前提下，处理园林中的工程设施与风景园林景观间的矛盾。

例如，2010年上海世博会中国园“亩中山水”（图1-3）是一个典型的园林工程。它位于黄浦江滨水南岸、世博会演艺中心以东、浦明路北侧水门广场以西，其整体规划由两部分组成：静谧幽雅的竹林和深藏其中的具有中国传统韵味的“亩中山水”系列，包括由叠翠亩、桥影亩、听雨轩和荷香馆组成的凝翠园与石笋园、叠石园、映月园、盆景园和环秀园。

图1-3　上海世博会“亩中山水”园林工程

（4）交通工程　**交通工程**是指把人、车、路、环境及能源等与交通综合成为一个统一体进行研究的科学技术的统称。交通工程的主要目标是寻求道路通行能力最大、交通事故最少、运行速度最快、运输费用最省、环境影响最小、能源消耗最低的交通系统规划、建设与管理方案，从而实现交通的安全、迅速、经济、方便、舒适、节能及环保的目的。

例如，京广高铁（图1-4）又称京广客运专线，是中国运营中的高速客运专线之一，也是世界上运营里程最长的一条高铁，全程2298km。始于北京西站，经过北京、河北、河南、湖北、湖南、广东六省市，止于广州南站，共36座车站，设计速度为350km/h，运营速度为310km/h。于2005年开始建设，全线分为三段（京石高铁、石武高铁和武广高铁），武广高铁于2009年12月26日率先通车运营，石武高铁以郑州东站为界分为两部分，郑州至武汉段于2012年9月28日通车运营，而石家庄至郑州段则与北段的京石高铁一同在2012年12月26日投入运营，全线于2012年12月26日开通运营。从北京坐高铁到广州的旅行时间缩短至8h，有效带动了铁路沿线各地的新发展。

图1-4　京广高铁

（5）机械工程　**机械工程**是与机械和动力生产有关的一门学科，是指结合生产实践中的技术经验，研究和解决在开发、设计、制造、安装、运用和修理各种机械过程中的全部理论和实际问题的科学技术的统称。机械是现代社会进行生产和服务的五大要素（人、资金、能源、材料和机械）之一，并参与能量和材料的生产。机械工程是为国民经济提供装备的基础工程，将随着科学技术的发展而发生变化，而且未来机械工程的发展必须向着机电一体化、减少能源消耗和环境污染以及专业化和综合化的方向发展。在机械的制造过程中需要很多机械工程的相关科学技术，这样才有越来越先进的机械设备为国民经济建设服务。

例如，湖南汝城“山河智能”挖掘机械（图1-5）已经被列入“农田基本建设机械”。它广泛用于果园农业生产活动，而且适用于土石方挖掘作业，结构简单，操作方便，其广泛推广和使用就是得益于机械工程的研究与发展。

图1-5 湖南汝城“山河智能”挖掘机械

(6) 生物工程 **生物工程**是指以生命科学及工程学作为理论基础，借助生物体作为反应器或用生物的成分作为工具以提供产品来为社会服务的科学技术的统称。生物工程包括遗传工程（基因工程）、细胞工程、微生物工程（发酵工程）、酶工程（生化工程）和生物反应器工程五大工程。以基因工程为例，它作为生物工程的一个分支，是人类根据一定的目的和设计，对DNA分子进行体外加工操作，再引入受体生物，以改变后者的某些遗传性状，从而培育生物新类型或治疗遗传疾病的一种现代的、崭新的、分子水平的生物工程技术。发明基因工程的思想渊源在于可以应用体外的DNA来改变生物的遗传性状。真正进行基因工程，需要有目的、有计划地对DNA进行体外加工，把某些DNA分子“剪”断，再与另外的DNA分子片段重新连接。

(7) 信息工程 **信息工程**是指以数学和信息科学作为理论基础，结合计算机技术处理社会、经济、工农业生产等各方面实际问题的科学技术的统称。信息工程以研究信息系统和控制系统的应用技术为核心，培养创新和实践能力，是国民经济各部门解决各种定量问题、制定决策和科学管理的重要工具和支柱，是各部门增加竞争力、获得经济和技术成功的关键性学科。

科学技术的应用范围非常广泛，并不局限于以上工程类型，在整个国民经济中，工程的分类还有很多，这里就不一一赘述了，建议观看我国中央电视台拍摄的纪录片《超级工程》。

1.1.3 工程相关的科学技术

工程不是单一存在的，它的产生与很多相关的科学技术密不可分。以土木工程中的建筑工程为例，它是研究如何综合运用已有的自然科学和工程技术理论和方法，总结工程建设各方面的经验，依据国家颁布实行的法律、法规和工程建设的有关规范和标准，进行有效的工程设计、施工、管理的一门综合性的工程学科。从建筑工程与实践的相互联系角度来看，与其相关的科学技术一般可以分为三个层次（图1-6）。第一个层次是理论科学，如数学、物理、计算机等；第二个层次是技术科学，如工程材料、工程结构（如钢结构、钢筋混凝土结构等）等；第三个层次是应用科学，如工程施工、工程计价等。

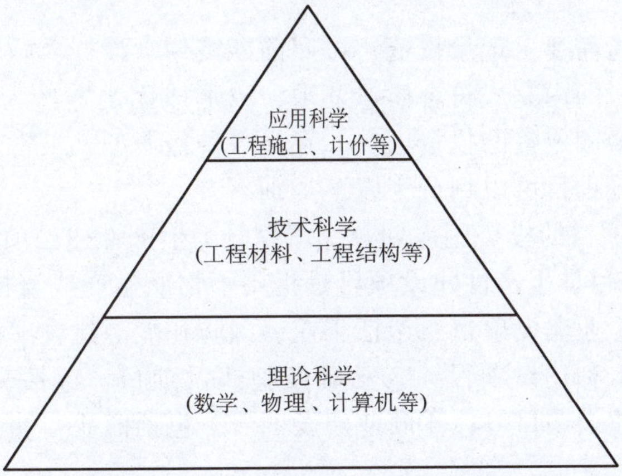

图1-6　建筑工程相关的科学技术图解

1.2　工程建设

1.2.1　工程建设概念

工程建设是指横贯于国民经济各部门、各单位之中，为其形成新的固定资产的综合性经济活动过程，即包括了土木建筑工程、线路管道工程和设备安装工程、建筑装饰装修工程等工程项目的新建、扩建和改建、迁建以及技术改造等活动，是形成固定资产的基本生产过程及与之相关联的其他工程建设工作。工程建设是固定资产再生产的重要手段，也是国民经济发展的重要物质基础。

在工程建设的概念中，需要明确以下四个概念。

（1）固定资产　**固定资产**主要是指企业为生产产品、提供劳务、出租或者经营管理而持有的，使用期限超过一年的房屋、建筑物、机器、机械、运输工具以及其他与生产经营活动有关的设备、器具、工具等。另外，不属于生产经营主要设备的物品，单位价值在2000元以上，并且使用年限超过两年的，也应当作为固定资产。固定资产是企业的劳动手段，也是企业赖以生产经营的主要资产。

（2）土木建筑工程　土木建筑工程简称“**土建工程**”，是土木工程和建筑工程的总称。它是一门为人类生活、生产、防护等活动建造各类设施与场所的工程学科，涵盖了房屋、道路、铁路、机场、桥梁、水利、港口、隧道、给水排水、防护等工程范围内的设施与场所内的建筑物、构筑物、工程物的建设，其既包括工程建造过程中的勘测、设计、施工、养护、管理等各项技术活动，又包括建造过程中所耗的材料、设备与物品。

（3）线路管道和设备安装工程　线路管道和设备安装工程主要包括了电力、通信线路、石油、燃气、供暖、给水排水等管线系统和各种机械设备、装置的安装工程。

（4）其他工程建设活动工作　其他工程建设活动工作主要包括建设单位及其主管部门的投资决策活动、征地、工程勘察设计、招投标及现场准备、工程监理等活动。

1.2.2 工程建设项目分类

工程建设项目是指需要一定量投资，按照前期策划、设计、施工等一系列程序，在一定的资源约束条件下和时间内完成符合质量要求，以形成固定资产为明确目标的一次性任务。工程建设项目就是一个固定资产投资项目，它是一种最典型、最常见的项目类型。按照不同的划分标准，工程建设项目可以划分为以下类别。

（1）按工程建设项目的投资用途划分　可划分为生产性建设项目和非生产性建设项目。

1）生产性建设项目。**生产性建设项目**是指用于物质生产或直接为物质生产服务的建设项目。主要包括：①工业建设项目，包括工业、国防和能源建设项目；②农业建设项目，包括农、林、牧、渔、水利建设项目；③基础设施建设项目，包括交通、邮电、通信建设项目，地质普查、勘探建设项目等；④商业建设项目，包括商业、饮食、仓储、综合技术服务事业的建设项目。

2）非生产性建设项目。**非生产性建设项目**是指用于满足人民物质和文化、福利需要的建设以及非物质资料生产部门的建设。主要包括：①办公用房，包括国家各级党政机关、社会团体、企业管理机关的办公用房；②居住建筑，包括住宅、公寓、别墅等；③公共建筑，包括科学、教育、文化艺术、广播电视、卫生、博览、体育、社会福利事业、公共事业、咨询服务、宗教、金融、保险等建设项目；④其他建设，不属于上述各类的其他非生产性建设。

（2）按工程建设项目的性质划分　可划分为新建、扩建、改建、恢复和迁建项目。

1）新建项目。**新建项目**是指从无到有，新开始建设的项目。但如果原有基础经扩大建设规模后，新增固定资产超过了原有固定资产价值3倍以上的建设项目也可称为新建项目。

例如，上海中心大厦（图1-7）是上海市的一座超高层地标式摩天大楼，其设计高度仅次于阿联酋的迪拜塔，是世界第二高楼。大厦项目面积为433954m²，建筑主体为118层，总高度为632m，结构高度为580m，机动车停车位布置在地下，可停放2000辆车。2008年11月29日主楼桩基开工，2016年3月12日大厦建筑总体正式全部完工（可观看中央电视台拍摄的纪录片《超级工程Ⅰ》第2集）。

图1-7　新建项目——上海中心大厦

2）扩建项目。**扩建项目**是指原有企事业单位，为了扩大原有产品的生产能力或增加新的产品生产能力而新建的一些主要车间或工程的建设项目。

例如，南宁市昆仑大道扩建工程（图1-8），全长55.7km，道路红线宽60m，分三段实施，总投资约66.76亿元。其中，三塘下丹桥至五塘收费站段13.4km，五塘收费站至昆仑镇段19.7km，昆仑镇至宾阳段22.6km，于2014年12月1日开工，2016年完工。

3）改建项目。**改建项目**是指原有企事业单位，为了提高生产效率，改善产品质量，或改变产品方向，而对原有固定资产进行整体性技术改造的项目。此外，增加的一些附属辅助车间或非生产性工程，也属于改建项目。

例如，滁州明亳路亳州段（图 1-9）于 1997 年开工，1999 年底建成通车。但是为了更好地发挥这条公路的重要作用，滁州 S307 明亳路改建主体工程于 2010 年 3 月 31 日开工，2010 年 7 月 10 日胜利竣工，完成了总长为 28.129km 的道路主体工程。

图 1-8　扩建项目——南宁市昆仑大道

4）迁建项目。**迁建项目**是指原有企事业单位，为了改变生产力布局或其他原因，经上级批准搬迁到另地建设的项目。迁建项目不包括留在原址的部分，而且在异地重建的项目，不论是维持原来规模还是扩大建设规模的都视为迁建项目。

例如，山西晋城八中（图 1-10）始建于 1993 年，2013 年 9 月由于景西路北段延伸工程施工，学校校舍整体拆除，暂借星河学校临时办学，为了确保新学校早日建成，晋城八中进行重建，选址重建后的晋城八中位于景西路与书院街交汇处，新校区建筑面积为 16092.2m²，项目投资 7998 万元，2016 年 9 月竣工并投入使用。学校的重建，能够满足周边服务区内居民适龄子女的就学需求，同时，暂借星河学校就读的 660 名学生也可返回新校区就读。

图 1-9　改建项目——滁州 S307 明亳路改建工程

图 1-10　迁建项目——山西晋城八中

5）恢复项目。**恢复项目**是指原有企业、事业和行政单位，因在自然灾害或战争中使原有固定资产遭受全部或部分报废，需要进行投资重建来恢复生产能力和业务工作条件、生活福利设施等的建设项目。需要注意的是：对于这类项目，无论是按原有规模恢复建设，还是在恢复过程中同时进行扩建，都属于恢复项目。但对尚未建成投产或交付使用的项目，受到破坏后，若仍按原设计重建的，原建设性质不变；如果按新设计重建，则根据新设计内容来确定其性质。

例如，雅安境内的国道 351 线，在“4 · 20”芦山地震中部分路段被严重摧毁，按照国家和四川省的地震灾后恢复重建规划，对损毁路段进行灾后恢复重建，其中天全乐英至芦山思延段主体工程已经于 2015 年 12 月 30 日完工，线路全长 15km，二级公路标准，图 1-11 所示为已经修好的道路。

(3) 按工程建设项目的建设过程划分 可划分为筹建项目、在建项目和投产项目。

1）筹建项目。**筹建项目**是指尚未开工，只做准备，正在进行选址、规划、设施等施工前各项准备工作的建设项目。

图 1-11 恢复项目——雅安境内国道 351 线灾后恢复重建

例如，吉武铁路（图 1-12）已于 2014 年 7 月经省发改委批复，计划于 2017 年开始建设。该铁路西起吉安市，东至福建武夷山，途经永丰、乐安、宜黄、南城、资溪、光泽、邵武，在邵武地区接驳浦建龙梅铁路至武夷山，全长约 331km，设计时速为 200km，为国铁Ⅰ级单线铁路，项目总投资约 130 亿元。

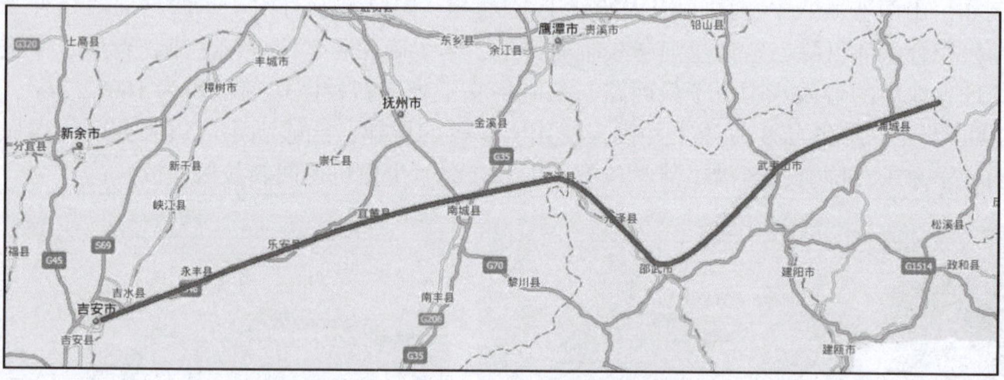

图 1-12 筹建项目——吉武铁路规划路线

2）在建项目。**在建项目**是指正在施工中还没有完成的建设项目。

例如，西安地铁四号线（图 1-13），线路主方向为南北向，南起航天产业基地航天新城站，北至西安北站，贯穿西安国家民用航天产业基地、曲江新区、雁塔区、碑林区、明城中心区、未央区、经济技术开发区等，全长 35.2km，共设车站 29 座（换乘站 10 座），全部为地下线路，最大站间距为 1.983km，平均站间距约 1.213km。项目总投资约 231 亿元，于 2012 年年底开工，预计 2017 年 6 月实现洞通，2018 年全线通车。

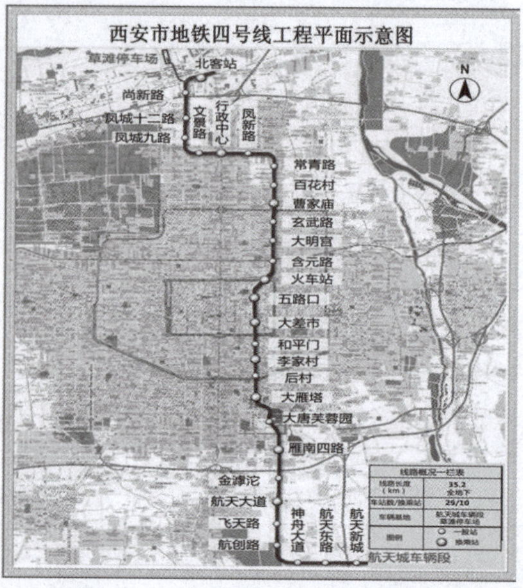

图 1-13 在建项目——西安地铁四号线

3）投产项目。**投产项目**是指全部竣工并已投产或交付使用的建设项目。

例如，溪洛渡水电站（图 1-14）是国家

“西电东送”骨干工程，位于四川和云南交界的金沙江上。工程以发电为主，兼有防洪、拦沙和改善下游航运条件等综合效益，并可为下游电站进行梯级补偿。电站主要供电华东、华中地区，兼顾川、滇两省用电需要，是金沙江“西电东送”距离最近的骨干电源之一，也是金沙江上最大的水电站。2014 年 6 月 30 日水电站所有机组全部投产。

（4）按工程建设项目的投资效益划分　可划分为竞争性项目、基础性项目和公益性项目。

1）竞争性项目。**竞争性项目**是指投资效益比较高、竞争性比较强的一般性建设项目。这类建设项目应以企业作为基本投资主体，由企业自主决策、自担投资风险。

图 1-14　投产项目——溪洛渡水电站

2）基础性项目。**基础性项目**是指具有自然垄断性、建设周期长、投资额大而收益低的基础设施和需要政府重点扶持的一部分基础工业项目，以及直接增强国力的符合经济规模的支柱产业项目。对于这类项目，主要应由政府集中必要的财力、物力，通过经济实体进行投资。同时，还应广泛吸收地方、企业参与投资，有时还可吸收外商直接投资。

3）公益性项目。公益性项目包括科技、文教、卫生、体育和环保等设施，公、检、法等政权机关以及政府机关、社会团体办公设施，国防建设等。**公益性项目**是指其投资主要由政府用财政资金安排的项目。

（5）按工程建设项目的投资规模划分　可划分为大型、中型、小型三类。

（6）按工程建设项目的资金来源和投资渠道划分　可划分为政府投资项目和自筹资金项目。

1.2.3　工程建设程序

工程建设程序是指工程项目从策划、评估、决策、设计、施工到竣工验收、投入生产或交付使用的整个建设过程中，各项工作必须遵循的先后工作次序。它是工程建设过程客观规律的反映，是工程建设项目科学决策和顺利进行的重要保证，也是人们长期在工程项目建设实践中得出来的经验总结。它反映了工程建设全过程所固有的先后顺序的客观规律性，在基建工作中不能任意颠倒，但可以合理交叉。

一个工程建设项目的建成往往需要经过多个不同阶段，其具体的程序可分为七个阶段，如图 1-15 所示，分别为**投资决策阶段**、**勘察设计阶段**、**建设准备阶段**、**施工阶段**、**生产准备阶段**、**竣工验收阶段**和**项目后评价阶段**，每个阶段又包含着若干环节，各有不同的工作内容。

（1）投资决策阶段　投资决策阶段主要包括编制项目建议书和可行性研究两大环节。

1）项目建议书。**项目建议书**是指项目建设筹建单位或项目法人，根据国民经济的发展、国家和地方中长期规划、产业政策、生产力布局、国内外市场、所在地的内外部条件，提出的某一具体项目的建议文件，是对拟建项目提出的框架性的总体设想。

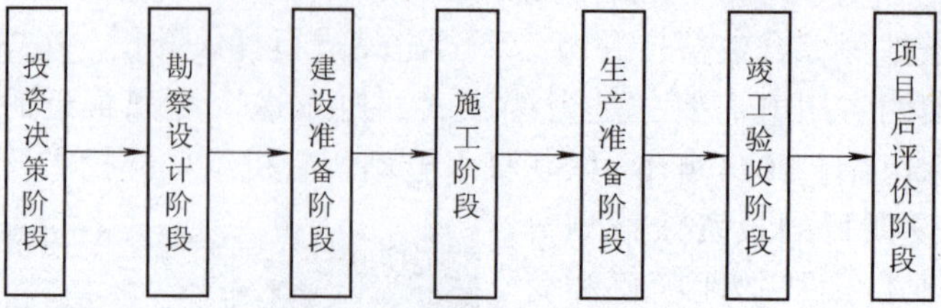

图 1-15 工程建设程序简图

2）可行性研究。**可行性研究**是指在调查的基础上，通过市场分析、技术分析、财务分析和国民经济分析，对投资项目的技术可行性与经济合理性进行的综合评价，是确定项目是否进行投资决策的依据，也是项目建设单位决策性的文件。可行性研究不仅要对项目进行系统分析和全面论证，判断项目是否可行、是否值得投资，还要进行多方案反复比较，提出评价意见，寻求最佳建设方案，避免项目方案的多变造成的人力、物力、财力的巨大浪费和时间的延误。可行性研究完成以后一般可以编制可行性研究报告。可行性研究报告被上级有关部门批准后，就作为初步设计的依据，不得随意修改和变更。如果在建设规模、建设地区、产品方案等方面有变动及突破投资控制数额时，应经过原批准机关的同意。

（2）勘察设计阶段　勘察设计是工程建设的重要环节，勘察设计的好坏不仅影响建设工程的投资效益和质量安全，其技术水平和指导思想对城市建设的发展也会产生重大影响。**一般工程建设项目要经过两阶段设计**，即初步设计和施工图设计。**对于技术比较复杂而又缺乏设计经验的项目，一般采用三阶段设计**，即在初步设计后又要进行技术设计和施工图设计。

初步设计是指为了阐明在指定的地点、时间和投资控制数额内，拟建项目在技术上的可能性和经济上的合理性，根据可行性研究报告的要求所做的具体实施方案。一般而言，在没有最终定稿之前的设计统称为初步设计。初步设计不得随意改变被批准的可行性研究报告所确定的建设规模、产品方案、工程标准、建设地址和总投资等控制指标。如果初步设计提出的总概算超过可行性研究报告确定的总投资估算10%以上或其他主要指标需要变更时，要重新报批可行性研究报告。

技术设计是指在初步设计和施工图设计之间的设计阶段，解决初步设计尚未完全解决的具体技术问题。如工艺流程、工程结构、设备选型及数量确定等，以使得建设项目的设计更具体、更完善，技术经济指标更好。对于一般的工程建设项目可以省略技术设计这个阶段。

施工图设计是指根据初步设计和技术设计编制的，完整地表现建筑物外形、内部空间分割、结构体系、构造状况以及建筑群的组成和周围环境的配合，具有详细的构造尺寸的设计文件。在施工图设计阶段要编制施工图预算。

（3）建设准备阶段　建设准备阶段工作是实现投资目标的重要环节，负有对工程投资、进度、质量、施工安全、环境影响等协调、控制、指挥的权利和责任，主要包括以下几个方面的工作：

1）办理有关手续，如建设用地规划许可证、建设工程施工许可证和开工报告等。

2）组织施工招标投标，择优选定建设监理、工程设计和工程施工单位。

3）施工现场准备，如征地、拆迁和场地平整，完成施工用水、电、路等工程准备。

4）资源准备，包括投入建设项目的资金落实，组织设备、材料订货，组织机构及管理人员的确定等。

5）开工前的技术与资料准备，包括水文地质资料、规划与红线图、总平面布置图、施工图及说明，组织图样会审，协调解决图样和技术资料的有关问题。

（4）施工阶段　工程建设项目一经批准开工，就进入了建设实施阶段，它是工程建设程序中建筑产品形成、项目决策实施的主要阶段。业主通过招标投标选定施工单位后，应立即办理建设许可证，签订承发包合同，施工前要做好图样会审和设计交底，明确“**四控两管一协调**”（投资控制、质量控制、进度控制、安全控制、信息管理、合同管理，协调各方面的关系），严格执行施工质量验收规范，做到计划、设计、施工三个环节相互衔接，投资、工程内容、施工图、设备材料和施工力量五个方面的落实，以保证建设计划的全面完成。

另外，在实施阶段还应该进行生产准备，它是衔接建设和生产的桥梁，是建设主要阶段转入生产经营的必要条件。生产准备主要包括生产组织机构、管理制度、人员、技术、原材料、工器具、备品、备件物资准备等。

（5）生产准备阶段　对于生产性建设项目，在其竣工投产前，建设单位应适时地组织专门班子或机构，有计划地做好生产准备工作，包括招收、培训生产人员；组织有关人员参加设备安装、调试、工程验收；落实原材料供应；组建生产管理机构，健全生产规章制度等。生产准备是由建设阶段转入经营的一项重要工作。

（6）竣工验收阶段　**竣工验收**是指建设工程项目竣工后，由建设单位会同施工单位、勘察单位、设计单位、监理单位、设备供应单位和工程质量监督部门，以项目批准的设计任务书和设计文件以及国家颁发的施工验收规范和质量检验标准为依据，按照一定的程序和手续，对工程项目的总体进行检查和认证的活动。工程竣工验收是全面考核建设成果、检验设计和施工质量的重要步骤，也是建设项目转入生产和使用的标志。

（7）项目后评价阶段　**项目后评价**是指在项目已经完成并运行一段时间后，对项目的目的、执行过程、效益、作用和影响进行系统的、客观的分析和总结的一种技术经济活动，是固定资产管理的一项重要内容，也是工程建设程序的最后一个阶段。通过工程建设项目后评价，确定投资预期的目标是否达到，项目或规划是否合理有效，项目的主要效益指标是否实现，并通过及时有效的信息反馈，为未来项目的决策和投资决策管理水平的提高提出建议，同时也为被评项目实施运营中出现的问题提出改进建议，从而达到提高投资效益的目的。项目后评价阶段包括：项目目标评价、项目实施过程评价、项目效益评价、项目影响评价和项目持续性评价等基本内容。

1.2.4　工程建设在国民经济和社会生活中的地位

工程建设在国民经济中占有举足轻重的地位，代表着一个地区在一定时期的社会、经济、文化、科学、技术的全貌，大力改善和提高了人们的生活水平和工作质量。工程建设与人们的“衣食住行”有着密切的关系（图1-16），既有直接的一面，也有间接的一面。要解决“住”的问题必须建造各种类型的建筑物，这是最直接的关系。要“行”，必须建造铁路、道路、桥梁，这是直接关系；要“衣”，必须修建相应的工厂和设施，才能进行纺纱、织布等，这是间接关系；要“食”，必须打井取水、兴修水利、进行农田灌溉和城市供水排水等，这是直接关系。

工程建设在国民经济体系中有十分重要的地位和作用，具体表现为以下几个方面。

1）工程建设投资额度大，是国民经济的支柱之一。我国的工程建设投资总额巨大，自改革开放以来，投资额度不断增大，如“西气东输”工程总投资达 3000 亿元；“南水北调”工程总投资达 5000 亿元；“西电东送”工程总投资超过 5200 亿元；“五纵七横”国道主干线工程总投资 9000 亿元。工程建设已经成为我国国民经济的支柱之一，而且投资额度也会不断加大。

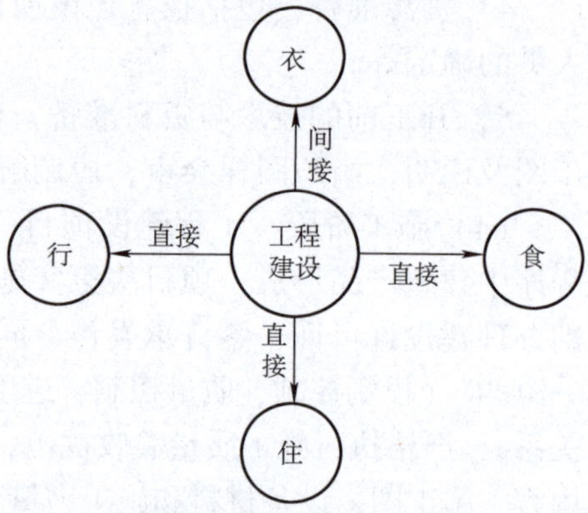

图 1-16 工程建设与“衣食住行”的关系

2）工程建设为社会创造财富，为国民经济其他部门再生产提供物质条件。工程建设为社会创造了四通八达的交通网络和公共交通基础设施，建设了更方便和更优质的城市基础设施。举世瞩目的三峡工程、西电东送、西气东输、青藏铁路、南水北调等重大工程相继完成，上海中心大厦、金茂大厦、昆明新国际机场、北京“鸟巢”、水立方等一大批规模宏伟、技术复杂的重点项目和城市大型工程的建成，都为社会创造了巨大的财富。

3）工程建设为社会提供了劳动就业场所。工程建设可以容纳很多的劳动力，能为社会提供劳动就业场所。自改革开放以后，工程建设的从业人员平均以每年 7% 的速度增长，形成社会从业人员中人数众多的产业大军。另外，工程建设的发展除了容纳劳动力之外，还能间接地影响工程建设地点周围的商业服务网点和工业企业，有效地缓解了就业压力，为劳动力的就业提供了更多的机会。

4）工程建设带动社会其他相关产业的发展。工程建设需要大量的、多种的物质资料，使得工程建设能够带动建筑材料、重工业材料、电气、电子设备等其他相关行业的发展。随着现代化水平的提高，与工程建设相关的产业发展空间将更大，也就必然会促进整个国民经济的发展。

5）工程建设为人们提供了优越的生活方式。工程建设为人们提供了更舒适的居住环境、更优越的工作环境、更多样化的文化技术交流环境和更活跃的社区环境。工程建设把工作、教育、购物、娱乐、体育等结合在一起，为人们提供更为和谐的环境和更为优越的生活方式。

1.3 工程建设法规与管理制度

1.3.1 我国工程建设法规

建设法规是指为了调整国家及其有关机构、企事业单位、社会团体、公民之间在建设活动中或建设行政管理活动中发生的各种社会关系，由具有立法权的国家机关制定的，规定国家管理机关、企事业单位、社会团体以及自然人之间在建设活动或建设行政管理活动中应当遵守的法律、法规的统称。

1. 建设法规的调整对象

建设法规的调整对象是在建设活动中所发生的各种社会关系，主要有以下三种。

（1）建设活动中的行政管理关系 如国家及其建设行政主管部门对建设项目的立项、计划、资金筹集、设计、施工、验收等实行的监督管理关系；对城镇规划与建设中的监督管理关系；对建筑业、房地产业、市政公用事业中发生的监督管理关系；对建筑市场的监督管理关系等。

（2）建设活动中的经济关系 如建设单位、勘察设计单位、施工单位、材料设备供应单位等之间所发生的经济关系，**通常以经济合同方式加以确立**。

（3）建设活动中的民事关系 如土地征用、拆迁安置，房地产交易中有关买卖、租赁等活动中发生的一系列民事关系。

2. 建设法规体系

根据《中华人民共和国立法法》，我国现行的工程建设法规的体系可分为以下五个层次。

（1）建设法律 **建设法律**是指由全国人民代表大会及其常委会制定和颁布的属于国务院建设行政主管部门业务范围的各项法律，其效力仅次于宪法，在全国范围内具有普遍的约束力，是建设法规体系的核心。如《中华人民共和国合同法》《中华人民共和国城乡规划法》《中华人民共和国建筑法》《中华人民共和国招标投标法》等。

（2）建设行政法规 **建设行政法规**是指由国务院制定和颁布的属于建设行政主管部门业务范围的各项规范性文件，其效力低于宪法和法律，在全国范围内具有约束力。建设行政法规的名称可以是“条例”“规定”“办法”等，它们是建设法律的配套法规。

条例是对某一方面行政工作做比较全面和系统的规定。如国务院颁发的《建设工程质量管理条例》《建设工程勘察设计合同条例》《中华人民共和国招标投标法实施条例》。

（3）建设部门规章 **建设部门规章**是指由国务院建设行政主管部门或其与国务院其他相关部门根据法律和行政法规联合制定和颁布的，在本部门权限范围内有效的规范性文件，其效力低于宪法和法律，在本部门范围内具有约束力。它的名称可以是“规定”“办法”和“实施细则”等，但不能用“条例”。它是“法”和“条例”的具体补充和规定，如《建设工程质量管理办法》《中华人民共和国注册建造师条例实施细则》《建设工程工程量清单计价规范》等。

（4）地方性建设法规 **地方性建设法规**是指由省、自治区、直辖市和较大的市（指省、自治区的人民政府所在地的市，经济特区所在地的市和经国务院批准的较大的市）的人民代表大会及其常务委员会根据本行政区域的具体情况，在不与宪法、建设法律、建设行政法规和建设部门规章相抵触的前提下制定和颁布的建设方面的法规，其效力低于法律、行政法规，仅在本区域内有效。它的名称可以是“条例”“规定”“办法”等，如《北京市建筑市场管理条例》《陕西省建设工程造价管理办法》等。

（5）地方性建设规章 **地方性建设规章**是指由省、自治区、直辖市和较大的市的人民政府根据本行政区域的具体情况，在不与宪法、建设法律、建设行政法规和建设部门规章相抵触的前提下制定和颁布的建设方面的规范性文件，其效力低于法律、行政法规，仅在本区域内有效。它的名称可以是“规定”“办法”和“实施细则”等，但不能用“条例”。

建设法规体系中的五个层次必须和相关法规配合使用，建设法规层次之间存在一定的关系，如图1-17所示。

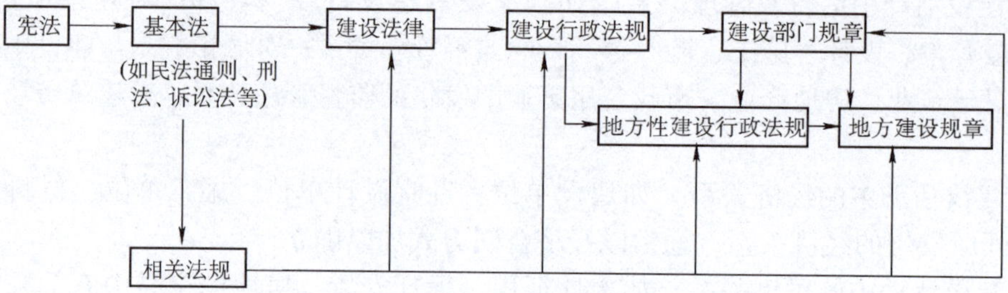

图1-17 建设法规层次之间的相互关系

3. 工程造价管理相关政策法规

工程造价管理必须与国家的政策法规保持一致，但又有其自身的独立性，覆盖建设活动的各个行业、领域以及工程建设的全过程。工程造价管理的相关政策法规可以分为以下四个层次。

(1) 相关法律法规

1) 建筑法。**建筑法**是指调整工程建设的进度管理、投资管理、质量管理和安全管理过程中发生的社会关系的法律规范的总称。其立法的目的在于加强建筑活动的监督管理，维护建筑市场秩序，保证建筑工程的质量和安全，促进建筑业健康发展。

2) 合同法。**合同法**是指调整平等主体的自然人、法人、其他组织之间的合同关系，即民事权利义务关系。合同法中对于建设工程合同有详细规定，其立法目的在于规范建设合同双方的权利和义务，规范建筑市场。

3) 招标投标法。**招标投标法**是指调整在招标投标过程中产生的各种关系的法律规范的总称。它对招标、投标、开标、评标和中标整个过程都做出了相应的规定，其立法目的在于规范招标投标活动，使招标投标双方的行为更加规范化。

4) 价格法。**价格法**是指调整我国价格关系、规范价格行为、发挥价格合理配制资源作用的法律制度。其立法目的在于规范价格行为，发挥价格合理配置资源的作用，稳定市场价格总水平，保护消费者和经营者的合法权益，促进社会主义市场经济健康发展。

(2) 相关部门规章　包括政府采购代理机构资格认定办法、注册造价工程师管理办法、工程造价咨询企业管理办法、建设工程价款结算暂行办法等。

另外，中国建设工程造价管理协会（简称“中价协”）制定了多项与工程造价管理相关的标准和规程，如《建设项目投资估算编审规程》（CECA/GC 1—2015）、《建设项目设计概算编审规程》（CECA/GC 2—2015）、《建设项目工程结算编审规程》（CECA/GC 3—2010）、《建设项目全过程造价咨询规程》（CECA/GC 4—2009）、《建设项目施工图预算编审规程》（CECA/GC 5—2010）、《建设工程招标控制价编审规程》（CECA/GC 6—2011）、《建设工程造价咨询成果文件质量标准》（CECA/GC 7—2012）、《建设工程造价鉴定规程》（CECA/GC 8—2012）、《建设项目工程竣工决算编制规程》（CECA/GC 9—2013）、《建设工程造价咨询工期标准》（房屋建筑工程）（CECA/GC 10—2014）。

(3) 相关规范性文件　如《公共机构节能条例》《民用建筑节能条例》等。

(4) 相关地方政策法规　如《江苏省建设工程造价管理办法》《四川省＜建设工程工程量清单计价规范＞实施办法》《广西壮族自治区建设工程造价管理办法》等。

1.3.2 我国工程建设管理制度

我国在工程建设管理方面实行**"三方"管理制度**，即在政府有关部门的监督管理之下，由建设项目业主、承包商、监理单位直接参加的管理制度，如图1-18所示。

在图1-18中，政府有关部门是指建设主管部门、规划管理部门、质量监督部门、劳动、消防、环保和卫生等部门；建设项目业主是指建设单位，即项目投资方；承包商不仅仅指施工单位，还包括勘察设计单位、施工安装单位、材料供应单位等；监理单位是指具有法人资格，并持有相应资质证书，由建设项目业主雇佣，从事工程监理业务的经济组织。在"三方"管理结构中，"三方"都需要对工程建设项目进行管理，实现"四控制两管理一协调"。

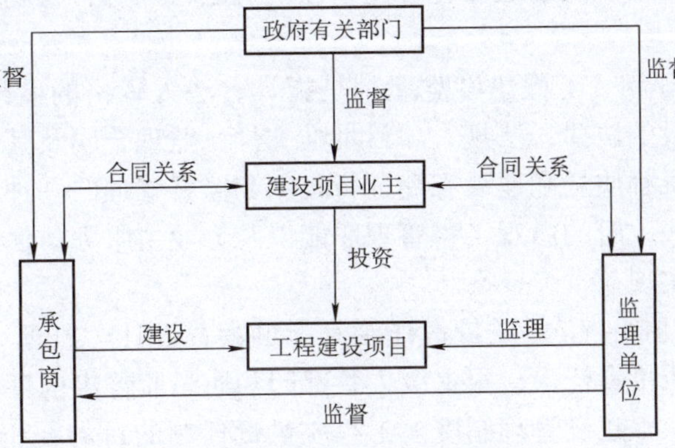

图1-18 "三方"管理结构图

为了使工程建设活动更符合法律规定、社会利益和建设投资方的利益要求，我国的工程建设必须遵循以下八项管理制度。

(1) 建筑工程施工许可制 《中华人民共和国建筑法》规定，建筑工程开工前，建设单位应当按照国家有关规定向工程所在地县级以上人民政府建设行政主管部门申请领取施工许可证；但是，国务院建设行政主管部门确定的限额以下的小型工程除外。建筑工程施工许可证是建筑施工单位符合各种施工条件、允许开工的建设工程施工许可证，是建设单位进行工程施工的法律凭证，也是房屋权属登记的主要依据之一。

(2) 建设工程承包制 **建设工程承包制**是指建设项目业主与承包商签订合同，确定双方的权利和义务，由建筑企业承包工程建设项目的一种工程建设管理制度。这里所指的承包商也不仅仅指施工单位，仍然包括勘察设计单位、施工安装单位、材料供应单位等。建设工程承包制一定要明确承包的内容、指标以及承包方式。在承包过程中，为了更好地协作，可以出现总包制与分包制。

(3) 项目法人责任制 **项目法人责任制**是指由工程建设项目的项目法人对项目的策划、资金筹措、建设实施、生产经营、偿还债务和资产的保值增值实行全过程负责并同时享有相应权利的一种工程建设管理制度。这里的项目法人是指项目建设的责任主体，而不是指出资人，项目法人必须具有民事权利能力和民事行为能力，并独立享有民事权利和承担民事义务。

(4) 招标投标承包制 **招标投标承包制**是指建设项目业主和承包商以平等的法人地位，

以各自的利益为基础，由业主发布招标，承包商进行投标，按招标提出的或商定的工程造价、工期、质量及报酬、责任签订合同，双方按合同承担权利和相应的义务，是一种有竞争的全面包干责任制。招标投标承包制是依据市场价值规律而出现的，是建筑市场运行的基本要求。它的目的是为了促进发包、承包双方的工程管理，实现工程建设项目的投资、质量、进度和安全四大目标控制。

（5）工程合同管理制　**工程合同管理制**是指在市场交易下的发包方和承包方要签订工程建设合同，以规范双方的权利与义务关系。工程建设合同是指发包方和承包方根据有关规定，为了完成特定工程项目而签订的明确双方权利和义务关系的协议。近年来，合同管理已成为工程建设项目管理的一个重要的分支领域和研究的热点，在合同管理中要高度重视合同文本、合同条件，要严格、全面地履行合同条款的规定，明确自身的权利和义务，注意不要违反合同的责任。

（6）工程建设监理制　**工程建设监理制**是指具有法人资格的监理单位受建设单位的委托，依据有关工程建设的法律、法规、项目批准文件、监理合同及其他工程建设合同，对工程建设实施的投资、工程质量和建设工期进行控制和监督管理的一种工程建设管理制度。建设工程监理制旨在替代政府的微观工程管理职能以及为业主服务，促进各方密切合作，更有利于工程建设目标的实现。

（7）工程质量责任制　**工程质量责任制**是指勘察、设计、监理、试验检测等单位以项目建立责任制，明确质量责任人，报上级主管部门和质量监督机构存档，以备监督、考核及质量责任追究的一种工程建设管理制度。工程质量责任制的目的在于规范各单位各谋其职、各尽其责，明确自己的权利和义务，更加顺利地完成工程项目建设，达到预期目标。

（8）安全生产责任制　**安全生产责任制**是指按照安全生产管理方针和“管生产的同时必须管安全”的原则，将各级负责人员、各职能部门及其工作人员和各岗位生产工人在安全生产方面应做的事情及应负的责任加以明确规定的一种制度。具体来说，就是将安全生产责任分解到相关单位的主要负责人、项目负责人、班组长以及每个岗位的作业人员身上。安全生产责任制是最基本的安全管理制度，是所有安全生产管理制度的核心。由于建设工程规模大、周期长、参与人数多、环境复杂多变，安全生产的难度很大，因此，通过建立安全生产责任制，规范建设工程的安全生产行为，以减少在工程建设过程中安全事故的发生。

本章小结

工程是指以科学技术为依托，结合自然资源的经济利用，以最短的时间和精而少的人力做出高效、可靠且对人类有用的东西。按照科学技术应用领域的不同可以将工程分为土木工程、市政工程、园林工程、交通工程、机械工程、生物工程等。

工程建设是指横贯于国民经济各部门、各单位之中，为了形成新的固定资产的综合性经济活动的过程。按照不同的分类标准，可以将工程建设项目进行不同的分类。工程建设程序一般包括投资决策阶段、勘察设计阶段、建设准备阶段、施工阶段、生产准备阶段、竣工验收阶段和项目后评价阶段这七个阶段。

目前，我国建设法规体系有以下五个层次：建设法律、建设行政法规、建设部门规章、地方性建设行政法规、地方性建设部门规章。与我国工程造价管理相关的建设法规主要包括建筑法、合同法、招标投标法和价格法等。我国在工程建设管理方面实行“三方”管理制度，而且我国的工程建设必须遵循以下八项管理制度：建筑工程施工许可制、建设工程承包制、项目法人责任制、招标投标承包制、工程合同管理制、工程建设监理制、工程质量责任制、安全生产责任制。

【关键概念】 科学、技术、工程、工程建设、建设项目、工程建设程序、建设法规、管理制度。

习　题

1.1 按研究对象的不同，科学可分为________、________、________，以及总结和贯穿于三个领域的哲学和数学。

1.2 按照科学技术应用领域的不同可以将工程分为________、________、________、________、机械工程、生物工程等。

1.3 按照工程建设项目性质的不同，可以将工程建设项目分为________、________、________、________和迁建项目。

1.4 投资决策阶段主要包括______和____两大环节。

1.5 工程师必须具有以下哪几个方面的素质？(　　)

A. 政治素质　　B. 知识素质　　C. 能力素质　　D. 竞争素质

1.6 按照工程建设项目投资效益的不同，可以将工程建设项目分为哪几类？(　　)

A. 竞争性项目　　B. 基础性项目　　C. 生产性建设项目　　D. 公益性项目

1.7 对于技术比较复杂而又缺乏设计经验的项目，一般采用三阶段设计，即(　　)。

A. 施工设计　　B. 初步设计　　C. 施工图设计　　D. 技术设计

1.8 试分析工程与科学、技术的异同点。

1.9 何谓工程建设项目？按照不同的划分标准，工程建设项目可以分为哪些类别？

1.10 何谓工程建设程序？分为哪几个阶段？

1.11 工程建设在国民经济体系中有十分重要的地位和作用，具体表现为哪几个方面？

1.12 请列举我国建设法规体系，并说明与工程造价管理相关的政策法规有哪些？

1.13 什么是“三方”管理制度？试简述我国工程建设遵循的管理制度。

第 2 章 土木工程

学习要点 本章介绍工程造价的研究与编制对象——土木工程的概念及其发展简史，简述了土木工程的各种类型及特点，讲述了土木工程的施工程序、各工种工程施工技术与组织的相关内容。通过本章的学习，要求了解土木工程的概念，熟悉土木工程的各种类型及特点，掌握土木工程施工程序，熟悉各工种工程施工技术，理解施工准备与施工组织设计的关系，熟悉施工组织设计的内容，了解土木工程施工与工程造价之间的关系。

2.1 土木工程概述

2.1.1 土木工程的概念

土木工程是建造各类工程设施的科学技术的总称。它既指所应用的材料、设备和所进行的勘测、设计、施工、保养维修等技术活动，又指工程建设的对象，即建造在地上或地下、陆上或水中，直接或间接为人类生产、生活、军事、科研服务的各种工程设施，如房屋、道路、铁路、运输管道、隧道、桥梁、运河、堤坝、港口、电站、飞机场、海洋平台、给水排水以及防护工程等。

土木工程也是一种学科，它是运用各种基础科学知识，材料、力学等技术科学知识，土木工程规划、设计、施工、管理知识以及法律法规知识来研究、设计、建造各种建筑物和构筑物的一门学科。**建筑物**（简称建筑）是指提供人们进行生产、办公、生活或其他活动的场所，如工业建筑、民用建筑等；**构筑物**是指人们不直接在内进行生产、办公、生活或其他活动而是提供某种功能的实体，如水塔、烟囱、水池等。

土木工程与人们的衣食住行联系密切，尤其与住的关系最直接。要行，必须建造铁路、道路、桥梁；要食就必须打井取水，兴修水利，进行农田灌溉、城市给水排水系统建设。另外，无论生产钢铁、加工产品、纺纱、织布，还是制造汽车、火车、轮船，乃至发射卫星、进行教学与科学研究活动都离不开各类建筑物、构筑物和各种工程设施。

2.1.2 土木工程的发展简史

土木工程的发展历史源远流长，经历了古代、近代和现代三个历史阶段。

1. 古代土木工程

土木工程的古代时期大致是从公元前 5000 年的新石器时代到 17 世纪中叶，前后发展共经历约 7000 年。在这一阶段，受限于科学技术发展状况，当时的建造过程既无建造设计又无完整的理论指导，全凭经验积累。尽管古代土木工程十分原始和初级，但无论是国内还是国外，仍然取得了光辉灿烂的成就，为人类的文明史添写了浓重的一笔。

（1）西方古代建筑成就简述 欧洲古典建筑是以石材为建筑材料建成的。其代表有：

1）雅典卫城（图2-1）。它位于今雅典市中心的卫城山丘上，面积约为4km^2，是希腊最杰出的古建筑群，也是宗教政治的中心地。卫城建于公元前580年，建在一陡峭的山岗上，建筑物分布在山顶天然平台上。建筑群布局自由、高低错落、主次分明，无论是身处其间还是从城下仰望，都可看到较为完整和丰富的建筑艺术形象。卫城在西方建筑史中被誉为建筑群体组合艺术中的一个极为成功的实例，特别是在巧妙利用地形方面更为杰出。

2）大角斗场（图2-2）。它位于意大利首都罗马市内台伯河东岸，为古罗马的象征，被誉为“世界八大奇迹”之一。角斗场建于公元72—89年，是用天然混凝土建造的大型建筑。整个建筑占地2万m^2，平面呈长圆形，长轴188m，短轴156m，周长527m，立面高48.5m，分为4层，下3层为连续的券柱式，第4层为实墙。在立面上运用了叠柱式的水平划分，各层采用不同的柱式构图，因而使宏大的体量显得开朗明快、富于节奏感。大角斗场是结构、功能与形式和谐统一的范例，代表了古罗马的建筑成就。

图2-1 雅典卫城

图2-2 大角斗场

3）维琴察圆厅别墅（图2-3）。它是意大利文艺复兴后期帕拉第奥的代表作之一，建于1552年，维琴察的一座小山丘上。别墅平面呈正方形，四面有完全对称的门廊，正中是上有穹隆的圆形大厅，厅上冠以一碟形穹隆，外观高出四周屋顶，这是一种把集中式构图应用到居住建筑中的尝试，由建筑师帕拉迪奥所设计。

4）凡尔赛宫（图2-4）。它位于法国巴黎西南郊外伊夫林省省会凡尔赛镇，始建于1642年，是巴黎著名的宫殿之一，也是世界五大宫殿之一，总面积6.7万m^2。1979年被列入《世界文化遗产名录》。

图2-3 维琴察圆厅别墅

图2-4 凡尔赛宫

5）亚历山大灯塔（图2-5）。它是世界著名的七大奇观之一，约在公元前280—前278年建成，遗址在埃及亚历山大城边的法罗斯岛上。加上塔基，灯塔整个高度约135m。灯塔巍然屹立在亚历山大港外1500年，但因在两次地震中极度受损，于1480年完全沉入海底。

6）金字塔（图2-6）。它在埃及和美洲等地均有分布，建造于约公元前2700—前2500年，现在的尼罗河下游，散布着约80座金字塔遗迹。金字塔大小不一，其中最高大的是吉萨，高146.5m，底长230m，共用230万块平均每块重2.5t的石块砌成，占地52000m^2。埃及金字塔是古埃及的帝王陵墓，是世界八大建筑奇迹之一。

图2-5 亚历山大灯塔

图2-6 金字塔

（2）我国古代建筑成就 我国古代的典型建筑成就主要有：

1）赵州桥（图2-7）。它又称安济桥，位于河北赵县洨河上，桥长50.8m，宽9.6m，由隋朝李春设计建造，距今已有1400多年，它是中国第一座石拱桥，也是当今世界上现存最早、保存最完整的古代单孔敞肩石拱桥。千百年来，安济桥虽饱经风霜，但至今仍十分坚固，在桥梁建筑史上有重要的意义。

2）滕王阁（图2-8）。它位于江西省南昌市西北部沿江路赣江东岸，是江南三大名楼之一，以王勃《滕王阁序》闻名，始建于公元653年，主体建筑净高57.5m，建筑面积13000m^2，全阁共有28个内外转角，结构精巧，造型华美。

图2-7 赵州桥

图2-8 滕王阁

3）大雁塔（图2-9）。它位于今陕西省西安市南的大慈恩寺内，又名“慈恩寺塔”。大雁塔建于公元652年，塔高64.517m，底层边长25.5m。大雁塔是现存最早、规模最大的唐代四方楼阁式砖塔，是佛塔这种古印度佛寺的建筑形式随佛教传入中原地区，并融入华夏文化的典型物证，是凝聚了汉族劳动人民智慧结晶的标志性建筑。

4）观星台（图2-10）。它位于登封市城东南7.5km的告成镇周公庙内，建于公元1276年，是我国现存最古老的天文建筑，也是世界上著名的天文科学古迹，它反映了我国古代天文学发展的卓越成就，1961年3月4日被国务院公布为第一批中国重点文物保护单位。

图2-9　大雁塔

图2-10　观星台

5）客家土楼（图2-11）。它又称福建土楼，是世界上独一无二的神话般的山村民居建筑，有方形、圆形、八角形和椭圆形等形状。土楼始终是客家人自卫防御的坚固的楼堡，这为它赋予了丰富的客家传统色彩。

6）北京故宫（图2-12）。它旧称为紫禁城，位于北京中轴线的中心，于1420年建成，故宫占地72万m^2，建筑面积约15万m^2，有大小宫殿七十多座，房屋九千余间，是世界上现存规模最大、保存最为完整的木质结构古建筑之一，被誉为世界五大宫之首。

图2-11　客家土楼

图2-12　北京故宫

2. 近代土木工程

土木工程近代时期是从17世纪中叶到20世纪中叶，这期间土木工程发展迅猛，表现的主要特征有：材料方面，由木材、石料、砖瓦为主，到开始并日益广泛地使用铸铁、钢材、混凝土、钢筋混凝土，直至早期的预应力混凝土；理论方面，材料力学、理论力学、结构力学、土力学、工程结构设计理论等学科逐步形成，设计理论的发展保证了工程结构的安全和人力物力的节约；施工方面，由于不断出现新工艺、新技术、新材料，建造规模逐渐扩大，建造速度逐渐加快。土木工程逐渐发展到包括房屋、道路、桥梁、铁路、隧道、港口、市政、卫生等工程建筑和工程设施。

近代土木工程发生了以下具有历史意义的重大事件：

1）意大利学者伽利略于 1638 年出版著作《关于两门新科学的谈话和数学证明》，书中论述了建筑材料的力学性质和梁的强度，并首次用公式表达了梁的设计理论。

2）英国科学家牛顿在 1687 年总结了力学三大定律，它们是土木工程设计理论的基础。

3）1824 年，英国人阿斯普丁取得了波特兰水泥的专利权，1850 年开始生产。

4）1859 年发明了贝塞麦转炉炼钢法，使得钢材得以大量生产，并越来越多地应用于土木工程。

5）1867 年，法国人莫尼埃用钢丝加固混凝土制成花盆，并把这种方法推广到工程，建造了一座蓄水池，这是应用钢筋混凝土的开端。

6）1886 年，美国人杰克逊首先应用预应力混凝土制作建筑配件，之后又用它制作楼板。1930 年，法国工程师弗涅希内将高强度钢丝用于预应力混凝土，克服了因混凝土徐变造成所施加的预应力完全丧失的问题。随后，预应力混凝土在土木工程中得到广泛应用。

7）1906 年美国旧金山大地震，1923 年日本关东大地震，这些自然灾害推动了结构动力学和工程抗震技术的发展。

8）1931—1942 年，德国率先修筑了长达 3860km 的高速公路网。

9）主要建筑成就有：1875 年法国莫尼埃主持修建第一座长 16m 的钢筋混凝土梁桥；1883 年美国在芝加哥建成 11 层保险公司大楼，是世界上最先用铁框架（部分钢梁）承受全部大楼重力，外墙仅为自承重墙的高层建筑；1889 年法国建成高 300m 的埃菲尔铁塔，用钢量约 8000t，是近代钢结构高层建筑的萌芽；1909 年詹天佑主持修建中国第一条铁路——京张铁路；1931 年美国建成帝国大厦，1937 年建成金门桥；1937 年茅以升主持修建中国第一座公铁两用双层钢结构桥——钱塘江大桥（图 2-13）；1934 年建成上海国际饭店（图 2-14）。

图 2-13 钱塘江大桥

图 2-14 上海国际饭店

3. 现代土木工程

现代土木工程时期起点为 20 世纪中叶。这期间，土木工程开始与高新技术相结合，并取得了快速发展，相继出现了高层、超高层摩天大楼，大跨度桥梁，海底隧道，高速公路，大型堤坝等。现代土木工程呈现出设计理论科学化、工程样式多样化、融合元素多元化、建筑群体立体化、交通工程快速化、施工设施大型化等特点。发展至今，建筑房屋已向着绿色化、节能化、智能化的方向发展。在这期间取得了很多成就，具体如下：

1）房屋建筑方面。1959 年建成的中国国家博物馆，是世界上单体建筑面积最大的博物馆；2010 年建成的迪拜大厦是世界第一高楼与人工构造物，塔高 828m；2016 年建成的上海中心大厦是世界第二高楼，高 632m。

2）高速公路建设方面。日本于 1964 年建成时速高达 210km 的新干线高速公路；我国 1988 年建成的沪嘉高速是内地最早建成的一条高速公路；2004 年贯通的同三高速公路是我国规划建设的“五纵七横”主干线中最长的一条，是唯一一条贯通中国沿海地区的高速公路，全长 5700km；截至 2016 年年底，我国高速公路总里程突破 13 万 km，世界排名第一。

3）大高坝方面。2009 年建成的三峡水电站（图 2-15），是世界上规模最大的水电站；1988 年建成的葛洲坝水电站是我国长江干流上的第一座大型水利枢纽；1962 年建成的大迪克桑斯坝是世界最高的混凝土重力坝。

4）大跨度空间结构方面。2008 年建成的北京奥运会国家体育馆“鸟巢”（图 2-16），是世界最大跨度的钢结构建筑之一（可观看由美国拍摄的纪录片《伟大工程巡礼》之北京国家体育馆——**鸟巢**）；1976 年建成的美国新奥尔良市体育馆，圆形平面直径达 207. 3m，是当今世界上最大的钢网架结构建筑。

图 2-15 三峡水电站

图 2-16 北京“鸟巢”

5）桥梁方面。2017 年我国建成的港珠澳大桥，是世界上最长的跨海大桥；2015 年建成的铜陵长江公铁大桥，主跨 630m，刷新了我国公铁两用大桥桥梁跨度的新纪录；此外，还有 2012 年建成的俄罗斯岛大桥等。

6）海底隧道方面。英法海底隧道于 1994 年建成，由三条长 51km 的平行隧洞组成，是目前世界上最长的海底隧道；2010 年建成的厦门翔安海底隧道，全长 8. 695km，是中国大陆第一条海底隧道；2011 年建成的胶州湾隧道，全长 9. 47km，其中隧道长度为 7. 808km，是国内长度第一、世界第三的海底隧道。

7）其他大型基础设施建设方面。“西气东输”工程，我国距离最长、口径最大的输气道管，总投资约 3000 亿元，于 2007 年完工；“南水北调”工程是我国的战略性工程，惠及人口 4. 38 亿，调水规模 448 亿 m^3，东、中、西线输水总长 4350km，2016 年 1 月 8 日东线台儿庄泵站开机运行（可观看纪录片《建筑奇观：**南水北调世界奇迹**》）。

2.2 土木工程类型

土木工程主要包括建筑工程、桥梁工程、公路与城市道路工程、铁路工程、城市轨道交通工程、隧道工程、水利工程、港口工程、海洋工程、给水排水工程以及环境工程等类型。

2.2.1 建筑工程

1. 概述

建筑工程是指为新建、改建或扩建房屋建筑物和附属构筑物设施所进行的规划、勘察、设计、施工、竣工等各项技术工作和完成的工程实体以及与其配套的线路、管道、设备的安装工程。其中“房屋建筑物”的建造工程包括厂房、剧院、旅馆、商店、学校、医院和住宅等，其新建、改建或扩建必须兴工动料，通过施工活动才能实现；“附属构筑物设施”是指与房屋建筑配套的水塔、自行车棚、水池等；“线路、管道、设备的安装”是指与房屋建筑及其附属设施配套的电气、给水排水、暖通、通信、智能化、电梯等线路、管道、设备的安装活动。

建筑工程按照使用性质分为工业建筑工程、民用建筑工程、构筑物工程和其他建筑工程；按照组成结构分为地基与基础工程、主体结构工程、建筑屋面工程、建筑装饰装修工程和室外建筑工程；按照空间位置分为地下工程、地上工程、水下工程、水上工程等。

建筑工程按耐久性和耐火性有不同等级划分。建筑物的耐久等级主要依据建筑物的重要性和规模大小划分，作为基建投资和建筑设计的重要依据。耐火等级是衡量建筑物耐火程度的标准，一般是按组成建筑物的构件的燃烧性能和耐火极限的最低值来确定的。

建筑物的安全性也是非常重要的一个功能性要求。在一切以人的生命安全为最高标准的要求下，必须尽力做到保障建筑物使用者的安全，因此要求建筑物的结构设计必须科学合理，在本着节省资源的原则下达到最安全的标准。

2. 常用的结构材料

常用的结构材料包括：**砌体、混凝土、钢材和木材**。

1）砌体。砌体主要有砖砌体、砌块砌体和石砌体三类。其中，砖砌体包括烧结普通砖、烧结多孔砖、蒸压粉煤灰普通砖、蒸压灰砂普通砖、混凝土普通砖、混凝土多孔砖的无筋和配筋砌体；砌块砌体包括混凝土砌块、轻集料混凝土砌块的无筋和配筋砌体；石砌体包括各种料石和毛石的砌体。

2）混凝土。它是以水泥作为胶凝材料，以砂、石子作为粗细集料与水（可含外加剂和掺合料）按一定比例配合、搅拌成的拌合物，又称普通混凝土。混凝土具有凝结前可塑性好、抗压强度高，耐久性良好、耐火性强、整体性好、节约钢材、可就地取材等优点，但也有自重大、抗裂性差、现场浇筑受季节性气候条件的限制、补强修复较困难等缺点。

3）钢材。它是铁和碳的合金。铁是最主要的元素，而碳和其他元素的比例虽然很少，但是它们却影响着钢材的物理和化学性能。钢材的种类繁多，性能差别很大。一般情况下，钢材是在严格的技术控制条件下生产的，品质均匀密致，在常温下能经受较大的冲击力和振动荷载，而且还具有良好的塑性和韧性。土木工程钢材可划分为钢结构用材和混凝土用材两大类，常见的各种钢材如图2-17所示。

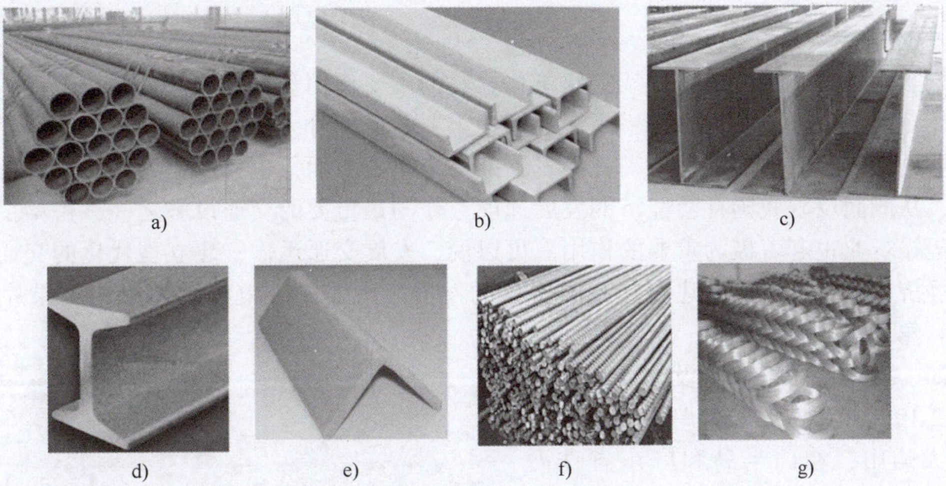

图 2-17　常见的各种钢材

a）管钢　b）槽钢　c）工字钢　d）H 型钢　e）角钢　f）螺纹钢　g）钢丝

4）木材（图 2-18）。它是最早用于建造房屋的材料，是古老的工程材料之一，有圆材、方材、条材、板材等类型。我国传统的亭台楼阁塔、榭等建筑都是以木材作为主要的建筑材料。在现代建筑中木材仍然占据着重要的位置。

木材一般来源于树木的主干部分，一般按照树叶的外观形状将树木分为针叶树木和阔叶树木。常用的树种是松木、杉木等，其优点是轻质高强、弹性好、韧性好，能承受冲击和振动的作用，容易制作，架设简便，工期短等；缺点是受材料自身尺寸的制约，构造不均匀，易燃、易腐蚀等。

图 2-18　木材

3. 主要构件类型

1）梁：主要用来支撑板并承受由板传来的各种竖向荷载和自重。梁所受荷载的主要作用效应是受弯和受剪。按施工工艺分为现浇梁和预制梁。

2）板：主要用来承受垂直于板面的荷载，厚度远小于平面尺度的平面构件。板的荷载作用效应主要是受弯。按制作类型分为预应力空心板和现浇混凝土板。

3）柱：用于支撑梁、桁架、楼板等，是主要承受压力的竖向构件。按截面形式分为方柱、圆柱、管柱、矩形柱、工字形柱等。

4）墙：主要承受梁、板传来的荷载及墙的自重。有时还需要承担水平荷载引起的剪力和弯矩。按墙体受力情况和材料分为承重墙和非承重墙。

5）基础：把建筑物、机械设备等的荷载扩散到地基的下部结构，按构造形式可分为条形基础、独立基础、满堂基础和桩基础。满堂基础又分为筏形基础和箱形基础。

2.2.2　桥梁工程

1. 概述

桥梁是一种具有承载能力的架空建筑物，它的主要作用是供铁路、公路、渠道、管线和人群跨越江河、山谷或其他障碍，是交通线的重要组成部分。桥梁工程在整个国民经济中占有很重要的地位，它的发展是推动社会发展的一个重要方面，也可以作为国民经济发展的一个缩影，从侧面反映我国社会经济的发展速度。作为最重要的交通设施之一，桥梁工程在整个交通运输行业也起着极为重要的作用。可以说，发展交通运输，建立现代化的交通网，发展国家经济，离不开桥梁的建设。我国桥梁的发展可观看中央电视台拍摄的纪录片《超级工程Ⅱ》第 2 集——**中国桥**。

例如，我国目前正在建设的港珠澳大桥（图 2-19）是世界最长的跨海大桥，连接香港大屿山、澳门半岛和广东省珠海市，全长 49.968km，主体工程“海中桥隧”长 35.578km。2009 年 12 月 15 日正式开工建设，2016 年 6 月 29 日主体桥梁成功合龙，预计 2017 年年底建成通车。它连起世界最具活力的经济区，在促进香港、澳门和珠江三角洲西岸地区经济的进一步发展中具有重要战略意义，是中国从桥梁大国走向桥梁强国的里程碑之作（可观看中央电视台拍摄的纪录片《超级工程Ⅰ》第 1 集——**港珠澳大桥**）。

图 2-19　港珠澳大桥

作为土木工程的一个重要分支，**桥梁工程**是指桥梁的勘测、设计、施工、养护和检验等工作过程，以及研究这一过程的科学和工程技术。交通的发展伴随着桥梁事业的发展，它们相互促进、密不可分。

2. 桥梁的分类

1）按照用途不同，桥梁可分为城市桥、人行桥、公路桥、铁路桥、公铁路两用桥、农桥、过水桥和渡槽桥等。

2）按照结构体系不同，桥梁可分为梁式桥、拱式桥、悬索桥、刚架桥和斜拉桥等。

3）按照建造材料不同，桥梁可分为木桥、钢桥、石桥、钢筋混凝土桥和预应力钢筋混凝土桥。

4）按照跨越障碍的方式不同，桥梁可分为跨河桥、跨谷桥和高架线路桥等。

5）按照施工方法不同，桥梁可分为装配式施工桥梁和节点式施工桥梁。

6）按照桥面的开启不同，桥梁可分为固定式桥梁和活动式桥梁等。

7）按照跨径大小和多跨总长不同，桥梁可分为小桥、中桥、大桥和特大桥。

8）按照行车道位置不同，桥梁可分为上承式桥、中承式桥和下承式桥。

9）按照承重构件受力情况不同，桥梁可分为梁桥、板桥、拱桥、钢结构桥、吊桥和组合体系桥（斜拉桥、悬索桥）。

10）按照使用年限不同，桥梁可分为永久性桥、半永久性桥和临时桥。

3. 桥梁的主要类型

按结构体系不同划分，桥梁主要有以下五种基本类型。

（1）梁式桥　梁式桥（图2-20）是以受弯为主的主梁作为主要承重构件的桥梁。梁式桥又可分为简支梁桥、连续梁桥和悬臂梁桥。

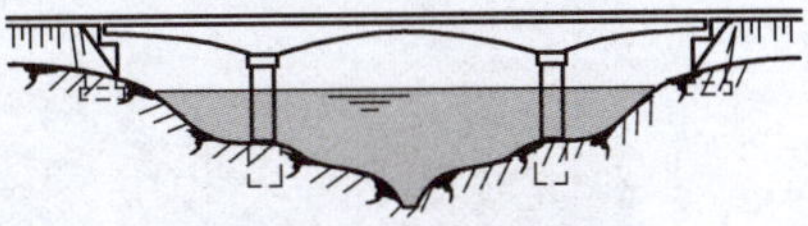

图2-20　梁式桥示意图

平潭海峡大桥（图2-21）西起福清小山东，经北青屿，跨越海坛海峡，东至平潭娘宫。大桥全长3510m，其中主桥长560m，引桥长2950m，桥位所处自然条件比较恶劣，历年最大风速为39m/s，桥位处海面宽约3480m。该桥使中国第五大岛平潭岛成功靠泊内陆腹地，40万平潭岛民告别轮渡史。

图2-21　平潭海峡大桥

（2）拱式桥　拱式桥（图2-22）是以拱圈和拱肋为主的承重结构。这种形式在古今中外的桥梁建筑中都占有很大的比例和重要的地位。它不仅适用范围广，尤其是在跨越峡谷方面占有优势，且形式优美，还可用于城市和风景区的桥梁建筑。但是，拱式桥对地基的要求比较高。拱式桥拱可分为上承式拱、中承式拱和下承式拱。

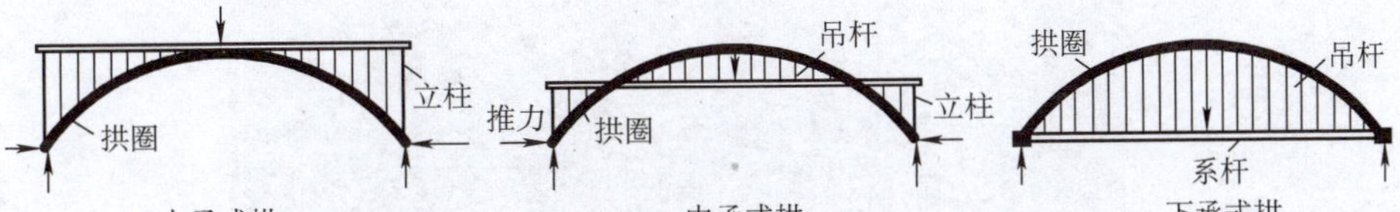

图2-22　拱式桥的形式

朝天门长江大桥（图2-23）位于长江上游重庆主城区，西连江北五里店，东接南岸弹子石，跨径为190m+552m+190m，主跨长552m，全长1741m，加上前后引桥段则长达4881m，三跨连续中承式钢桁系杆拱桥，被誉为“世界第一拱桥”，也是重庆的标志性建筑和最美的大桥。

（3）悬索桥　悬索桥（图2-24）又称吊桥，指的是以通过索塔悬挂并锚固于两岸（或桥两端）的缆索（或钢链）作为上部结构主要承重构件的桥梁。该种构造方式于19世纪初发明，现在已被广泛采用。它的适用范围较广，多用于大跨度及特大跨度的桥梁。

图 2-23 朝天门长江大桥

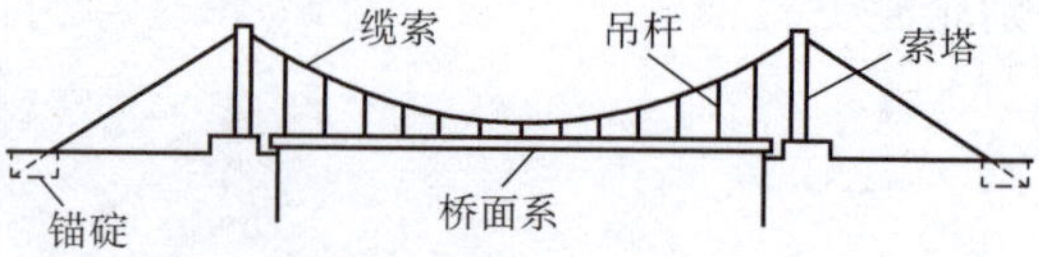

图 2-24 悬索桥示意图

这种形式的桥可用比较少的物资跨越比较长的距离，并可以造得比较高，允许船在下面通过，在造桥时没有必要在桥中心建立暂时的桥墩，因此悬索桥可以在比较深或比较急的水流上建造。悬索桥的形式比较灵活，适合大风和地震区的需要，比较稳定的桥在这些地区必须更加坚固和沉重。但是，悬索桥的坚固性不强，在大风情况下交通必须暂时被中断，且不宜作为重型铁路桥梁。

南京长江第四大桥（图 2-25）位于南京长江第二大桥下游约 10km 处，是中国跨度最大的双塔三跨悬索桥，在同类桥型中居世界第三，被誉为“中国的金门大桥”，总投资 68 亿余元。线路全长 28.996km，其中跨江大桥长约 5.448km，南北接线长 21.86km，主跨为 1418m 三跨吊悬索桥，桥面宽 33m，为双向六车道，全线采用六车道高速公路标准，设计时速 120km，于 2012 年 12 月 24 日正式通车（可观看电视纪录片《南京长江第四大桥》）。

图 2-25 南京长江第四大桥

（4）刚架桥 刚架桥（图 2-26）是一种介于梁与拱之间的结构体系，它是由受弯的上部梁（或板）结构与承压的下部柱（或墩）整体结合在一起的结构。由于梁和柱的刚性连接，梁因柱的抗弯刚度而得到卸荷作用，整个体系是压弯结构，也有推力结构的。

刚架桥一般有 T 形刚架桥、连续刚架桥和斜腿刚架桥三种类型。在跨越深水、深谷时建造大跨桥梁时一般采用 T 形刚架桥，因为这种结构便于施加预应力。当需要跨越陡峭河岸和深邃峡谷时一般采用斜腿刚架桥，该种结构造型轻巧美观，且经济合理。

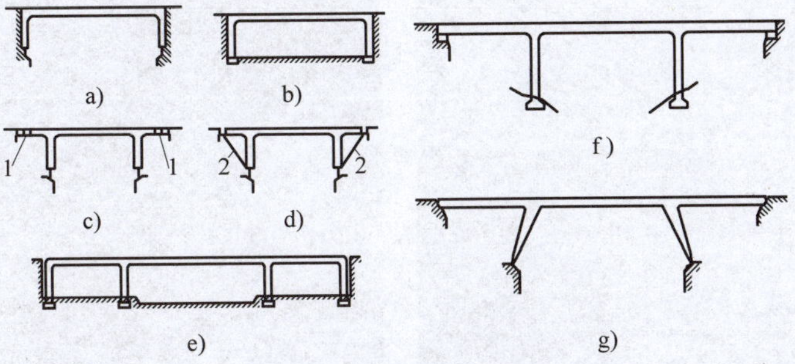

图2-26 刚架桥示意图

a）两铰门架 b）单跨门架 c）双悬臂单跨门架 d）双悬臂单跨门架
e）多跨门架 f）三跨两腿门架 g）斜腿刚架
1—平衡重 2—拉杆

广州虎门大桥（图2-27）是连续型刚架桥，它横跨东莞市虎门镇和广州番禺市南沙之间的珠江入海口。大桥全长15.76km，主桥长4.6km，引道长11.16km，桥面为双向六车道，设计昼夜通车量为12万车次。大桥主跨为888m的钢箱梁悬索桥，跨径目前居国内第二位；大桥辅航道为270m连续刚结构，居同种桥型世界第一；主跨净空高度为60m，桥下可通行10万t级海轮。

图2-27 广州虎门大桥

（5）斜拉桥 斜拉桥（图2-28）又称斜张桥，由索塔、主梁和斜拉索组成。它是将主梁用许多拉索直接拉在桥塔上的一种桥梁，是由承压的塔、受拉的索和承弯的梁体组合起来的一种结构体系。本质是用拉索代替支墩的多跨弹性支承连续梁。斜拉桥可使梁体内弯矩减小，减轻结构重量，降低建筑高度，节省材料。

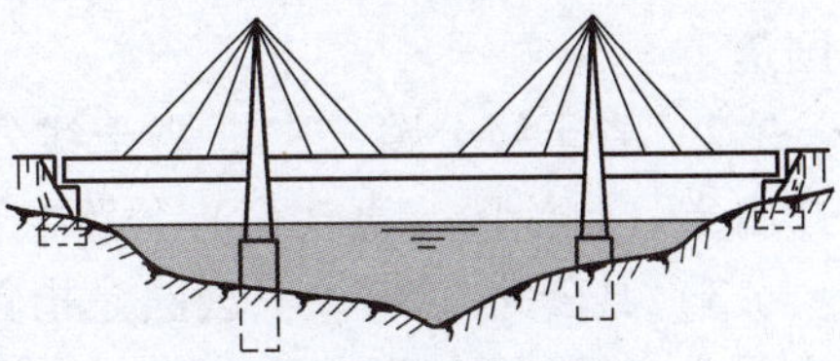

图2-28 斜拉桥示意图

俄罗斯岛大桥（图2-29）是2012年俄罗斯新建成的跨海大桥，总投资约11亿美元。它中央跨度达1104m，总长度为3.1km，牵索长580m，距水平面高度为70m，桥墩高度为324m，于2012年7月2日正式通车。

无背索斜拉桥是斜拉桥的另外一种形式，是对常规斜拉桥造型的突破。它基于无背索后倾的塔身形状所表现出对相对纤细的桥面强大稳固支撑的力量感，总是给人以醒目深刻的感受。而与常规斜拉桥不同的是，无背索斜拉桥桥塔仅有单侧索，桥塔的受力表现为在斜拉索索力及自身重力作用下的悬臂梁，塔身一般都设计成倾斜的，依靠塔身的自重力矩来平衡斜拉索的倾覆力矩，因此组成了梁塔结构的平衡体系。最著名的无背索斜拉桥为西班牙的阿拉米罗大桥（图2-30），也是最早的无背索斜拉桥，大桥全长200m，由13对钢索斜拉固定在142m高的斜桥塔上，桥塔与地平成58°角。

图 2-29 俄罗斯岛大桥

图 2-30 阿拉米罗大桥

2.2.3 公路与城市道路工程

交通运输是国民经济的命脉，是经济发展的产业支柱，交通的发展伴随着人类社会的发展，在某种程度上是人类社会文明发展的缩影。到了近现代，交通的发展已经成为经济发展的重要因素。现代的交通体系随着科技的发展也越来越完备，铁路、公路、水运、航道和管道等运输方式组成了现代社会的交通体系。铁路运输在我国运输体系已占有相当大的比重。随着经济和社会的发展，公路运输所占的比重也越来越大。我国公路的发展可观看中央电视台拍摄的纪录片《超级工程Ⅱ》第 1 集——中国路。

1. 公路的分类及其等级的划分

（1）公路的分类　公路按照各自在公路网中的地位与作用分为以下几类：

1）国家干线公路（G）。国家干线公路是指具有全国性政治、经济意义的主要干线公路，包括重要的国际公路，国防公路，连接首都与各省、自治区、直辖市首府的公路，连接各大经济中心、港站枢纽、商品生产基地和战略要地的公路，简称国道，如 318 国道、219 国道。

2）省干线公路（S）。省干线公路是指具有全省（自治区、直辖市）政治、经济意义，并由省（自治区、直辖市）公路主管部门负责修建、养护和管理的公路干线，简称省道。

3）县公路（X）。县公路是指具有全县（县级市）政治、经济意义，连接县城和县内主要乡（镇）、主要商品生产和集散地的公路，以及不属于国道、省道的县际间公路，简称县道。

4）乡公路（Y）。乡公路是指主要为乡（镇）村经济、文化、行政服务的公路，以及不属于县道以上公路的乡与乡之间及乡与外部联络的公路，简称乡道。

5）专业公路（Z）。专业公路是指为企业或其他单位提供运输服务的道路，如专门为厂矿、林区、农场、油田、旅游区、军事要地与外界连接的道路。

（2）公路等级的划分　根据《公路工程技术标准》（JTG B01—2014）的规定，按照公路的功能、任务和适应的交通量，公路可分为以下五个等级：

1）高速公路。它具有特别重要的政治、经济意义，是供汽车分向、分车道行驶并全部控制出入的多车道公路，分为四车道、六车道、八车道高速公路。高速公路的年平均日设计交通量宜在 15000 辆小客车以上，设计行车速度为 80 ~ 120km/h。

2）一级公路。它为连接重要政治、经济中心，通往重要工矿区、港口、机场，供汽车分方向、分车道行驶，可根据需要控制出入的多车道公路。一级公路的年平均日设计交通量宜在15000辆小客车以上，设计行车速度为60～100km/h。

3）二级公路。它为连接政治、经济中心或大矿区、港口、机场等地，供汽车行驶的双车道公路。二级公路的年平均日设计交通量宜为5000～15000辆小客车，设计行车速度为60～80km/h。

4）三级公路。它为沟通县以上城市，供汽车、非汽车交通混合行驶的双车道公路。三级公路的年平均日设计交通量宜为2000～6000辆小客车，设计行车速度为30～40km/h。

5）四级公路。它为沟通县、乡（镇）、村，供汽车、非汽车交通混合行驶的双车道或单车道公路。双车道四级公路的年平均日设计交通量宜在2000辆小客车以下；单车道四级公路的年平均日设计交通量宜在400辆小客车以下，设计行车速度为20～30km/h。

2. 城市道路的基本组成、分类及其等级的划分

（1）城市道路的基本组成　道路包括**线路**、**路基**和**路面**三部分。

（2）城市道路的分类　道路是为人们及各种车辆提供通行的设施，按其使用特点可分为以下五类：

1）公路。它是指连接乡村、城市，主要供汽车行驶的具备一定技术条件和设施的道路。

2）城市道路。它是指在城市范围内，供行人及车辆通行的具备一定技术条件和设施的道路。

3）厂矿道路。它是指主要供矿山及工厂运输车辆通行的道路。

4）林区道路。它是指建在林区，主要供各种林业运输工具通行的道路。

5）乡村道路。它是指建在乡村、农场，主要供行人及各种农业运输工具通行的道路。

（3）城市道路等级的划分　根据《城市道路工程设计规范》（CJJ 37—2012），按照道路在道路网中的地位、交通功能以及对沿线的服务功能等，城市道路可分为以下四个等级：

1）快速路：城市道路中设有中央分隔带，具有四条以上机动车道，全部或部分采用立体交叉与控制出入，供汽车以较高速度行驶的道路，又称汽车专用道，设计行车速度为60～100km/h。

2）主干路：连接城市各分区的干路，以交通功能为主，设计行车速度为40～60km/h。

3）次干路：承担主干路与各分区间的交通集散作用，兼有服务功能，设计行车速度为30～50km/h。

4）支路：次干路与街坊路（小区路）的连接线，以服务功能为主。支路的设计行车速度为20～40km/h。

2.2.4 铁路工程

1. 中国铁路发展简史

京张铁路为詹天佑主持修建并负责的中国第一条铁路，1905年9月开工修建，1909年建成。

1952年建成的成渝铁路是新中国成立后修建的第一条铁路，也是第一条全部采用国产器材修筑的铁路。

1985年修建的成昆铁路获得了“国家科技进步特别奖”。

大秦铁路建于1985—1997年，是中国唯一一条煤炭运输专线铁路，也是中国第一条重装单元铁路。

2003年10月12日，秦沈铁路作为中国第一条客运专线铁路正式投入运行。

2006年4月27日，上海磁悬浮结束两年试运行，正式投入运营，成为世界上首条投入商业化运营的磁悬浮列车示范线。

2006年建成的青藏铁路（图2-31），是实施西部大开发战略的标志性工程，也是世界海拔最高、线路最长的高原铁路。

图2-31 青藏铁路

2008年中国拥有了第一条时速超过300km的高速铁路——京津城际铁路。

2009年中国建成了建设里程最长、运营速度最高的高速铁路——武广客运专线。

2011年6月30日，京沪高速铁路正式通车，成为新中国成立以来一次建设里程长、投资大、标准高的高速铁路。线路由北京南站至上海虹桥站，全长1318km，纵贯北京、天津、上海三大直辖市和冀鲁皖苏四省，连接环渤海和长江三角洲两大经济区。总投资约2209亿元，设24个车站。基础设施设计速度为380km/h，目前运营速度降低为300km/h。

京广高速铁路是世界上运营里程最长的一条高铁，全程2294km，于2012年12月26日全线开通运营。

2016年7月15日，中国标准动车组在郑徐高铁河南省商丘市民权县境内跑出了时速420km的交汇试验，创造了高铁动车交汇速度的世界最高纪录。

2016年9月10日，连接京广与京沪两大高铁干线设计时速为350km的郑徐高铁开通运营。

截至2016年年底，全国铁路营业里程达12.4万km，居世界第二位。

2. 铁路的基本组成

铁路由**线路**、**路基**和**轨道**组成。为了完成铁路运输的客货运任务和进行行车作业，并保证各项作业安全，应修建和设置不同的线路。

（1）线路 铁路线路分为正线、站线、段管线、岔线及特别用途线。

1）正线。连接车站并贯穿或直股伸入车站的线路为正线。正线可分为区间正线及站内正线。

2）站线。站线是指在铁路车站范围内，除正线以外的其他铁路线路的统称。如机车走行线、机待线、驼峰迂回线、禁止溜放车辆停留线、救援列车停留线、倒装货物线、加冰线、轨道衡线、车辆洗刷线、车辆站修线等。

3）段管线。段管线是指由机务、车辆、工务、电务、供电等段专用并由其管理的线路。如机务段的机车准备线、机车转头用的三角线、转盘线、卸油线；车辆段内车辆检修作业用的线路和工务、电务、供电段内停留轨道车、作业车及其他车辆用的线路等。

4）岔线。岔线是指在区间或站内与铁路接轨，通往路内外单位（厂矿企业、砂石场、港口、码头、货物仓库）的专用线路。岔线直接为厂矿企业服务，一般不设车站，但有的岔线为了取送车的方便，也设了车站。

5）特别用途线。它包括安全线和避难线。

a. 安全线。它是为防止机车车辆在未开通进路的情况下，越过警冲标而进入其他线路，与其他线路上的机车车辆发生冲突而设的尽头式线路。安全线有效长度一般应不少于50m，向车挡方向不应采用下坡道。机车车辆进入安全线并不能保证其本身安全，只起隔开作用，保证其他机车车辆的安全。

b. 避难线。它是为防止在陡长坡道上运行的列车，因制动失效而失去控制，在区间颠覆或闯入站内与其他机车车辆发生冲突而设置的。避难线在区间设于列车可能颠覆的小半径曲线前方，在陡长下坡道车站避难线可设在进站一端或接车方向末端。避难线的长度应能容纳一个列车，同时还应有一个反坡，以缓和列车的前冲力。

（2）路基　铁路路基是为了满足铁路正常运营、承受轨道和列车荷载的地面结构物。路基可分为路堤、路堑和填挖结合路基三部分，是轨道的基础，直接承受轨道和机车传来的荷载。

（3）轨道　轨道（图2-32）是一个整体结构，它由钢轨、轨枕、连接零件、道床、防爬设备和道岔等组成。它的作用是直接承受车轮传来的巨大压力并正确地引导车轮的运行方向。轨道的重要组成部分是钢轨，钢轨的截面一般是“工”字形。

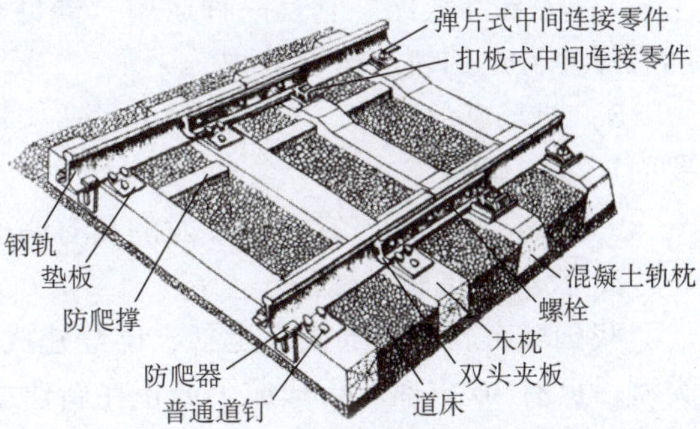

图2-32　轨道的基本组成

3. 高速铁路

《高速铁路设计规范》（TB 10621—2014）规定中国高铁（CHSR）的定义为：新建设计开行250km/h（含预留）及以上动车组列车，初期运营速度不小于200km/h的客运专线铁路。

高速铁路是指使列车营运速度达到200km/h以上，或专门修建新的“高速新线”，使列车营运速度达到250km/h以上的铁路系统。广义的高速铁路包含使用磁悬浮技术的高速轨道运输系统。1964年开通的日本东海道新干线是世界上第一条高速铁路，全长达515.4km，最高时速可达210km。截至2016年年底，我国高铁营业里程超过2.2万km，居世界第一位。

高速铁路的发展不仅需要科学技术的支持，而且它还能推动科学技术的进步和经济的发展。目前我国铁路的运输量和提速水平已处于世界的先进行列。

2.2.5　城市轨道交通工程

1. 概述

城市轨道交通是指采用专用轨道导向运行的城市公共客运交通系统。它是城市公共交通的骨干，具有节能、省地、运量大、全天候、无污染（或少污染）又安全等特点，属于绿色环保交通体系，符合可持续发展的原则，特别适用于大中城市。

2. 分类

城市轨道交通种类繁多，按照用途可分为城市铁路、城郊铁路、地铁、轻轨、有轨电车、独轨交通、磁悬浮线路、机场联络铁路、新交通系统等。

1）城市铁路。凡是为城市交通服务的所有形式的轨道交通都可看作城市铁路。

2）城郊铁路。利用干线铁路或修建专用线路，开行于城市中心区到卫星城、卫星城到卫星城间（站距较大、停车次数较少、行车密度不太大）的旅客列车，称为城郊铁路。

3）地铁。地铁泛指建在地下的干线铁路。

4）轻轨。它是一种中运量快速轨道交通运输系统。

5）有轨电车。有轨电车是采用电力驱动并在轨道上行驶的轻型轨道交通车辆。

6）独轨交通。它是由车辆在一根导轨上行驶的交通工具，具有中等运量，分为悬挂式和跨座式两大类。

7）磁悬浮线路。它是一种运用“同性相斥、异性相吸”的电磁原理，依靠电磁力使车厢悬浮并行走的轨道运输方式。

8）机场联络铁路。它是一种为了适应机场与市区之间的来往联系日益频繁与密切的需要而产生的铁路。

9）新交通系统。它是新开发的具有高速、准点、舒适和污染小的交通方式。

3. 我国城市轨道建设

我国城市轨道交通发展迅猛，已经建成或正在兴建的城市轨道交通几乎包括了上述各种类型，已有30多座城市建成了或正在新建或拟定了建设规划。我国正在形成以地下铁道为骨干、多种类型并存的城市轨道交通体系。上海、广州、天津、南京、长春、大连、沈阳、苏州、淮安九个城市开通了现代有轨电车；重庆建成我国第一条跨座式的单轨交通系统；广州市珠江新城核心区的市政交通项目旅客自动输送系统（APM线），上海浦东龙阳路至浦东国际机场的磁悬浮高速线等。

截至2015年年末，全国累计有26个城市建成投运城轨线路116条，运营线路长度为3612km。2015年新增青岛、南昌、淮安和兰州四个运营城市；全国新增15条运营线路，438km运营线路长度。在3612km运营线路长度中，地铁为2658km，占线路总长的73.6%；轻轨为239km，占线路总长的6.6%；单轨为89km，占线路总长的2.5%；现代有轨电车为161km，占线路总长的4.5%；磁悬浮交通为49km，占线路总长的1.4%；市域快轨为412km，占线路总长的11.4%；APM线为4km，占线路总长的0.1%。

2.2.6 隧道工程

1. 概述

隧道是一种修建在地下、水下或山体中，铺设铁路或修筑公路供机动车辆通行的建筑物。在人类漫长的历史中，地下空间为人类提供了防御自然和外敌入侵的保护场所。随着人类文明的发展，逐渐出现了各种问题，例如大城市的膨胀使得交通日益拥挤，为保护历史文物和城市环境，并鉴于地下空间特有的优势，人类开始大力发展地下隧道工程。

2. 各类隧道的简介

（1）公路隧道　公路隧道按照隧道所处的位置可分为越岭隧道、傍山隧道和城市隧道。建设公路隧道前，应把地形、地质、气象、环境、施工条件及工厂有关的法规、法令调查清楚。公路隧道应尽量设计成直线且应遵照顺应地形、对附近环境影响小、安全性好、用地建设投资少等原则，设计和建造时还应该考虑隧道的整个通风的良好性。

秦岭终南山公路隧道（图2-33）是第一座由我国自行设计、自行施工、自行监理、自行管理，综合技术水平最高的高速公路特长隧道。隧道北起西安市长安区五台乡，南抵商洛市柞水县营盘镇，是国家高速公路网包头至茂名线控制性工程，也是陕西“三纵四横五辐射”公路网西安至安康高速公路的重要组成部分。隧道单洞长18.02km，双洞共长36.04km，建设规模世界第一，为中国公路隧道之最。西安到柞水行程由3h缩短为40min，2007年1月20日，隧道正式通车。

图2-33　秦岭终南山公路隧道

（2）铁路隧道　铁路隧道是修建在地下或水下并铺设铁路供机车车辆通行的建筑物。根据其所在位置可分为以下三大类，其中修建最多的是山岭隧道。

1）山岭隧道。它是为缩短距离和避免大坡道而从山岭或丘陵下穿越的隧道。

2）水下隧道。它是为穿越河流或海峡而从河下或海底通过的隧道。

3）城市隧道。它是为适应铁路通过大城市的需要而在城市地下穿越的隧道。

瑞士的圣哥达基线隧道（图2-34）位于海拔3000m的阿尔卑斯山区，距地面约2438.4m，隧道由两条平行的隧道组成，每条隧道都长达将近57km，加上其他通道，隧道全长153.5km，成为世界上最长与最深的隧道（含铁路隧道和公路隧道）。隧道建设用时17年，共耗资约110亿欧元，隧道的试运行测试于2015年10月1日启动，2016年6月1日正式开通。

该项工程奇迹被视为欧洲团结的象征，德国总理默克尔、法国总统奥朗德、意大利总理伦齐等欧洲主要国家领导人均应邀出席开通典礼。

图2-34　圣哥达基线隧道

（3）水底隧道　水底隧道是指修建在江河、湖泊、海港或海峡底下的隧道。它为铁路、城市道路、公路、地下铁道以及各种市政公用或专用管线提供穿越水域的通道，有的水底道路隧道还设有自行车道和人行通道。通常在下述条件下宜考虑修建水底隧道：①航运繁忙，通过巨型船只较多，而陆上车辆流量大，又不容间断；②水道较宽，两岸地面高出水面不多；③两岸建筑物密集，不宜于建造高桥和长引桥；④城市总体规划上在该处没有修建桥梁的特殊要求（如通过易燃易爆危险品车辆），或要求铁路列车在地下运行以防止噪声；⑤工程费用和运营管理费用较低。

红谷隧道（图2-35）是江西南昌穿越赣江的一条过江通道，在南昌大桥和新八一大桥

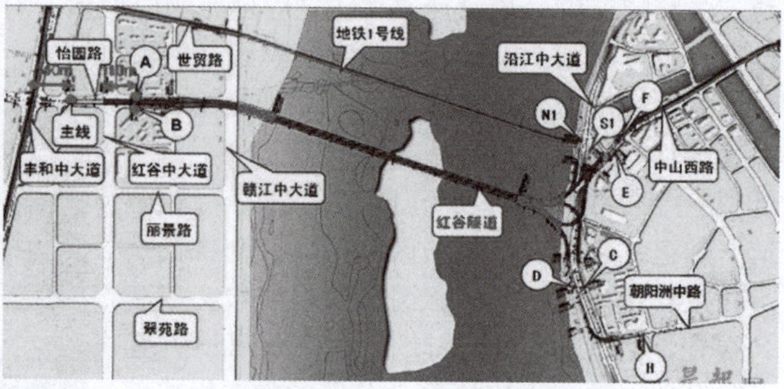

图 2-35 红谷隧道规划示意图

之间，总长 2997m，总面积约有 5 万 m^2，是国内最大的水下立交系统。该隧道抗震烈度达 7 级，限重 55t，可分担南昌大桥 30%、八一大桥 11% 的车流量，将大大缓解南昌大桥与八一大桥的过江交通压力，对于构建赣江两岸的新旧城区经济圈快速发展具有重要意义。2016 年 8 月 4 日，由中国中铁隧道集团承建的水下立交系统——红谷隧道东岸水下立交施工全部完成，于 2016 年 11 月实现“洞通”，按工期，2017 年 6 月 30 日红谷隧道将实现竣工通车。

3. 隧道的施工方法

隧道的主要施工方法有以下几种：

1）矿山法（Mine tunnelling method）。它是指用开挖地下坑道的作业方式修建隧道的施工方法，是一种传统的施工方法。

2）盾构法（Shield method）。它是将盾构机械在地中推进，通过盾构外壳和管片支承四周围岩防止发生隧道内的坍塌，同时在开挖面前方用切削装置进行土体开挖，通过出土机械运出洞外，靠千斤顶在后部加压顶进，并拼装预制混凝土管片，形成隧道结构的一种机械化施工方法。

3）沉管法（Immersed tube method）。它是将若干个预制段分别浮运到海面（河面）现场，并一个接一个地沉放安装在已疏浚好的基槽内的施工方法，多用于修建水下隧道。

4）顶管法（Pipe jacking method）。它是用千斤顶将管子逐渐顶入土层中，将土从管内挖出修建涵管的施工方法。

5）明挖法（Open cut method）。它是指先将隧道部位的岩（土）体全部挖除，然后修建洞身、洞门，再进行回填的施工方法。

6）新奥法（New austrian tunnelling method）。新奥法全称“新奥地利隧道施工法”，是一种在岩质、土砂质介质中开挖隧道，以使围岩形成一个中空筒状支撑环结构为目的的设计施工方法。

7）盖挖法（Cut and cover method）。它是一种由地面向下开挖至一定深度后，将顶部封闭，其余的下部工程在封闭的顶盖下进行施工的一种新型工程施工方法。

8）TBM 法（Tunnel boring machine）。它是利用岩石隧道掘进机在岩石地层中暗挖隧道的一种施工方法。

2.2.7 水利工程

1. 概述

水利工程是指用于控制和调配自然界的地表水和地下水，达到除害兴利目的而修建的工程。我国水资源比较丰富，河流纵横，可开发的水利资源还是很多的，但是水资源的地域分布极不均匀。为了更好地利用水资源，就需要兴建水利工程。水利工程的发展历史悠久。水利工程结构与其相应的河流是一个不可分割的综合体。水利工程工作条件复杂，施工技术难度大，工程规模大，而且对社会和经济的影响都很大。

2. 水利工程的分类

水利工程按目的或服务对象可分为防洪工程（防止洪水灾害）、农田水利工程（防止旱、涝、渍灾为农业生产服务）、水力发电工程（将水能转化为电能）、航道和港口工程（改善和创建航运条件）、城镇供水和排水工程（为工业和生活用水服务、并处理和排除污水和雨水）、水土保持工程和环境水利工程（防止水土流失和水质污染，维护生态平衡）、渔业水利工程（保护和增进渔业生产）、海涂围垦工程（围海造田，满足工农业生产或交通运输需要）等。同时为防洪、灌溉、发电、航运等多种目标服务的水利工程称为综合利用水利工程。

3. 水利工程的发展趋势

当前世界多数国家出现人口增长过快、可利用水资源不足、城镇供水紧张、能源短缺、生态环境恶化等重大问题，都与水有密切联系。水灾防治、水资源的充分开发利用成为当代社会经济发展的重大课题。水利工程的发展趋势主要是：防治水灾的工程措施与非工程措施进一步结合，非工程措施占越来越重要的地位；水资源的开发利用进一步向综合性、多目标发展；水利工程不仅要满足日益增长的人民生活和工农业生产发展的需要，还要更多地为保护和改善环境服务；大区域、大范围的水资源调配工程，如跨流域引水工程，将进一步发展；由于新的勘探技术，新的分析计算和监测试验手段以及新材料、新工艺的发展，复杂地基和高水头水工建筑物将随之得到发展，当地材料将得到更广泛的应用，水工建筑物的造价将会进一步降低；水资源和水利工程的统一管理、统一调度将逐步加强。

2.2.8 港口工程

1. 概述

港口工程是兴建、扩建或改建港口所需工程设施的工程技术活动，包括港址选择、工程规划设计及各项设施（如各种建筑物、装卸设备、系船浮筒、航标等）的修建。港口工程原是土木工程的一个分支，随着港口工程科学技术的发展，已逐渐成为相对独立的学科，但仍和水利工程、道路工程、给水排水工程等保持密切的联系。

港口是具有水陆联运设备和条件，供船舶安全进出和停泊的运输枢纽。最原始的港口是有天然掩护的、供船舶停泊的海湾、水湾、河口等天然港口。随着商业和航运业的发展，天然港口已不能满足经济发展的需要，于是具有码头、防波堤和装卸机具设备的人工港口开始兴建，这是港口工程建设的开端。19 世纪初出现了以蒸汽机为动力的船舶，于是船舶的吨位、尺度和吃水日益增大，为建造人工深水港池和进港航道需要采用挖泥机具以后，现代港口工程建设才发展起来。陆上交通尤其是铁路运输将大量货物运抵和运离港口，大大促进了港口建设的发展。我国港口的发展可观看中央电视台拍摄的纪录片《超级工程Ⅱ》第4集——中国港。

2. 港口分类及组成

（1）港口的分类　港口按用途划分为商港、军港、渔港、避风港等；按所处位置划分为河口港、海港和河港等。

（2）港口的组成　港口包括水域、陆域和设备。

1）水域。它通常包括进港航道、锚泊地和港池。

① 进港航道。它是指海上或内河主航道和港池间供船舶进出港口的水道。

② 锚泊地。它是指有天然掩护或人工掩护条件，能抵御强风浪的水域，船舶可在此锚泊、等待靠泊码头或离开港口。

③ 港池。它是指直接和港口陆域毗连，供船舶靠离码头、临时停舶和调头的水域。

2）陆域。它是指港口供货物装卸、堆存、转运和旅客集散之用的陆地面积。陆域上有进港陆上通道（铁路、道路、运输管道等）、码头前方装卸作业区和港口后方区。前方装卸作业区供分配货物，布置码头前沿铁路、道路、装卸机械设备和快速周转货物的仓库或堆场（前方库场）及候船大厅等之用。港口后方区供布置港内铁路、道路、较长时间堆存货物的仓库或堆场（后方库场）、港口附属设施（车库、停车场、机具修理车间、工具房、变电站、消防站等）以及行政、服务房屋等。为减少港口陆域面积，港内可不设后方库场。

3）设备。陆上设备包括间歇作业的装卸机械设备（门座式、轮胎式、汽车式、桥式及集装箱起重机、卸车机等）、连续作业的装卸机械设备（带式输送机、斗式提升机、压缩空气和水力输送式装置及泵站等）、供电照明设备、通信设备、给水排水设备、防火设备等。港内陆上运输机械设备包括火车、载货汽车、自行式搬运车及管道输送设备等。水上装卸运输机械设备包括起重船、拖轮、驳船及其他港口作业船、水下输送管道等。

2.2.9 海洋工程

1. 概述

海洋工程是指以开发、利用、保护、恢复海洋资源为目的，新建或扩改建的与海洋有关设施的总称。

海洋工程始于为海岸带开发服务的海岸工程。长期以来，随着航海事业的发展和生产建设需要的增长，海岸工程得到了很大的发展，其内容主要包括海岸防护工程、围海工程、海港工程、河口治理工程、海上疏浚工程、沿海渔业工程、环境保护工程等。但“海岸工程”这个术语到20世纪50年代才首次出现，随着海洋工程水文学、海岸动力学和海岸动力地貌学以及其他有关学科的形成和发展，海岸工程学也逐步形成一门系统的技术学科。

2. 分类

海洋工程可分为**海岸工程**、**近海工程**和**深海工程**三类。

1）海岸工程。海岸工程主要包括海岸防护工程、围海工程、海港工程、河口治理工程、海上疏浚工程、沿海渔业设施工程、环境保护设施工程等。

2）近海工程。近海工程又称离岸工程，主要是在大陆架较浅水域的海上平台、人工岛等的建设工程，以及在大陆架较深水域的建设工程，如浮船式平台、半潜式平台、自升式平台、石油和天然气勘探开采平台、浮式储油库、浮式炼油厂、浮式飞机场等项建设工程。

3）深海工程。深海工程包括无人深潜的潜水器和遥控的海底采矿设施等建设工程。

3. 结构形式

海洋工程的结构形式很多，常用的有重力式建筑物、透空式建筑物和浮式结构物。重力式建筑物适用于海岸带及近岸浅海水域，如海堤、护岸、码头、防波堤、人工岛等，以土、石、混凝土等材料筑成斜坡式、直墙式或混成式的结构；透空式建筑物适用于软土地基的浅海，也可用于水深较大的水域，如高桩码头、岛式码头、浅海海上平台等；浮式结构物主要适用于水深较大的大陆架海域，如钻井船、浮船式平台、半潜式平台等，可以用作石油和天然气勘探开采平台、浮式储油库和炼油厂、浮式电站、浮式飞机场、浮式海水淡化装置等。除上述三种类型外，近十多年来还在发展无人深潜的潜水器，用于遥控海底采矿的生产系统。

我国是一个约有18000余km大陆海岸线的国家，拥有众多适合建设大型海港的天然海湾，同时在港口设计、施工和海岸工程领域也具有许多世界级难题亟待解决，需要大批杰出的港口航道与海岸工程设计大师。

2.2.10 给水排水工程

给水排水工程是一门应用很广泛的学科，它是以城市水的输送、净化及水资源保护与利用有关的理论与技术为主要研究内容，与城镇建设事业、工业生产、环保和人民生活密切相关的重要学科。

给水排水工程以水的社会循环为研究内容，担负着解决我国水危机的重担，主要覆盖以下专业领域：水资源可持续利用和保护、水的社会循环、水的生态功能、节水工作、水质及其相关的高新技术等。

建筑给水排水工程是水工业总循环线路中的环节，在水工业中有其自身特有的地位，其发展的快慢直接影响整个水工业的发展。建筑给水工程的任务主要是解决建筑内部生活、生产、消防用水等问题，以满足日常生活、生产、保障人身和财产安全的需要。建筑排水工程的任务主要是把建筑内部生活和生产过程中所产生的污水（废水）及时地排到室外排水系统中，同时解决屋面雨水的排除问题。建筑室内热水工程的任务主要是将冷水在加热设备内集中加热，用管道输送到室内各用水点，以满足生产和生活使用热水的需要。此外，还有建筑配套设施给水排水工程，其任务主要是汽车库、人防的给水排水；为改善生活环境，同时还应考虑室内外的水景给水排水工程设计。总之，建筑给水排水工程的中心任务是为建筑提供方便、卫生、舒适和安全的生产、生活环境。

2.2.11 环境工程

人类社会发展至今，改造自然的能力已经日益增强，但是人类在改造自然的同时也破坏了自然。现在人类的生存环境已是千疮百孔，包括水体污染、大气污染、固体废物污染和噪声污染等，保护和改善人类的生存环境已是社会发展的必然趋势。

环境工程是研究和从事防治环境污染和提高环境质量的科学技术。环境工程同生物学中的生态学、医学中的环境卫生学和环境医学，以及环境物理学和环境化学有关。它的核心是环境污染源的治理。

环境自身有一定的自净能力，但是这个能力是非常有限的，一旦超过了它自身的净化能力，自然环境所维持的平衡状态就会被打破。因此，人类在发展经济的同时，应全面协调与社会和环境的关系。

2.3 土木工程施工

土木工程施工就是按照工程设计、合同、规范、规程和招标文件的有关要求，通过合理有效的技术途径和组织方法，建造业主满意的土木建筑实体的过程。土木工程施工包括施工技术和施工组织管理两部分内容。

2.3.1 施工程序

施工程序是指拟建工程项目在整个施工阶段必须遵守的先后工作顺序，它是工程项目整个建设程序中的重要部分。按照施工单位工作内容和重点的不同，施工程序分为承接施工任务及签订施工合同、施工准备、组织施工、竣工验收及交付使用和保修服务五个阶段。

1. 承接施工任务及签订施工合同阶段

在该阶段，施工单位的主要工作内容包括参加招标并投标、中标后签订施工合同。在我国，目前承接施工项目的主要渠道是通过参加工程项目的招标，进行投标并中标后得到的；另外，对于某些特殊施工任务，则是由上级主管部门直接下达给施工单位或者直接受建设单位委托而承建的。但**无论采取何种方式承包工程任务，施工单位与建设单位都必须按照《中华人民共和国合同法》和《建设工程施工合同（示范文本）》的有关规定，并结合具体工程的实际情况签订施工合同，明确双方的权利和义务**，以减少不必要的纠纷，确保工程的实施和结算。

2. 施工准备阶段

施工准备是保证工程施工按计划顺利完成的前提和关键，其基本任务是为拟建工程的施工创造必要的劳动组织、技术、物质、施工现场及施工场外等条件，统筹安排施工力量和部署施工现场，并提前做好应对施工中各种变化的准备。施工准备必须有计划、有步骤、分期分阶段进行，必须贯穿于整个建设过程的始终。如成立施工项目部、编制施工组织设计和搞好“**四通一平**”（路通、水通、电通、通信通和场地平整），对于一些要求较高的项目，甚至要做到“**七通一平**”（给水通、排水通、电通、通信通、热力通、路通、燃气通和场地平整）等。

3. 组织施工阶段

组织施工是实施施工组织设计，完成整个施工任务的实践活动过程，该阶段是施工管理的重点，应按照施工组织设计精心安排施工。其目的是把投入施工过程中的各项资源，如人力、材料、机械、方法、资金、环境、时间与空间等有机地组织起来，有计划、有组织、有节奏地均衡施工，以期达到质量高、工期短、成本低、绿色环保的最佳效果。

4. 竣工验收及交付使用阶段

竣工验收是项目向生产、使用转移的必要环节，也是全面考核工程建设是否符合设计要求和施工质量标准的重要环节。竣工验收之前，施工单位应先进行预验收。合格后，提交验收申请报告，经监理工程师审定后，由建设单位组织竣工验收。验收时，施工单位应向建设单位提交竣工图、隐蔽工程记录以及其他技术经济文件等资料。验收合格后，施工单位与建设单位办理竣工验收证书，并将工程交付使用。竣工验收应以建设单位为主，组织施工、设计、勘察、监理和政府质检部门等共同参加，最终评出质量等级。质量等级一般有合格和不合格之分。

5. 保修服务阶段

工程移交发包人后，因承包人原因产生的质量缺陷，承包人应承担质量缺陷责任和保修义务。缺陷责任期届满，承包人仍应按合同约定的工程各部位保修年限承担保修义务。

2.3.2 土木工程施工技术

1. 土方工程

土方工程包括一切土的挖掘、填筑及降水、土壁支护等工程。常见的土方工程有：场地平整、基坑（槽）及路基开挖与填筑、人防工程开挖、地坪填土等。

土方工程具有面广量大、劳动繁重、施工条件复杂等特点。随着科技的进步，大中型土方工程一般均采用机械化施工，大大提高了施工效率。土方工程所使用的施工机械种类繁多，其中尤以推土机（图2-36）、铲运机（图2-37）和单斗挖土机（图2-38）应用最广。

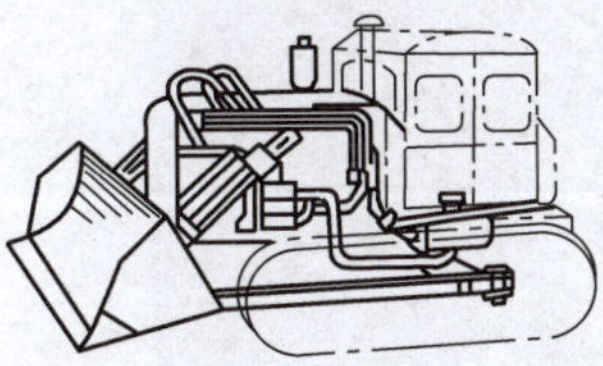

图2-36 推土机

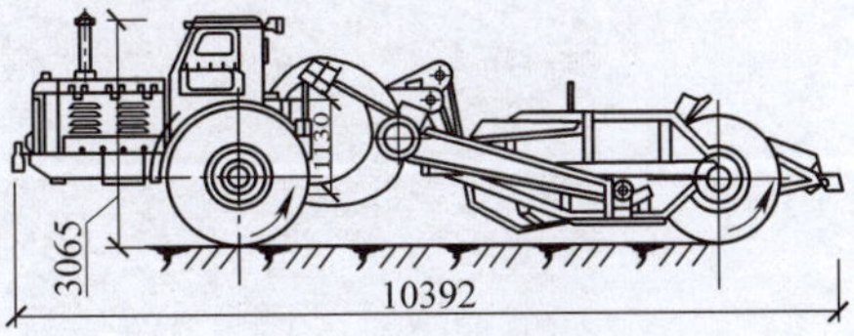

图2-37 自行式铲运机

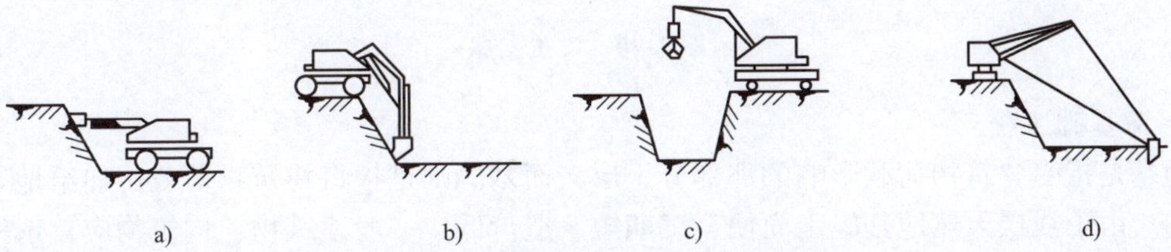

图2-38 单斗挖土机工作装置的类型

a）正铲 b）反铲 c）抓铲 d）拉铲

挖土时，为了保证土体稳定，防止塌方，一般可选择放足边坡（图2-39）和设置支撑（图2-40）两种方案。边坡既要保证土体稳定和施工安全，又要节省土方。当建筑基础埋置较深，或为了减少土方，或条件不允许时，可设置土壁支撑，在基坑四周设支护结构以挡土。

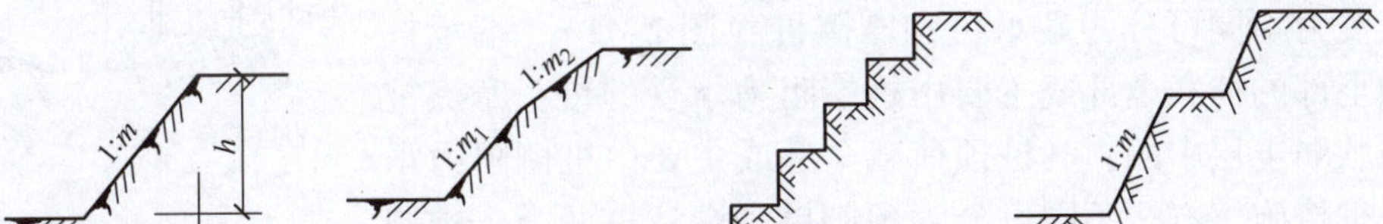

图2-39 放足边坡（其中，$m=b/h$，为坡度系数）

a）直线形边坡 b）折线形边坡 c）、d）阶梯形边坡

在土方开挖过程中，当基坑（槽）底面标高低于地下水位时，地下水会不断渗入坑（槽）内，而且降雨和地面水也可能流入坑（槽）内，如不及时排除流入坑（槽）内的地下水和地表水，不但会使施工环境恶化，更有可能造成土壁塌方和地基承载力下降。降水方法可分为重力降水（如在基坑（槽）开挖时，在坑（槽）底周围或中央开挖排水沟，使水

在重力的作用下流入集水井内，然后用水泵抽出坑外）和强制降水［如在基坑（槽）开挖前，预先在基坑（槽）周围埋设一定数量的滤水管，在基坑（槽）开挖前和开挖过程中，利用抽水设备不断抽出地下水］等方法。

图2-40 设置支撑

2. 深基础工程

地基是指受建筑物荷载影响的那部分土层，而**基础**则是指将建筑物荷载传递给地基的下部结构。由于浅层天然地基施工简便、工期短、造价低，一般建筑物、构筑物应首选浅层天然基础。当浅层地基无法满足上部结构对地基的要求时，则应采用深基础。深基础有多种类型，如桩基础、地下连续墙、沉井基础和墩柱式基础等，其中**桩基础是应用最广泛的一种深基础形式**。

（1）桩基础 它由桩、承台和桩间土组成，具有承载能力高、抗拔力和抗水平力强、抗震性能好、施工机械化和工业化程度高、技术经济效果好等优点，但需要占用一定的地下空间。

桩按受力不同可分为**端承桩**和**摩擦桩**（图2-41）。端承桩是指桩顶上部的荷载全部或主要由桩端阻力承受的桩；摩擦桩是设置在软弱土层中的，其桩顶荷载全部或主要由桩侧阻力承受的桩。桩按施工方法不同可分为**预制桩**和**灌注桩**两类。预制桩是在工厂或施工现场预先制成各种形式和材料的桩，而后用沉桩设备将桩沉入土中；灌注桩是在施工现场的桩位上用机械或人工成孔，然后在孔内灌注成桩材料而成的桩。

图2-41 桩基础

a）端承桩 b）摩擦桩

1—桩 2—承台 3—上部结构

（2）地下连续墙 地下连续墙具有结构刚度大，对地质条件适应范围广，施工噪声低、振动小、防渗性能好，既可挡土又可挡水等众多优点。尤其适用于高层建筑、地铁及各种大型地下设施。地下连续墙施工基本工艺原理如下：在地面上用专门的挖槽设备，根据设计开挖一条具有一定宽度和深度的深槽，并清除沉渣后，插入接头管，深槽利用泥浆护壁，然后将钢筋笼吊放入槽内，采用导管法浇筑水下混凝土，筑成一单元墙段，依此逐段施工，各单元墙段之间以特定的接头方式互相连接，即形成完整的地下连续墙，其施工过程如图 2-42 所示。

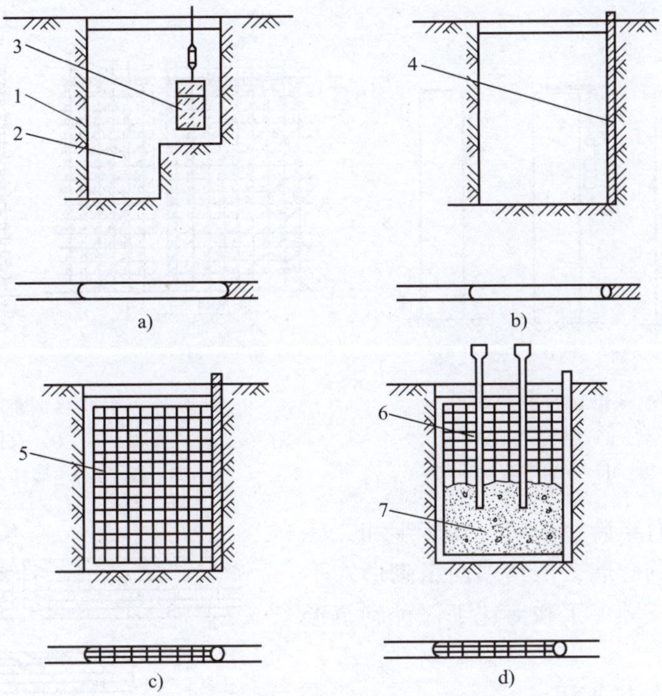

图 2-42 地下连续墙的施工过程

a）成槽 b）插入接头管 c）放入钢筋笼 d）浇筑混凝土

1—已完成的单元槽段 2—泥浆 3—成槽机 4—接头管 5—钢筋笼 6—导管 7—浇筑的混凝土

3. 砌筑工程

砌筑工程是指在建筑工程中，使用普通黏土砖、承重黏土空心砖、蒸压灰砂砖、粉煤灰砖、各种中小型砌块和石材等材料进行砌筑的工程，包括**砂浆制备**、**材料运输**、**脚手架搭设**和**砌体施工**等活动。

（1）砌筑材料　砌筑材料主要有砖、石料或砌块及砌筑砂浆。砖有实心砖、多孔砖和空心砖三类；石料有毛石和料石两类；砌块的种类较多，常用的有混凝土空心砌块、加气混凝土砌块及粉煤灰实心砌块；砌筑砂浆有水泥砂浆、石灰砂浆和混合砂浆三种。

（2）脚手架　砌筑用脚手架是指在砌筑过程中堆放材料和工人进行操作的临时性设施，按搭设位置分为外脚手架和里脚手架。外脚手架（图 2-43）沿建筑物外围从地面搭起，既可用于外墙砌筑，又可用于外装饰施工，使用较多的是扣件式钢管外脚手架（图 2-44）；里脚手架设于建筑物内部，每砌完一层楼后，即将其转移到上一层楼面，进行新的一层砌体砌筑，它可用于内外墙的砌筑和室内装饰施工。

（3）材料运输　砌筑工程中有垂直运输、地面和楼面的水平运输，其中垂直运输是影响施工速度的重要因素。常用的垂直运输设备有塔式起重机、井架、龙门架和施工电梯。塔式起重机生产效率高，并可兼作水平运输，在允许条件下宜优先选用。

（4）砌体施工　以清水砖墙为例，其施工工艺为：抄平→放线→摆砖样→立皮数杆→

盘脚、挂线→砌筑→勾缝→清理。其质量要求为：**横平竖直**、**砂浆饱满**、**灰缝均匀**、**组砌得当**（上下错缝、内外搭砌）、**接槎可靠**。

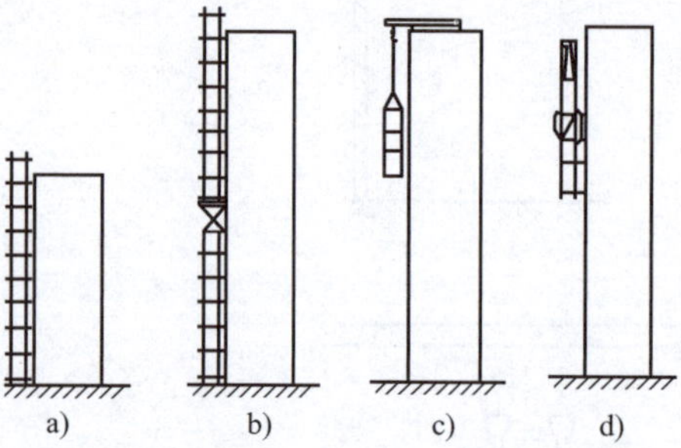

图 2-43　外脚手架的四种基本形式

a）落地式外脚手架　b）悬挑式外脚手架
c）吊挂式外脚手架　d）附着升降脚手架

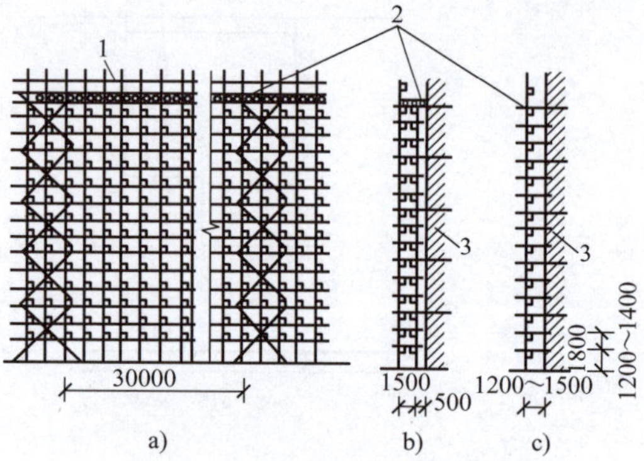

图 2-44　扣件式钢管外脚手架

a）多立杆式外脚手架　b）双排式　c）单排式
1—脚手板　2—连墙杆　3—墙身

普通砖墙厚度有半砖、一砖、一砖半和二砖等。用普通砖砌筑的砖墙，依其墙面组砌形式不同，有一顺一丁、三顺一丁和梅花丁三种砌筑形式（图 2-45）。

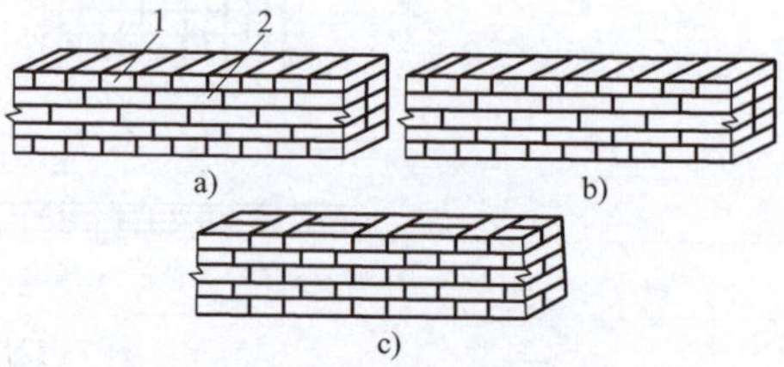

图 2-45　砖的砌筑形式

a）一顺一丁　b）三顺一丁　c）梅花丁
1—丁砌砖块　2—顺砌砖块

4. 钢筋混凝土结构工程

钢筋混凝土结构工程是指按照设计要求，将钢筋和混凝土两种材料，利用模板浇筑而成的各种形状和大小的构件或结构的过程。钢筋混凝土结构具有刚度大、结构稳定、抗震性能好、耐火性好、可就地取材、造价低等优点，但也存在自重大、抗裂性差、现场浇筑受气候影响等缺点。钢筋混凝土结构包括钢筋工程、模板工程和混凝土工程，三个工种工程在施工过程中必须密切配合、统筹安排、合理组织，以确保施工质量，其施工工艺流程如图 2-46 所示。

（1）钢筋工程　在钢筋混凝土结构中，**钢筋主要承受拉力**，**混凝土主要承受压力**，钢筋起着关键性作用。钢筋工程涉及钢筋的进场检验、加工、成型和连接安装等。此外，钢筋工程还包括钢筋的下料、代换、调直、除锈、切断和弯曲成形等工序。钢筋验收包括外观检查和力学性能检验等，验收合格后方可使用。

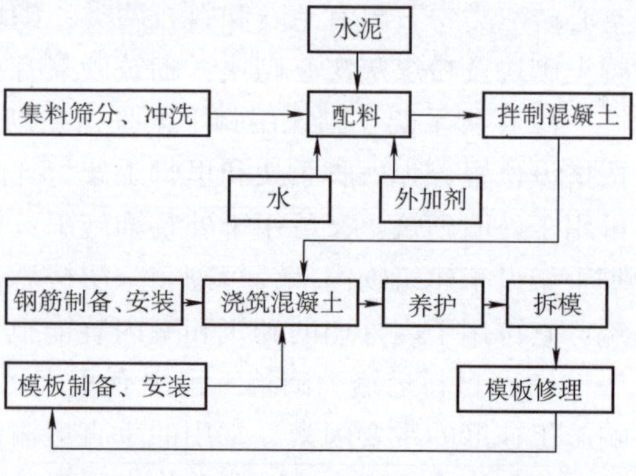

图 2-46　混凝土结构工程施工工艺流程

钢筋按其化学成分不同可分为碳素钢钢筋和普通低合金钢钢筋；按其生产工艺不同可分为热轧钢筋和冷加工钢筋；按轧制外形不同可分为光圆钢筋和带肋钢筋；按其直径不同可分为钢丝、细钢筋和粗钢筋；按其在结构中的作用不同可分为受力钢筋、架立钢筋和分布钢筋。

常见的钢筋连接方式有绑扎连接、焊接连接和机械连接。绑扎连接采用镀锌钢丝，按规定的搭接长度将钢筋绑扎在一起，绑扎连接需要较长的搭接长度，浪费钢筋且连接不可靠，宜限制使用；焊接连接的方法有闪光对焊、电弧焊、电渣压力焊、电阻点焊和埋弧压力焊等，其成本较低，质量可靠，宜优先选用；机械连接包括冷挤压连接（图2-47）、锥形螺纹连接（图2-48）和镦粗直螺纹连接等，其具有无明火作业、设备简单、节约能源、连接可靠、技术易掌握、适用范围广和适用于粗钢筋连接或现场焊接有困难的场合等优点。

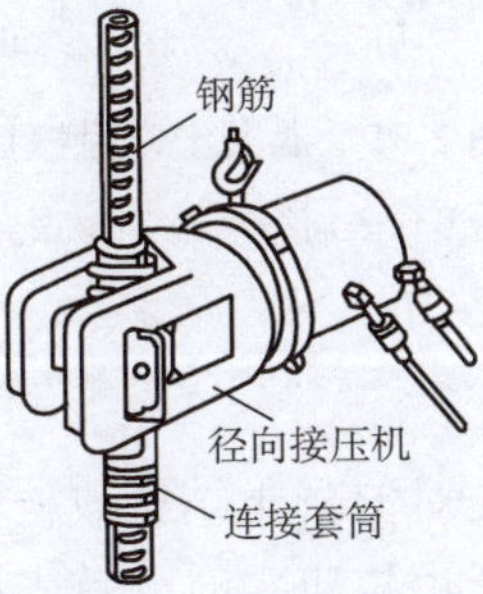

图2-47 冷挤压连接

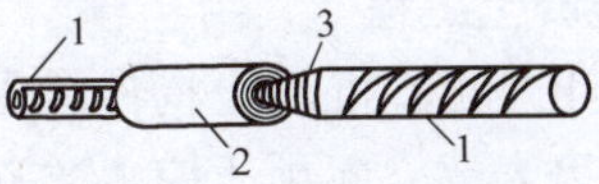

图2-48 锥形螺纹连接

1—钢筋 2—套筒 3—锥螺纹

（2）模板工程 现浇钢筋混凝土结构施工用的模板是指使混凝土构件按设计的几何尺寸浇筑成型的模型板。模板系统由**模板**和**支撑系统**构成。模板工程施工工艺如图2-49所示。

模板按材料的不同可分为木模板、钢木模板、胶合板模板和钢模板等；按结构类型的不同可分为基础模板、柱模板、楼板模板、楼梯模板和墙模板等；按施工方法不同可分为现场拼装式模板、固定式模板和移动式模板。图2-50所示为矩形柱木模板构造。

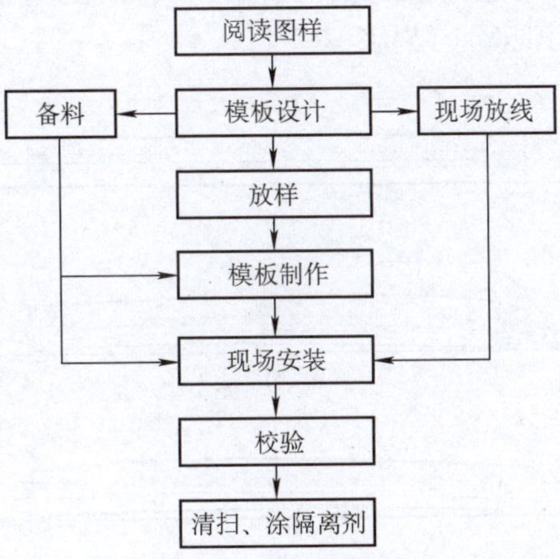

图2-49 模板工程施工工艺

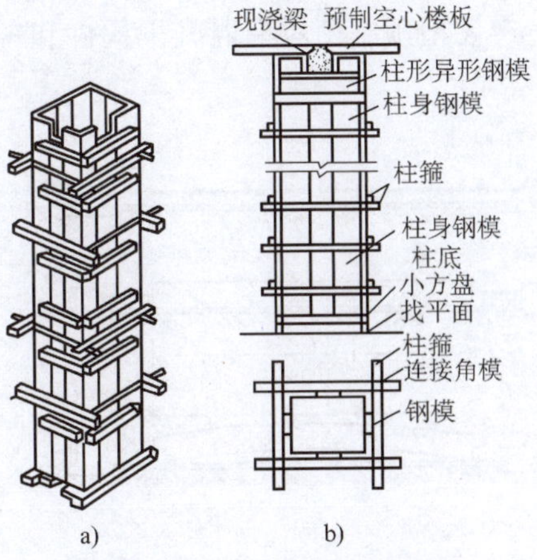

图2-50 矩形柱木模板构造

a）木模板 b）钢模

（3）混凝土工程 **混凝土工程**是指将混凝土浇筑成各种形状的建筑构件或结构的过程，包括配料、搅拌、运输、浇筑、振捣、养护等施工过程，其质量直接关系到结构的承载能力和使用寿命。混凝土的组成材料有：水泥、集料（砂和石子）、水和外加剂。

混凝土的配料应根据施工配合比进行；混凝土的搅拌应保证混凝土拌合物的均匀性和确保施工进度所要求的产量；运输过程应防止产生分层离析现象，运输分水平运输和垂直运输两种，常用的水平运输机具主要有搅拌运输车、自卸汽车等，垂直运输机具有塔式起重机、井架和混凝土泵；混凝土的浇筑应保证混凝土在其初凝前浇筑完毕；混凝土的振捣有人工振捣和机械振捣两种方式，人工振捣是利用捣锤、插钎等使混凝土密实成型，机械振捣有如图 2-51 所示的四类振捣机械；混凝土浇筑成型后应及时进行养护，以确保质量，常用的养护方法有自然养护法、加热养护法和蓄热养护法。

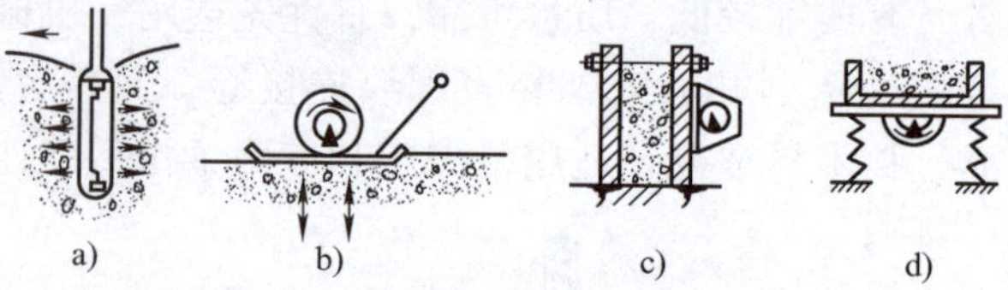

图 2-51 混凝土常见振捣机械

a）内部振动器 b）表面振动器 c）外部振动器 d）振动台

5. 预应力混凝土工程

预应力混凝土是指在混凝土构件承受荷载之前，预先对混凝土结构或构件受拉区的钢筋进行张拉固定，事先建立起预压应力的混凝土。当构件产生拉应力时，首先必须抵消预先对构件施加的压应力，然后随着荷载的不断增加，混凝土才开始受拉，从而充分发挥了钢筋和混凝土各自的性能，提高了混凝土构件的刚度、抗裂性和耐久性。

预应力施工分为先张法和后张法两大类。**先张法**是指在浇筑混凝土之前铺设、张拉预应力筋，并将张拉后的预应力筋临时锚固在台座上，然后浇筑混凝土，待混凝土养护达到必要强度后，放松预应力筋，借助混凝土与预应力筋之间的黏结，对混凝土施加预应力的施工方法，其施工工艺示意图如图 2-52 所示。**后张法**是先制作构件或结构，并在设置预应力筋的位置处预留孔道，待混凝土达到规定强度后，在预留孔道内穿筋并张拉预应力筋，并用专用锚具将张拉好的预应力筋锚固在构件的两端，不再取下，最后进行孔道灌浆和封锚的方法，其施工工艺示意图如图 2-53 所示。后张法施工不需要台座设备，灵活性大，广泛用于施工现场生产大型预制预应力混凝土构件和现浇预应力混凝土结构。

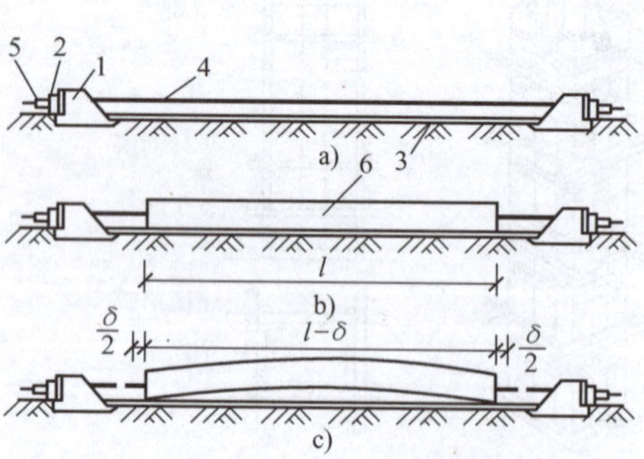

图 2-52 先张法施工工艺示意图

a）张拉预应力筋 b）浇筑混凝土 c）放松预应力筋

1—台座 2—横梁 3—台面 4—预应力筋

5—夹具 6—混凝土构件

l—混凝土构件长度 δ—混凝土构件收缩长度

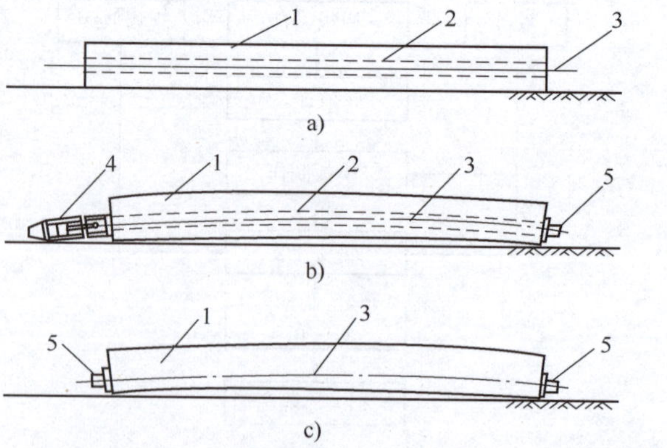

图 2-53 后张法施工工艺示意图

a）制作混凝土构件 b）张拉预应力筋 c）锚固和孔道灌浆

1—混凝土构件 2—预留孔道 3—预应力筋

4—张拉机具 5—锚具

6. 结构安装工程

结构安装工程是指用起重机械将结构构件或构件组合单元，在施工现场将其起吊并安装到设计位置，形成装配式结构。它是装配式结构工程的主导施工工程，按结构类型可分为混凝土结构安装工程和钢结构安装工程。

（1）起重机械　结构安装工程中常用的起重机械以塔式起重机应用最为广泛，它是一种塔身直立、起重臂安在塔身顶部且可做360°回转的起重机械，具有较高的起重高度、工作幅度和起重能力。塔式起重机有轨道式、爬升式、附着式等种类。轨道式塔式起重机（图2-54）装有轨轮，并在铺设的钢轨上移动；爬升式塔式起重机（图2-55）置于建筑物内部电梯井或特设开间的结构上，随着建筑物的升高，以建筑物为支撑而升高；附着式塔式起重机（图2-56）是固定式起重机的一种，它固定在建筑物近旁的钢筋混凝土基础之上，借助于顶升系统自行向上接高塔身，从而增加起重高度，为了保证塔身稳定，应每隔一定高度用锚固装置将塔身与建筑物相连。

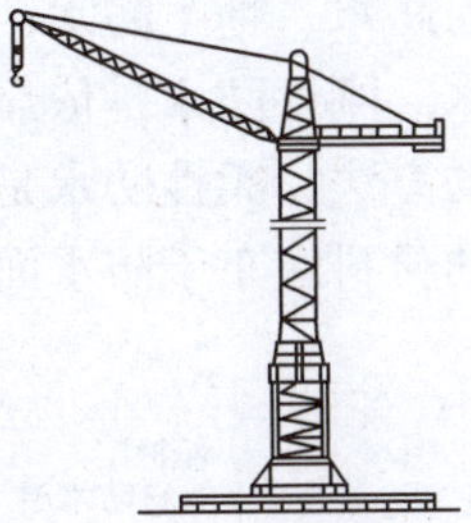

图2-54　轨道式塔式起重机

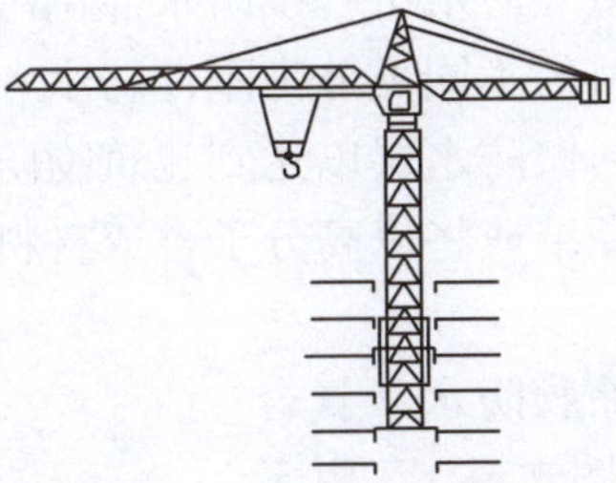

图2-55　爬升式塔式起重机

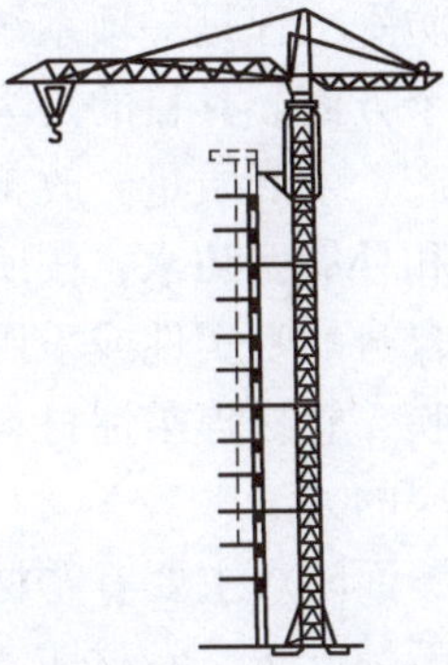

图2-56　附着式塔式起重机

（2）结构吊装方法　单层结构工业厂房的结构吊装方法主要有分件吊装法和综合吊装法两种。

1）分件吊装法。**分件吊装法**是在厂房结构吊装时，起重机每开行一次仅吊装一种或几种构件，即第一次开行吊装全部的柱子，并对柱子进行校正和最后固定；第二次开行吊装吊车梁、连系梁和柱间支撑等；第三次开行依次按节间吊装屋架、天窗架、屋面板及屋面支撑等。分件吊装法在每次开行时，基本只吊装同类构件，锁具不需要经常更换，操作方法也基本相同，所以吊装速度快，起重机工作效率高，且构件可以分批供应，现场平面布置比较简单，还能给构件的校正、接头的焊接、混凝土的浇筑及养护等提供充分的时间，但此方法不能为后续施工及早提供工作面，起重机的开行路线也比较长。

2）综合吊装法。**综合吊装法**是起重机在一次开行中，分节间吊装完所有类型的构件。一般先吊装4~6根柱子并立即进行校正和最后固定，然后吊装该节间的吊车梁、连系梁、屋架、屋面板等构件，以此顺序按节间吊装直到整个结构安装完毕。此方法起重机开行路线短、停机次数少，但施工中锁具更换频繁，吊装效率低，构件的校正和固定时间紧迫，而且构件的供应和平面布置也比较复杂，故只有遇到特殊情况或采用移动困难的起重机（如桅杆式起重机）时才采用。

7. 钢结构工程

钢结构工程是以钢材制作为主的结构，主要由型钢和钢板等制成的钢梁、钢柱、钢桁架等构件组成，各构件或部件之间通常采用焊缝、螺栓或铆钉连接，是主要的建筑结构类型之一。钢结构施工包括钢结构连接和钢结构安装。钢结构连接是通过一定的方式将型钢组合成钢构件，或将若干钢构件组合成整体结构，以保证其能共同受力、统一工作。钢结构的连接方法有焊缝连接、螺栓连接和铆钉连接等（图2-57）。钢结构安装可参见上述结构安装工程施工。

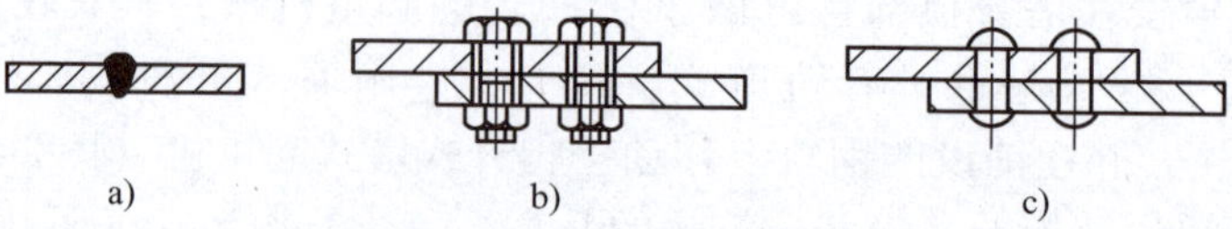

图2-57 钢结构的连接形式

a）焊缝连接 b）螺栓连接 c）铆钉连接

8. 防水工程

防水工程是一项系统工程，它涉及防水材料、防水工程设计、施工技术、建筑物的管理等各个方面。其目的是为保证建筑物不受水侵蚀，内部空间不受危害，提高建筑物使用功能和生产、生活质量，改善人居环境。防水工程按防水部位可分为**屋面防水**、**地下防水**、**室内防水**和**外墙面防水**；按所使用材料的不同可分为刚性防水和柔性防水。**刚性防水**是依靠结构构件自身的密实性或采用刚性材料做防水层以达到建筑物防水目的的方法；**柔性防水**是以防水涂膜、卷材等柔性材料铺设和黏结或将以高分子合成材料为主体的材料涂布于防水面形成防水层的方法。

屋面防水主要有卷材防水、涂膜防水和复合防水三种方法。卷材防水屋面（图2-58），由于其具有质量轻、防水性能好，尤其是防水层具有良好的柔韧性，能适应一定程度的结构振动和胀缩变形等优点，因此应用较为广泛。

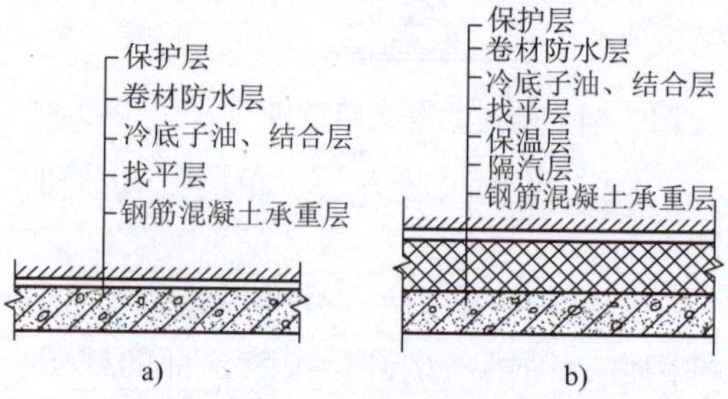

图2-58 卷材防水屋面构造示意图

a）不保温卷材屋面 b）保温卷材屋面

地下工程防水方案有以下三种：一是采用防水混凝土结构；二是利用排水方案；三是在地下结构表面设防水层，如抹水泥砂浆防水层或贴卷材防水层等。为加强防水效果，必要时可采取“防”“排”结合的多道防水方案。

室内防水是指建筑室内厨房、卫生间、浴室、水池等各种用水房间的防水工程。主要采用涂膜防水，防水涂料种类很多，如聚氨酯防水涂料、聚合物乳液防水涂料、聚合物水泥防水涂料和水乳型沥青防水涂料等。

外墙面防水是保证建筑物（构筑物）的结构不受水的侵袭、内部空间不受水的危害的防水工程，在整个建筑工程中占有重要的地位。

9. 装饰工程

装饰工程是建筑施工的最后一个施工过程，包括抹灰、饰面、裱糊、油漆、涂饰、刷浆、隔断、吊顶、门窗、幕墙、罩面板和花饰安装等内容。其作用是增加建筑物的美观和艺术形象，提高卫生条件，改善隔热、隔声、防潮等功能，减少外界有害物质对建筑物的侵蚀，延长维护结构的使用寿命。装饰工程项目繁多、涉及面广、工程量大、工期长、用工量大，与装饰材料和施工工艺密切相关。

抹灰通常由底层、中层和面层三个层次构成（图2-59）。抹灰工程按装饰效果分为一般抹灰和装饰抹灰。**一般抹灰**是指采用水泥砂浆、石灰砂浆、水泥石灰混合砂浆、聚合物水泥砂浆、麻刀灰、纸筋灰、石膏灰等抹灰材料进行涂抹施工。按使用要求、质量标准和操作工序的不同，一般抹灰分为普通抹灰、中级抹灰和高级抹灰三级。**装饰抹灰**是指采用装饰性很强的材料，或用不同的处理方法以及加入各种颜料，使建筑物具有特定的色调和光泽，其种类很多，按面层分为水刷石、水磨石、剁斧石、干粘石、拉毛灰、洒毛灰、喷涂饰面、滚涂饰面、弹涂饰面等。

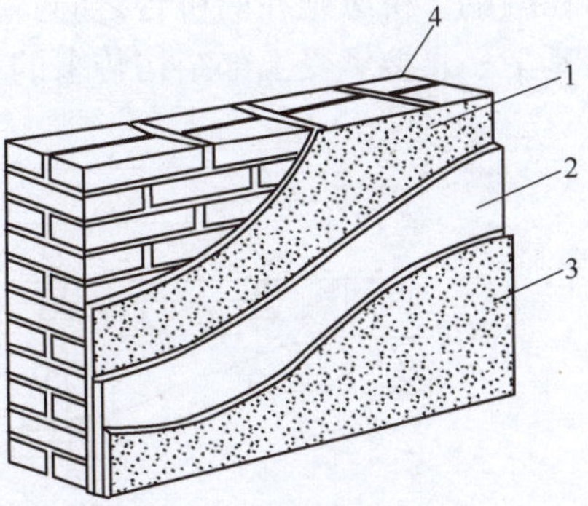

图2-59 抹灰层的组成

1—底层 2—中层 3—面层 4—基体

10. 道路工程

道路工程施工主要涉及施工机械选择、路基工程施工和路面施工等内容。

道路工程施工机械主要有铲土运输机械、挖掘机械、路面摊铺机械、拌和机械和碾压机械等。其中，路面施工机械有平地机、拌和机两大类。

路基是道路的主体和路面的基础，主要是用土、石修建的一种线形结构物，工艺较为简单，但土方工程量很大，往往是控制道路施工进度的关键。路基施工一般包括路基主体土石方工程、取土坑与弃土堆、护坡道及碎落台、路基综合排水、路基防护与加固以及由于修筑路基而引起的改沟或改河工程等内容。施工步骤主要是路堤填筑、路堑开挖和路基压实等，其中路基压实是保证路基质量的关键环节。

路面可分为面层、基层和垫层。**路面面层**位于整个路面结构的最上层，它直接承受行车荷载的垂直力、水平力及车身后所产生的真空吸力的反复作用，同时受到降雨和气温变化的不利影响最大，是最直接地反映路面使用性能的层次，其类型及适用范围见表2-1。**基层**是指直接位于沥青面层下用高质量材料铺筑的主要承重层，或直接位于水泥混凝土面板下用高质量材料铺筑的一层结构层，按材料可分为碎砾石、稳定土和工业废渣三大类。**垫层**是介于基层与土基之间的层次，并非所有的路面结构中都需要设置垫层，只有在土基处于不良状态，如潮湿地带、湿软土基、北方地区的冻胀土基等，才应该设置垫层，以排除路面、路基中滞留的自由水，确保路面结构处于干燥或中湿状态。

表2-1 路面面层的类型及适用范围

面层类型	适用范围
沥青混凝土	快速路、主干路、次干路、支路、城市广场、停车场
水泥混凝土	快速路、主干路、次干路、支路、城市广场、停车场
贯入式沥青碎石、上拌下贯式沥青碎石、沥青表面处治和稀浆封层	支路、停车场
砌块路面	支路、城市广场、停车场

11. 桥梁工程

桥梁由桥跨结构、桥墩和桥台以及基础三个主要部分组成（图2-60）。**桥跨结构**是道路遇到障碍而中断时，跨越这类障碍的结构物；**桥墩和桥台**是支承桥跨结构的建筑物，桥台设在两端，桥墩则在两桥台之间；**基础**是桥梁下部的结构，一般处于水下河床内的基岩或土地基上，直接承受上部结构传来的全部荷载。

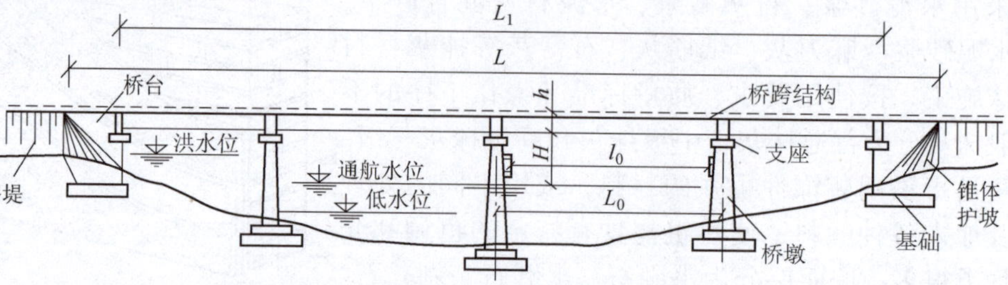

图2-60 桥梁的组成

桥梁工程的施工主要包括桥梁基础施工和桥梁主体施工。

（1）桥梁基础施工 桥梁基础施工方法有沉井施工、围堰施工等。

沉井基础的施工一般可分为旱地施工、水中浇捣施工和浮运施工三种。浇捣施工法适用于的水流速不大，且水深为3～4m的情况。当水深较大，用浇捣施工法施工沉井不经济且施工困难时，可改为浮运施工法施工沉井。

围堰施工中的围堰属于临时性结构，其主要作用是确保主体结构工程及附属设施在施工过程中不受流水的侵袭，以创造正常的施工条件。围堰按构造和材料可分为土围堰、土袋围堰、单行板桩围堰、双行板桩围堰、木桩土围堰、竹笼围堰和钢板桩围堰等几种形式。

（2）桥梁主体施工 桥梁主体施工方法有现场浇筑法和预制安装法。现场浇筑法是在桥位处搭设支架，在支架上浇筑桥体混凝土，待其强度达到设计要求后拆除模板和支架；预制安装法是指钢筋混凝土或预应力混凝土简支梁的预制安装，分为预制、运输和安装三部分。

2.3.3 土木工程施工组织

1. 施工组织概述

施工组织是指结合施工的特点，研究整个土木工程施工过程，寻求最合理、最科学、最经济的统筹安排与系统管理的一门科学。其任务是根据国家的建设方针政策和法规、土木工程施工的技术经济特点以及业主的计划与要求，对施工中需大量消耗的人力、资金、材料、机械和施工方法等进行合理安排与有效组织，协调各种关系，使之在一定的时间和空间内，实现有组织、有计划、有秩序的施工，以期在整个施工上达到最优效果。

2. 流水施工原理

（1）流水施工的概念 **流水施工**是将拟建工程项目的整个建造过程在工艺上分为若干个施工过程，在空间上划分为若干个施工段和施工层，各专业施工队按照一定的施工顺序投入施工，依次、连续地完成每个施工层上的每个施工面的施工任务，以保证拟建工程项目在时间和空间上有节奏、有组织、连续均衡地进行施工。采用流水施工方式能够缩短工期，避免窝工现象，且有利于提高劳动效率和实现现场文明施工和科学管理。

（2）流水施工进度计划的表达方法 包括**横道图法**、**垂直图法**和**网络图法**。

1）横道图法。横道图法又称水平图法，在横道图中，横坐标表示流水施工的持续时间，即施工进度；纵坐标表示开展流水施工的施工过程，各专业队的名称、编号及数目；水平线表示某施工过程在某施工段上作业的起止时间，水平线的长度表示持续时间的长短；水平线上的编号表示投入施工的顺序，即施工段编号，如图2-61所示，图中①、②、③表示施工段，Ⅰ、Ⅱ、Ⅲ表示施工过程，t表示一个时间单位。

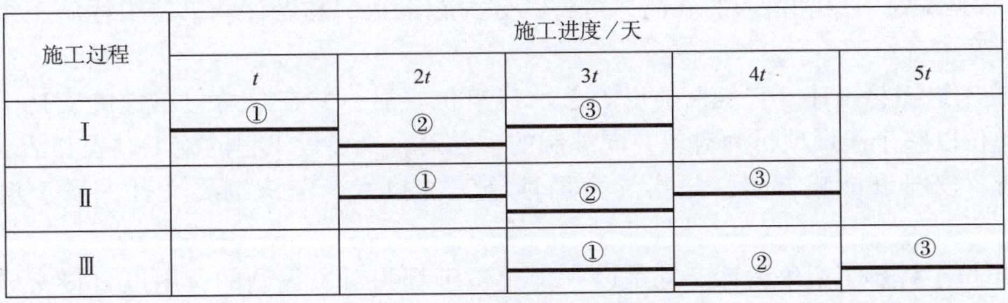

图2-61 流水施工的横道图

2）垂直图法。垂直图法又称斜线图法，横坐标表示流水施工的持续时间；纵坐标表示开展流水施工所划分的施工段编号；斜线的斜率形象地反映出各施工过程的施工速度，斜率越大，施工速度越快，如图2-62所示。

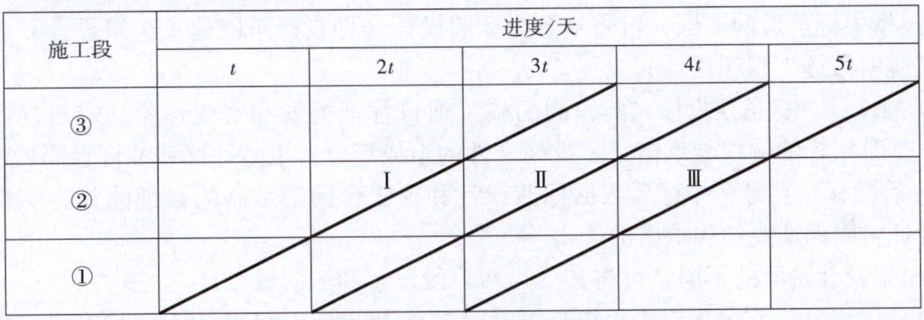

图2-62 流水施工的垂直图

3）网络图法。网络图是一种表达一项计划中各项工作先后顺序、逻辑关系和所需时间的网状图。它相比横道图最具优势的是可以通过计算机实现电算化，节省了人力，提高了效率，促进其在施工管理中的普及。但它没有横道图直观、简单、易懂。

网络图分为双代号网络图和单代号网络图两种。图2-63所示为常用的双代号网络图，它由工作、节点和线路三要素组成。在网络图中，用一条箭线表示一项工作（如工序），以一个圆圈作为节点表示联系，用箭线首尾连接节点的编号表示该工作的开始和结束。

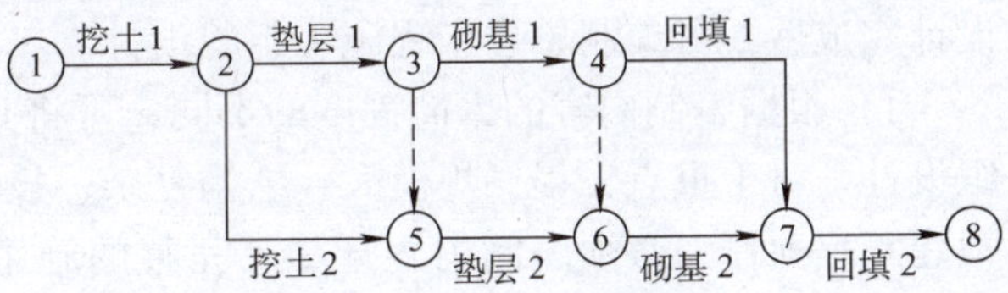

图2-63 双代号网络图

3. 施工组织设计

施工组织设计是根据施工的预期目标和施工条件，选择最合理的施工方案，并以此为核心编制的，用以指导施工组织与管理、施工准备与实施、施工控制与协调、资源的配置与使用等施工全过程中的各项活动的技术、经济和组织的综合性文件，从而达到提高工程质量、加快工程进度、降低工程成本、预防安全事故的目的。它是对整个施工活动实施科学管理和有效控制的有效手段。

（1）施工组织设计的分类　施工组织设计按编制的对象和范围、中标前后、设计阶段、编制内容的繁简程度，有以下四种分类。

1）根据编制对象和范围的不同，可将其分为施工组织总设计、单位工程施工组织设计和施工方案。

a. **施工组织总设计**。它是在确定了总承包单位之后，并在总承包单位的支持下，会同各分包单位以整个建设项目为对象共同编制的，是对整个建设工程的施工过程和活动的全面规划、统筹安排和战略部署，是指导全局性施工的技术、经济纲要文件，属于规划和控制型。

b. **单位工程施工组织设计**。它是以一个单位工程为对象编制的，用以直接指导单位工程施工全过程中各项施工活动的技术、经济、组织的综合性文件。它是施工组织总设计内容的具体化、详细化，属于实施指导型。

c. **施工方案**。它是以分部（项）工程或专项工程为主要对象编制的施工技术与组织方案，用以具体指导其施工过程。它必须在单位工程施工组织设计控制下，针对特殊的分部分项工程或专项工程进行编制，属于具体实施操作型。

2）根据中标前后的不同，可将其分为标前设计（即投标阶段施工组织设计）和标后设计（即实施阶段施工组织设计）。

a. **标前设计**。它是在投标之前编制的施工项目管理规划和实现各项预定目标的技术组织保证，是对招标的响应与承诺，是投标文件的组成部分，也是评标和签订合同的依据。

b. **标后设计**。它是在中标后依据标前设计和施工合同等编制的详细的具有实施性的施工组织设计，以保证要约和承诺的落实。

3）根据设计阶段的不同，可将其分为两阶段设计和三阶段设计。

a. **两阶段设计**。它分为施工组织总设计（扩大初步施工组织设计）和单位工程施工组织设计两种。

b. **三阶段设计**。它分为施工组织设计大纲（初步施工组织条件设计）、施工组织总设计和单位工程施工组织设计三种。当采用三阶段设计时，设计阶段与施工组织设计的关系是：初步设计完成，可编制施工组织设计大纲；技术设计之后，可编制施工组织总设计；施工图设计完成后，可编制单位工程施工组织设计。

4）根据编制内容的繁简程度的不同，可将其分为完整的施工组织设计和简明的施工组织设计。对于重点工程，规模大、结构复杂、技术要求高，采用新结构、新技术、新工艺的拟建工程项目，必须编制内容详尽、完整的施工组织设计。反之，对于非重点工程，规模小、结构又简单，技术不复杂而且以常规施工为主的拟建工程项目，通常可以编制仅包括施工方案、施工进度计划和施工平面图（简称“**一案、一表、一图**”）等内容的简明施工组织设计。

（2）施工组织设计内容　一般情况下，无论何种施工组织设计都应包括以下基本内容：

1）编制依据。编制依据包括：

① 与工程建设有关的法律、法规和文件。

② 国家现行有关标准和技术经济指标。

③ 工程所在地区行政主管部门的批准文件，建设单位对施工的要求。

④ 工程施工合同或招标投标文件。

⑤ 工程设计文件。

⑥ 工程施工范围内的现场条件、工程地质及水文地质、气象等自然条件。

⑦ 与工程有关的资源供应情况。

⑧ 施工企业的生产能力、机具设备状况、技术水平等。

2）工程概况及特点分析。施工组织设计应首先对拟建工程的概况及特点进行分析并加以简述，目的在于搞清工程任务的基本情况。主要包括对拟建工程的建筑和结构特点、工程规模及用途、建设地点的特征、施工条件、施工力量、施工期限、技术复杂程度、资源供应情况、建设单位提供的条件及要求等各种情况的分析。

3）施工部署。**施工部署**是对项目实施过程做出的统筹规划和全面安排，包括确定施工总目标，施工组织机构的建立，施工任务的组织与分工，施工总程序及空间组织、工期规划，各期应完成的内容，施工段的划分，施工场地的划分与安排，全场性的技术组织措施等。

4）施工方案。**施工方案**是施工组织设计的核心。它是通过优化选择，制定出工程施工期间所采用的施工流向、施工顺序、施工方法和机械选择、技术措施和检验手段等，直接影响施工进度、质量、安全以及工程成本。施工方案的选择应结合人力、材料、机械、资金和可采用的施工方法等可变因素与时空优化组合，全面布置任务，安排施工顺序和施工流向，确定施工方法和施工机械。对承建工程可能采用的几个方案进行分析，通过技术经济比较、评价，选择出最佳方案。

5）施工进度计划。**施工进度计划**反映了最佳施工方案在时间上的安排。它是为实现项目设定的工期目标，对各项施工过程的施工顺序、起止时间和相互衔接关系所做的统筹策划和安排。施工进度计划要保证拟建工程在规定的期限内完成，保证施工的连续性和均衡性，节约施工费用。编制施工进度计划需依据建筑工程施工的客观规律和施工条件，参考工期定额，综合考虑资金、材料、设备、劳动力等资源的投入。并采用先进的组织方法（如立体交叉流水施工）和计划理论（如网络计划、横道计划等）以及计算方法（如各项参数、资源量、评价指标计算等），综合平衡进度计划，合理规定施工的步骤和时间，以期达到各项资源在时、空的科学合理利用，满足既定目标。

施工进度计划的编制包括划分施工过程，计算工程量，计算工程劳动量，确定工作天数和人数或机械台班数，编制进度计划表及检查与调整等项工作。

6）施工准备与资源配置计划。**施工准备与资源配置计划**是提供资源（劳力、材料、机械）保证的依据和前提。为确保进度计划的实现，必须编制与其进度计划相适应的各项资源需要量计划，以落实劳动力、材料、机械等资源的需要量和进场时间。

7）施工现场平面布置。**施工现场平面布置**是在施工用地范围内，对各项生产、生活设施及其他辅助设施等进行规划和布置。施工现场就是建筑产品的组装厂，由于建筑工程和施工场地的千差万别，使得施工现场平面布置因人、因地而异。合理布置施工现场，对保证工程施工顺利进行具有重要意义，施工现场平面布置应遵循方便、经济、高效、安全、环保、节能的原则。

8）主要施工管理计划。施工管理计划属于施工组织设计中的管理和技术措施，涵盖很多方面的内容，可根据工程的具体情况加以取舍。施工管理计划应包括质量管理计划、进度管理计划、安全管理计划、环境管理计划、成本管理计划以及其他管理计划等内容。

2.3.4 土木工程施工与工程造价的关系

要学好工程造价，土木工程施工是基础，也是关键，主要有以下两个原因：

第一，报价是在明确施工过程的前提下进行的，而不是仅看图纸就能确定的。比如说，挖基槽（坑）土方时，按图纸计算的工程量仅是理论值，而实际上，为了防止土壁坍塌，在实际施工中要进行放坡处理。显然，按放坡计算的土方量要大于按图纸计算的理论值。而放坡过程中发生的人工费、机械费等也要计入工程造价之中。因此，要做到准确报价，必须熟悉每项施工工艺和流程。

第二，不同的施工方案和不同的施工组织水平会导致工程造价的不同。比如说，同样是深基坑支护，采用地下连续墙和采用钢板桩支护所发生的费用是不同的；同样是高层建筑施工，采用先进的碗扣式脚手架和采用悬挑式脚手架施工所发生的费用肯定也是不同的。而且，如果施工组织水平高，可以加快施工进度，提高生产效率，这样也能有效降低施工费用，并最终影响整个工程造价。因此，在进行投标报价时，一定要结合本企业自身的技术水平和管理水平进行报价。这也是之前讲的为什么要编制投标前施工组织设计的原因。

目前我国实行**工程量清单计价方法**，就是指由招标人提供拟建工程的工程量清单，并承担由此导致的“量”的风险；投标人则根据招标人提供的工程量清单，结合企业自身的技术水平和管理水平进行报价，并承担“价”的风险。可以想象，技术水平和管理水平高的企业在报价上肯定占有优势。如此，既实现了工程造价领域“量”与“价”的分离和风险的合理分担，又提高了企业自主报价的能力，促使企业不断发展壮大。因此，建筑施工企业要不断采用并研发新的施工技术，努力提高企业的管理水平，只有这样，才能在激烈的市场竞争中立于不败之地。

本章小结

土木工程是建造各类工程设施的科学技术的总称。土木工程的发展经历了古代土木工程、近代土木工程和现代土木工程三个阶段，它包括众多类型，如建筑工程、桥梁工程、水利工程和铁路工程等。

施工程序是指拟建工程项目在整个施工阶段必须遵守的先后工作顺序，包括承接施工任务及签订施工合同、施工准备、组织施工、竣工验收及交付使用和保修服务五个阶段。

土木工程施工包括两大部分，即施工技术和施工组织。

土木工程施工技术是以各工种工程施工为对象，选择最合理的施工方案和最有效的技术措施，采用先进施工工艺，保证工程质量与安全，经济、合理地完成各工种工程的施工。

流水施工是将拟建工程项目的整个建造过程在工艺上分为若干个施工过程，在空间上划分为若干个施工段和施工层，各专业施工队按照一定的施工顺序投入施工，依次、连续地完成每个施工层上的每个施工面的施工任务，以保证拟建工程项目在时间和空间上有节奏、有组织、连续均衡地进行施工。流水施工进度计划的表达方法包括横道图法、垂直图法和网络图法。

施工组织设计是根据施工的预期目标和施工条件，选择最合理的施工方案，并以此为核心编制的，用以指导施工组织与管理、施工准备与实施、施工控制与协调、资源的配置与使用等施工全过程中的各项活动的技术、经济和组织的综合性文件。

【关键概念】 土木工程、建筑工程、施工程序、施工技术、施工准备、流水施工、施工组织设计

习 题

2.1 土木工程的发展历史源远流长，经历了________、________和________三个历史阶段。

2.2 公路按照各自在公路网中的地位与作用分为________、________、________、________和专业公路五类。

2.3 在建筑工程中，主要构件类型包括________、________、________、________和基础。

2.4 常见的土方工程包括________、________、________和基坑（槽）及路基开挖与填筑等。

2.5 桩按受力不同可分为________和________两种。

2.6 常见的钢筋连接方式有________、________和________。

2.7 在建筑工程中，常用的结构材料有哪些？（ ）

A. 砌体 B. 混凝土 C. 钢材 D. 木材

2.8 钢筋混凝土结构施工中包括哪几个工程？（ ）

A. 钢筋工程 B. 模板工程 C. 脚手架工程 D. 混凝土工程

2.9 建筑工程按照使用性质分为哪几类？（ ）

A. 工业建筑工程 B. 民用建筑工程 C. 构筑物工程 D. 其他建筑工程

2.10 流水施工进度计划的表达方法有哪些？（ ）

A. 横道图法 B. 垂直图法 C. 单代号网络图法 D. 双代号网络图法

2.11 简述土木工程的概念。土木工程包括哪些类型？

2.12 桥梁是如何进行分类的？桥梁的主要类型有哪些？

2.13 城市轨道交通系统包括哪些种类？

2.14 何谓施工程序？分为哪几个环节？

2.15 何谓施工组织？施工组织的任务是什么？

2.16 何谓施工组织设计？施工组织设计是如何进行分类的？

2.17 简述施工组织设计内容。

2.18 为何说土木工程施工是学好工程造价的基础和关键？

第3章 工程造价及其管理

学习要点 本章首先介绍工程造价的基本概念、分类、职能及作用，工程造价管理的概念、目标、任务、内容以及管理体制；阐述与工程造价相关的理论知识；概括和总结现代工程造价管理的发展模式。通过本章的学习，要求掌握工程造价的基础知识，了解工程造价管理的基础知识，熟悉工程造价专业的相关理论体系，并了解现代工程造价管理的发展模式。

3.1 工程造价概述

3.1.1 工程造价基本概念

1. 工程造价的含义

（1）工程造价的两种含义 工程造价常指工程项目在建设期预计或实际支出的建设费用。但在工程建设中，广泛地存在着工程造价两种不同的含义。

站在投资方的角度，工程造价是指工程的投资成本，即建设一项工程预期开支或实际开支的全部投资费用。因此，工程项目工程造价是从筹建到竣工验收，直接或间接投入的所有费用。

站在市场交易的角度，工程造价有买卖价的含义，意指工程承发包价格，即为建成一项工程，预计或实际在市场交易活动中所形成的工程价格。也就是说，工程造价类似于普通商品交易中的买卖价格，只是由于建筑产品比较特殊（期货[⊖]，费用巨大且受多种因素影响），在交易时更加慎重，一般采用招投标形式，以双方共同认可的价格确定。交易的对象可以是一个完整的建设项目，也可以是建设项目中某一完整的独立部分，如一个单位工程等。

（2）工程造价的含义辨析 无论是建设项目的建设成本，还是工程承包的价格，工程造价的两种含义之间存在着明显的区别和密切的联系。

1）建设成本是对应于投资的建设单位而言的；承包价格是对应于承发包双方而言的。

2）建设成本的外延是全方位的，即工程建设项目所有的费用支出；承包价格的涵盖范围即使对“交钥匙”工程而言也不是全方位的，如建设期贷款利息、建设单位对项目的管理费等都是不可能纳入的。在总体数额及内容组成等方面，建设成本总是大于承包价格的总和。

3）与造价两种含义相对应，造价管理也有两种含义：建设成本的管理和承包价格的管理。这是两个性质不同的主题，前者属于**投资管理**范畴，后者属于**价格管理**范畴。国家通过宏观调控、市场管理来求得价格的总体合理，建设单位则需对具体项目的承包价做好微观管理。

区别工程造价两种含义的理论意义，在于为以建设单位为代表的投资者和以施工单位为

⊖ 期货是现在进行买卖，但是在将来进行交收或交割的标的物。

代表的供应商的市场行为提供理论依据。当建设单位提出降低工程造价时，是站在投资者的角度充当着市场需求主体的角色；当施工单位提出提高工程造价、提高利润率，并获得更多的实际利润时，是要实现一个市场供给主体的管理目标。区别工程造价两种含义的现实意义，在于为实现不同的管理目标，不断充实工程造价的管理内容，完善管理方法，为更好地实现各自的目标服务，从而有利于推动全面的经济增长。

2. 工程造价的特点

工程造价的特点是由工程建设的特点所决定的，其特点为：

（1）大额性　能够发挥投资效用的任何一项工程，不仅实物形体庞大，而且造价高昂。动辄数千万、数亿、十几亿，特大型工程项目的造价可高达百亿、千亿元人民币。工程造价的大额性使其关系到有关各方面的重大经济利益，同时也会对宏观经济产生重大影响。这就决定了工程造价的特殊地位，也说明了造价管理的重要意义。

（2）个别性　任何一项工程都有特定的用途、功能、规模。因此，对每一项工程的结构、造型、空间分割、设备配置和内外装饰都有具体的要求，从而使工程内容和实物形态都具有差异性。产品的差异性决定了工程造价的个别性。同时，每项工程所处的地点都不相同，使这一特点得到强化。

（3）层次性　造价的层次性取决于工程的层次性。一个建设项目往往含有多个能够独立发挥设计效能的单项工程（如车间、写字楼、住宅楼等）。一个单项工程又是由不能独立发挥效能的多个单位工程（如土建工程、电气安装工程等）组成的。与此对应，工程造价有三个层次：建设项目总造价、单项工程造价和单位工程造价。从造价的计算和工程管理的角度来看，工程造价的层次性是非常突出的。

（4）动态性　任何一项工程从决策到竣工交付使用，都有一个较长的建设期间。由于不可控因素的影响，如工程变更、设备材料价格、工资标准以及费率、利率、汇率等，工程造价在整个建设期内处于不确定状态，直到竣工决算后才能最终确定工程的实际造价。

（5）工程造价的兼容性　工程造价的兼容性首先表现在它具有两种含义，其次表现在工程造价构成因素的广泛性和复杂性。

3.1.2　工程造价分类

建筑项目工程造价可根据不同的建设阶段、编制对象（或范围）、工程的专业性质等进行分类。

1. 根据工程建设阶段分类

在基本建设程序的每个阶段都有相应的工程造价程序，如图3-1所示。

（1）投资估算　**投资估算**是指建设项目在项目建议书和可行性研究阶段，根据建设规模结合估算指标、类似工程造价资料、现行的设备材料价格，对拟建设项目未来发生的全部费用进行预测和估算。投资估算是判断项目可行性、进行项目决策的主要依据之一，也是建设项目筹资和控制造价的主要依据。

（2）设计概算　**设计概算**是指设计单位在初步设计阶段或扩大初步设计阶段编制的计价文件，是在投资估算的控制下由设计单位根据初步设计图及说明，概算定额（或概算指标），各项费用定额或取费标准，设备、材料预算价格和建设地点的自然、技术经济条件等资料，用科学的方法计算、编制和确定的建设项目从筹建至竣工交付使用所需全部费用的文件。**采用两**

阶段设计（即初步设计、施工图设计）**的建设项目，初步设计阶段必须编制设计概算**。

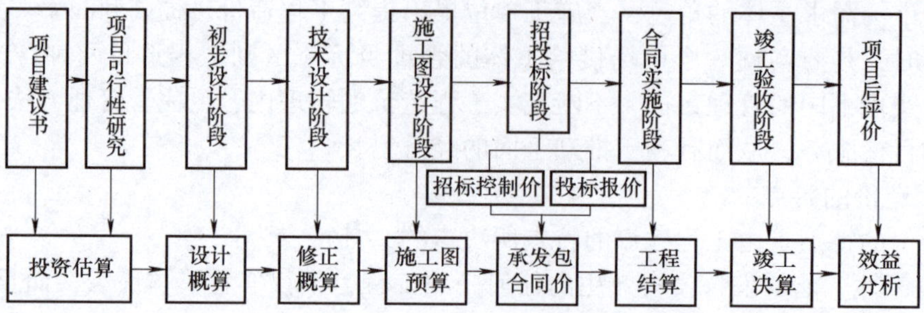

图3-1 项目建设程序与工程造价形式对照示意图

（3）修正设计概算 **修正概算**是当采用三阶段设计（即初步设计、技术设计、施工图设计）时，在技术设计阶段，随着对初步设计内容的深化，对建设规模、结构性质、设备类型等方面可能进行必要的修改和变动，由设计单位对初步设计总概算做出相应的调整和变动。**修正设计概算一般不能超过原已批准的概算投资额**。

（4）施工图预算 **施工图预算**是在设计工作完成并经过图纸会审之后，根据施工图，图纸会审记录，施工方案，预算定额，费用定额，各项取费标准，建设地区设备、人工、材料、施工机械台班等预算价格编制和确定的单位工程全部建设费用的建筑安装工程造价文件。

（5）承发包合同价 建筑工程承发包的合同价是通过招投标来确定的。招投标过程中，建设单位常需要编制招标控制价，各投标单位编制投标报价，通过竞争，中标单位与建设单位签订总承包合同或设备材料采购合同、技术和咨询服务合同，合同中所确定的价格即为承发包合同价。合同价属于市场价格的性质，它是由承发包双方，**即商品和劳务买卖双方根据市场行情认可的成交价格，但它并不等同于最终结算的实际工程造价**。

（6）工程结算价 工程结算价是指在合同实施阶段，建筑安装工程的单项工程或单位工程完工并办理验收后，由施工单位编制的反映竣工（或已完）工程全部造价的经济文件。它是在工程结算时按合同调价范围和调价方法，对实际发生的工程量增减、设备和材料价格变化等调整。已完工程结算价是建设项目竣工决算的基础资料之一。

（7）竣工决算 建设项目的**竣工决算**是在项目建设竣工验收阶段，当所建设项目全部完工并经过验收后，由建设单位编制的从项目筹建到竣工验收、交付使用全过程中实际支付的全部建设费用的经济文件。它是反映建设项目实际造价的文件。

（8）效益分析 项目后评价的效益分析是以项目前期所确定的目标和各方面指标与项目实际实施的结果之间的对比为基础，分析项目的主要效益指标是否实现。效益分析可为未来投资项目的决策提出建议和提供依据。

上述不同阶段工程造价文件之间存在着差异，具体见表3-1。

表3-1 不同阶段工程造价文件的对比

类别	编制阶段	编制单位	编制依据	用途
投资估算	项目建议书、可行性研究	建设单位、工程咨询机构	投资估算指标	投资决策
设计概算、修正概算	初步设计、技术设计	设计单位	概算指标	控制投资及造价

（续）

类　别	编制阶段	编制单位	编制依据	用　途
施工图预算	施工图设计	施工单位或设计单位、工程咨询机构	预算指标	编制招标控制价、投标报价等
承发包合同价	招标投标	承发包双方	概（预）算定额、工程量清单计价规范	确定工程承发包价格
工程结算价	施工	施工单位	预算定额、工程量清单、设计及施工变更资料	确定工程实际建造价格
竣工决算	竣工验收	建设单位	预算定额、工程量清单、工程建设其他费用定额、竣工决算资料	确定工程项目实际投资
投资效益分析	项目完成	建设单位	项目前期所确定的目标和各方面指标、项目实际实施的结果	改进投资决策

2. 按造价的编制对象分类

（1）单位工程造价　**单位工程造价**是以单位工程为对象编制的工程建设费用的技术经济文件，是编制单项工程综合造价的依据，是单项工程综合造价的组成成分。

（2）单项工程造价　**单项工程造价**是以单项工程为对象确定其所需建设费用的经济文件。它是由单项工程内各单位工程造价汇总而来的。

（3）建设项目总造价　**建设项目总造价**是以建设项目为对象编制的反映建设项目从筹建到竣工验收交付使用全过程建设费用的文件，它是由组成该建设项目的各单项工程的造价及工程建设其他费用、预备费等汇总而成的。

3. 按工程的专业性质分类

按专业性质不同分为建筑工程造价（含土建及装饰工程）、安装工程造价、装饰工程造价（专指二次装饰装修工程）、市政工程造价和园林绿化工程造价等。

3.1.3　工程造价职能和作用

1. 工程造价的职能

工程造价的职能既是价格职能的反映，也是价格职能在这一领域的特殊表现。工程造价的职能除一般商品价格职能外，还有自己特殊的职能。

（1）预测职能　工程造价的大额性和多变性，无论是投资者还是承包商都要对拟建工程进行预先测算。投资者预先测算工程造价不仅作为项目决策的依据，同时也是筹集资金、控制造价的依据。承包商对工程造价的测算，既为投标决策提供依据，也为投标报价和成本管理提供依据。

（2）控制职能　工程造价的控制职能表现在以下两方面：一方面是对投资的控制，即在投资的各个阶段，根据对造价的多次预估，对造价进行全过程、多层次的控制；另一方面，是对以承包商为代表的商品和劳务供应企业的成本控制。在价格一定的条件下，企业实际成本开支决定企业的盈利水平，成本越高，盈利越低。成本高于价格，就会危及企业的生存。所以，企业要利用工程造价提供的信息资料作为控制成本的依据。

（3）评价职能　工程造价是评价总投资和分项投资合理性和投资效益的主要依据之一。

评价土地价格、建筑安装产品和设备价格的合理性时，就必须利用工程造价资料；评价建设项目偿贷能力、获利能力和宏观效益时，也要依据工程造价。工程造价也是评价建筑安装企业管理水平和经营成果的重要依据。

（4）调节职能　工程建设直接关系到经济增长，关系到国家重要资源的分配和资金流向，同时也对国家民生产生重大影响。所以，国家对建设规模、结构进行宏观调节是在任何条件下都不可缺少的，对政府投资项目进行直接调控和管理也是非常必要的。这些都要通过工程造价来对工程建设中的物资消耗水平、建设规模等进行调节。

工程造价职能得以实现的最主要条件是市场竞争机制的形成。在现代市场经济中，要求市场主体要有自身独立的经济利益，并能根据市场信息（特别是价格信息）和利益取向来决定其经济行为。无论是购买者还是出售者，在市场上都处于平等竞争的地位，他们都不可能单独影响价格、决定价格。在市场竞争中，作为买方的投资者和作为卖方的工程施工企业及其他商品和劳务的提供者，根据价格变动及对市场走向的判断来调节自己的经济活动。也只有在这种条件下，价格才能实现它的各项职能。因此，建立和完善市场机制，创造平等竞争的环境是十分迫切和重要的任务。具体来说，投资者和工程施工企业等商品和劳务的提供者首先要使自己真正成为具有独立经济利益的市场主体，能够了解并适应市场信息的变化，能够做出正确的判断和决策；其次，规范工程建设市场和规范市场主体的经济行为给工程施工企业创造平等竞争的条件，使不同类型、不同所有制、不同规模、不同地区的企业，在同一项工程的投标竞争中处于平等的地位；再次，要建立完善的、灵敏的价格信息系统。

2. 工程造价的作用

（1）工程造价是合理分配利益和调节产业结构的手段　工程造价的高低，涉及国民经济各部门和企业间的利益分配。在计划经济体制下，政府为了用有限的财政资金建成更多的工程项目，总是趋向于压低建设工程造价，使建设中的劳动消耗得不到完全补偿，价值不能得到完全实现。而未被实现的部分价值则被重新分配到各个投资部门，为项目投资者所占有。这种利益的再分配有利于各产业部门按照政府的投资导向加速发展，也有利于按宏观经济的要求调整产业结构。但也会严重损害工程施工企业及其他商品和劳务提供者的利益，从而使工程建设行业的发展长期处于落后状态，与整个国民经济的发展不相适应。在市场经济中，工程造价无例外地受供求状况的影响，并在围绕价值的波动中实现对建设规模、产业结构和利益分配的调节。加上政府正确的宏观调控和价格政策导向，工程造价在这方面的作用会充分发挥出来。

（2）工程造价是项目决策的依据　建设工程投资大、生产和使用周期长等特点决定了项目决策的重要性。财务能力是一个独立的投资主体必须首先解决的问题，工程造价决定着项目的一次投资费用，是项目决策中要考虑的主要问题。如果建设工程的价格超过投资者的支付能力，就会迫使投资者放弃拟建的项目；如果项目投资的效果达不到预期目标，投资者也会自动放弃拟建的工程。因此，在项目决策阶段，建设工程造价就成为项目财务分析和经济评价的重要依据。

（3）工程造价是筹集建设资金的依据　投资体制的改革和市场经济的建立，要求项目的投资者必须有很强的筹资能力，以保证工程建设有充足的资金供应。工程造价基本决定了建设资金的需求量，从而为筹集资金提供了比较准确的依据。当建设资金来源于金融机构的贷款时，金融机构在对项目的偿贷能力进行评估的基础上，也需要依据工程造价来确定给予投资者的贷款数额。

（4）工程造价是制订投资计划和控制投资的依据　工程造价在控制投资方面的作用非

常明显。工程造价是通过多次预估，最终通过竣工决算确定下来的。每一次预估的过程就是对造价的控制过程，且每一次估算一般都不能超过前一次估算，即限额控制。这种控制可以使投资者在其财务能力的限度内取得既定的投资效益。建设工程造价对投资的控制也表现在利用制定各类定额、标准和参数，对建设工程造价的计算依据进行控制。在市场经济利益风险机制的作用下，造价对投资的控制作用成为投资的内部约束机制。

（5）工程造价是评价投资效果的重要指标　工程造价是一个包含着多层次造价的体系，就一个工程项目来说，它既是建设项目的总造价，又包含单项工程的造价和单位工程的造价，同时也包含单位生产能力的造价，或单位建筑面积的造价等。所有这些，使工程造价自身形成了一个指标体系。它能够为评价投资效果提供多种评价指标，并能够形成新的价格信息，为今后类似项目的投资提供参考。

3.1.4　工程造价形成过程

建设项目价格的形成过程建立在正确划分分项工程的基础上，用分项工程基价乘以其工程量得出分项工程费用，将某一分部工程的所有分项工程费用相加求出该分部工程的费用，同理，将属于本单位工程的所有分部工程费用相加，再加上措施项目费及其他项目费、规费、税金，可算出该单位工程的造价或承发包价格，再加上工程建设其他费用可依次计算出单项工程、建设项目的概预算价格，如图3-2所示。正确地分解编制对象的各分项工程，是有效计算每个分项工程的工程量、正确编制和套用相应定额、计算每个分项工程综合单价、准确确定工程造价和承发包价格的前提。理解工程价格的形成过程，不仅有利于编制工程造价和招投标文件，同时还有利于项目的组织与管理。

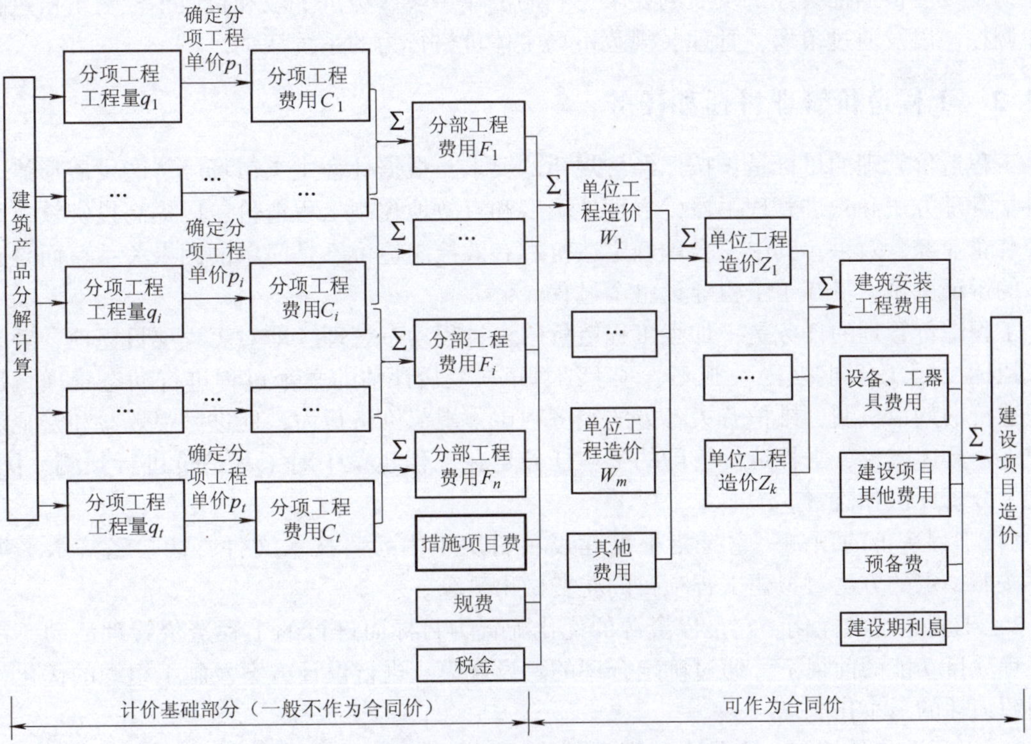

图3-2　工程建设项目的分解及价格形成过程

3.2 工程造价管理概述

3.2.1 工程造价管理概念

工程造价管理是指综合运用管理学、经济学、工程技术、信息技术等方面的知识与技能，对工程造价进行预测、优化、控制、分析评价和监督等工作过程，以获得资源的最优配置和建设项目投资效益的最大化。

相应于工程造价的两种含义，工程造价管理也有两种含义。

1. 建设工程投资费用管理

建设工程投资费用管理属于投资管理范畴。管理是为了实现一定的目标而进行的计划、组织、协调、控制等系统活动，投资管理是为了达到预期的效果，对投资行为进行的计划、组织、协调与控制。这种含义的管理侧重于投资费用的管理，而不是侧重于技术方面。建设工程投资费用管理的含义是为了实现投资的预期目标，在拟定的规划、设计方案的条件下，预测、计算、确定和监控工程造价及其变动的系统活动。

2. 工程价格管理

工程价格管理属于价格管理范畴。在市场经济条件下，价格管理分为微观和宏观两个层次。在微观层次上，是指生产企业在掌握市场价格信息的基础上，为实现管理目标而进行的成本控制、计价、定价和竞价的系统活动。它反映了微观主体按市场支配价格运行的经济规律，对商品价格进行能动的计划、预测、监控和调整，并接受价格对生产的调节。在宏观层次上，是政府根据社会经济发展的要求，利用法律手段、经济手段和行政手段对价格进行管理和调控，以及通过市场，管理、规范市场主体价格行为的系统活动。

3.2.2 工程造价管理目标和任务

工程造价管理的目标是：按照经济规律的要求，根据社会主义市场经济的发展形势，利用科学管理方法和先进管理手段，合理地确定和有效地控制工程造价，以提高投资效益和建筑安装企业经营效果。其中，合理确定造价和有效控制造价不是简单的因果关系，而是有机联系的辩证关系，贯穿于工程建设整个过程。

工程造价管理的任务是：加强工程造价的全过程动态管理，即对工程项目立项、勘察设计、招标投标（合同签订）、施工、竣工结算审核及后评估的整个过程进行动态管理，强化工程造价的约束机制，维护有关各方的经济利益，规范价格行为，促进微观效益和宏观效益的统一。具体来说，**工程造价管理的基本任务是在工程建设中对工程造价进行预测、优化、控制、分析评价和监督**。

1）工程造价的预测。它是指根据建设项目决策内容、技术文件、社会经济水平等资料，按照一定的方法对拟建工程项目的花费做出测算。

2）工程造价的优化。它是以资源的优化配置为目标而进行的工程造价管理活动，在满足工程项目功能的前提下，通过确定合理的建设规模，进行设计方案及施工组织的优化，实现资源消耗的最小化。

3）工程造价的控制。它是在工程建设的每一个阶段，检查造价控制目标（如批准的概算）的实现情况。若发现偏差，应立即分析原因，及时进行调整，以确保既定目标的实现。

4）工程造价的分析评价。它贯穿于整个工程造价管理过程之中，包括工程造价的构成分析、技术经济分析、比较分析等。工程造价的构成分析主要是对工程造价的组成要素、所占比例等进行分析，为工程造价管理提供依据；工程造价的技术经济分析，主要是对设计及施工方案等进行技术经济分析，以确定工程造价是否合理；工程造价的比较分析是对工程造价进行纵向和横向比较，例如，对估算、概算、预算三者进行纵向对比分析，对拟建工程的技术经济指标与已建工程的技术经济指标进行横向对比分析。

5）工程造价的监督。它是指根据国家的有关文件和规定对建设项目进行审查与审计。

3.2.3　工程造价管理内容

工程造价管理的基本内容是**合理确定和有效控制工程造价**。合理确定项目的造价目标是造价控制的基础，各阶段的有效控制是其实现的手段。

1. 工程造价的合理确定

所谓工程造价的合理确定，是指在建设工程的各个阶段，采用科学的计算方法和现行的计价依据及批准的设计方案或设计图等文件资料，合理确定投资估算、设计概算、施工图预算、承发包合同价、工程结算价、竣工决算价以及项目投资完成后的效益分析。各阶段的造价确定如图3-3所示。

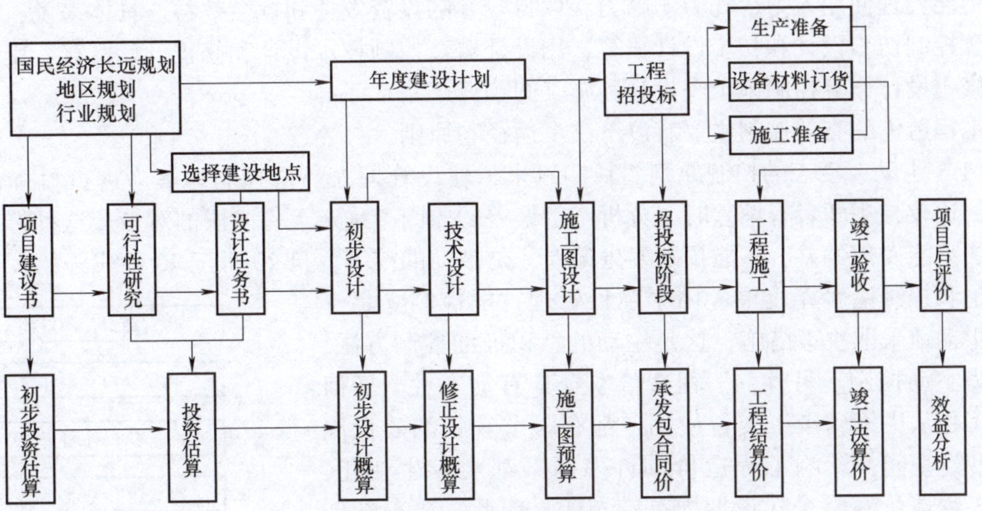

图3-3　建设工程各阶段的造价确定

依据建设程序，工程造价的确定与工程建设阶段性工作深度相适应，一般分为以下几个阶段：

1）**初步投资估算**。在项目建议书阶段，按照有关规定，应编制初步投资估算。经有关部门批准，作为拟建项目列入国家中长期计划和开展前期工作的控制造价。

2）**投资估算**。在可行性研究阶段，按照设计任务书内容和有关规定编制投资估算，经有关部门批准，作为该项目控制造价。

3）**初步（修正）设计概算**。在初步设计阶段，按照有关规定编制的初步设计概算。经有关部门批准，即作为拟建项目工程造价的具体最高限额。技术设计阶段是进一步解决初步设计的重大技术问题，如工艺流程、建筑结构、设备选型等，该阶段则应编制修正设计概算。

4）**施工图预算**。在施工图设计阶段，按规定编制施工图预算，用以核实施工图阶段预算造价是否超过经过批准的初步设计概算造价。

5）**承发包合同价**。对以施工图预算为基础进行招标投标的工程，承发包合同价也是以经济合同形式确定的建筑安装工程造价，承发包双方应严格履行合同，使造价控制在承包合同价以内。

6）**工程结算价**。在工程实施阶段要按照承包方实际完成的工程量，以合同价为基础，同时考虑因物价上涨所引起的造价提高，考虑到设计中难以预计的而在实施阶段实际发生的工程和费用，合理确定工程结算价。

7）**竣工决算价**。在竣工验收阶段，全面总结在工程建设过程中实际花费的全部费用，编制竣工决算，如实体现该工程的实际造价。

8）**效益分析**。对已经投资完成的项目，通过对投资活动投资后效益与目标效益对比确定效益目标是否实现，为未来项目的决策和提高投资决策管理水平提供依据。

2. 工程造价的有效控制

工程造价的有效控制是指在投资决策阶段、设计阶段、建设项目承发包阶段和建设实施阶段，把建设工程造价的实际发生控制在批准的造价限额以内，随时纠偏，以求在各个建设项目中能合理使用人力、物力、财力，取得较好的投资效益和社会效益。具体来说，是用投资估算控制初步设计和初步设计概算；用设计概算控制技术设计和修正设计概算；用设计概算或修正设计概算控制施工图设计和施工图预算。

工程造价的有效控制主要有以下三个途径和原则。

（1）主动、动态的控制原则　长期以来，建设管理人员把控制理解为进行目标值与实际值的比较，当两者有偏差时，分析产生偏差的原因，确定下一阶段的对策。这种传统的控制方法只能发现偏差，不能预防发生偏差，是被动的控制。自 20 世纪 70 年代开始，人们将系统论和控制论研究成果应用于项目管理，把控制立足于事先主动地采取决策措施，这是主动的、积极的控制方法，被称为主动控制。另外，工程造价本身具有动态性。任何一个工程从决策到竣工交付使用，都有一个较长的建设周期，在这期间，影响工程造价的许多因素都会发生变化，这使工程造价在整个建设期内是动态的。因此，要不断地调整工程造价的控制目标，主动、有效地控制工程造价，以尽可能减少甚至避免目标值与实际值的偏差。工程造价动态控制原理图如图 3-4 所示。

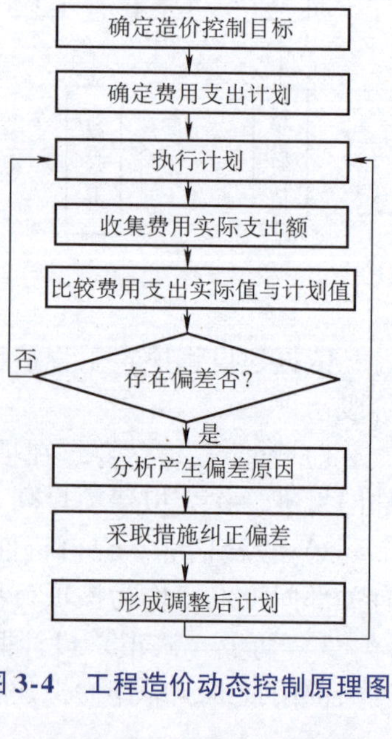

图 3-4　工程造价动态控制原理图

（2）以设计阶段为重点的建设全过程造价控制原则　工程造价控制应贯穿于项目建设的全过程，但是各阶段工作对造价的影响程度是不同的。影响工程造价最大的阶段是投资决策和设计阶段，在项目做出投资决策后，控制工程造价的关键就在于设计阶段。因此，设计单位和设计人员必须树立经济核算的观念，克服重技术轻经济的思想，严格按照设计任务书规定的投资估算做好多方案的技术经济比较。工程经济人员在设计过程中应及时地对工程造价进行分析对比，能动地影响设计，以保证有效地控制造价。

（3）技术与经济相结合的原则　有效地控制工程造价，可以采用组织、技术、经济、合同等多种措施，其中技术与经济相结合是控制工程造价的最有效手段。技术上要进行多方案选择，力求先进可行、符合国情。经济上要实时比较投资的计划值和实际值，严格审核各项支出。把技术与经济有机地结合起来，通过技术比较、经济分析和效果评价，正确处理技术先进与经济合理之间的对立统一关系，力求做到在技术先进条件下的经济合理，在经济合理基础上的技术先进，把控制工程造价的思想真正地渗透到可行性研究、项目评价、设计和施工的全过程中去。

总之，工程造价的合理确定和有效控制之间存在着相互依存、相互制约的辩证关系。首先，工程造价的确定是工程造价控制的基础和载体，没有造价的确定就没有造价的控制；其次，造价的控制贯穿于造价确定的全过程，造价的确定过程也就是造价的控制过程，通过逐项控制、层层控制才能最终合理地确定造价，确定造价和控制造价的最终目标是一致的，两者相辅相成。

3.2.4　工程造价管理体制

1. 工程造价管理体制的概念

工程造价管理体制是指管理工程造价的基本制度和主要方式、方法，具体是指为了合理确定和有效控制工程造价，保证整个工程造价管理工作正常进行，并取得良好的经济和社会效益，所制定的一系列工作方法、工作内容和工作程序。它包括各种费用项目的组成，有关方针、政策、文件的制定与颁发，造价管理人员的资格培训与管理，工程建设有关各方在工程造价管理工作中的职责、权限和任务。工程造价管理体制是建筑市场运行机制的核心，是基本建设管理制度的重要组成部分。

2. 工程造价管理体制的改革

我国的工程造价管理体制走过了从建立到发展、完善的历程，其发展是与我国经济体制的发展相适应的。在计划经济时代，工程造价管理以**定额管理**㊀为重点，对基本建设项目的投资估算、概算、预算处于算量和计价阶段，建设项目投资的申请与核定是一种被动行为。随着社会主义市场经济体制的逐步确立和完善，工程造价管理体制也随之改革。

我国工程造价管理体制改革的目标是要在统一工程量计算规则和统一项目划分的基础上，遵循商品价值规律，建立以市场形成价格为主的价格机制，企业依据政府和社会咨询机构提供的市场价格信息和**造价指数**㊁，结合自身实际情况，自主报价，通过市场价格机制的运行，形成统一、协调、有序的工程造价管理体系，达到合理使用投资、有效控制工程造价、取得最佳投资效益的目的，逐步建立起适应社会主义市场经济体制，符合中国国情并且与国际惯例接轨的工程造价管理体制。改革工程造价管理体制的具体措施有以下几项。

㊀ 定额管理是指利用定额来合理安排和使用人力、物力、财力的一种管理方法。定额是企业生产经营活动中，对人力、物力、财力的配备、利用和消耗以及获得的成果等方面所应遵守的标准或应达到的水平。

㊁ 造价指数是指某一时期的工程造价比另一时期的工程造价上升或下降的百分比，是说明不同时期工程造价的相对变化趋势和程度的指标，是工程造价动态结算的重要依据。

（1）采用动态方法研究和管理工程造价 为体现工程项目投资额的资金时间价值[⊖]，各地区造价管理机构应定期公布设备、材料、工资、机械台班的价格指数及各类工程价格指数，建立工程造价管理信息系统，充分利用现代化通信手段与信息网络技术，实现信息共享，及时为企业提供材料、设备、人工价格信息及造价指数。

（2）健全工程造价管理机构 构建以政府工程造价管理部门为核心的管理层，以造价管理协会为主的智能层，以合法的工程造价中介机构组成的运作层，分别实施政策指导、宏观调控、信息服务、监督检查、客观计价、公正裁判，逐步形成从直接管理到间接管理、从行政管理到法规管理、从事后管理到全过程管理的体系。

（3）改变政府职能 在市场经济时代，政府要改变主观干预的做法，逐步建立以市场形成价格为主的方式；另一方面，应加强宏观管理，逐步建立工程造价的监督检查制度，规范定价行为，确保工程质量和工程建设的顺利进行，将管理重点放在制定相关的标准和法规，加强工程造价信息的收集、处理和发布上，以适应市场需要。

（4）发挥工程造价咨询的作用 工程造价咨询是指面向社会接受委托，承担建设项目的可行性研究、投资估算、工程概算、预算、工程结算、竣工决算、工程招标控制价、投标报价的编制和审核，对工程造价进行监控以及提供有关工程造价信息资料等业务服务。发挥咨询业的咨询、顾问作用，逐渐代替政府行使造价管理的职能，并同时接受政府工程造价管理部门的管理和监督。社会咨询将成为一个独立的行业，社会咨询机构公正地开展咨询业务，实施全过程的咨询服务。

（5）确立工程招投标制度，引入竞争机制 把竞争机制引入工程造价管理体制，打破以行政手段分配建设任务的体制，冲破条条割裂、地区封锁，在相对平等的条件下进行招标承包，择优选择工程承包公司和设备材料供应单位，以促使这些单位改善经营管理，提高应变能力和竞争能力，降低工程造价。

（6）推行造价工程师执业资格制度和注册制度 造价工程师执业资格制度是工程造价管理的一项基本制度，造价工程师是指经全国造价工程师执业资格统一考试合格，并注册取得《造价工程师注册证》，从事建设工程造价活动的人员。造价工程师只能在一个单位注册执业；未经注册的人员，不得以造价工程师的名义从事建设工程造价活动。凡从事工程建设活动的建设、设计、施工、工程造价咨询等单位，必须在计价、评估、审查（核）、控制等岗位配备相关人员。

3. 工程造价管理体系

市场经济是法制的经济，“没有规矩，不成方圆”。规范建筑市场秩序的重要手段之一，就是要建立一系列符合市场需求的法律制度、计价规则、技术标准以及行为准则，形成完善的工程造价管理体系，并且这也是工程造价管理体制改革、完善的目标之一。

我国工程造价管理体系按照“法律规范秩序，公开交易规则，竞争形成价格，监管行之有效”的规划思路，借鉴国内外先进的管理经验和成果，逐步建成了工程造价管理的法规、标准、定额、计价信息四个体系。这四个体系在法制化、专业化和系统化建设方面的内容表现在以下几个方面。

（1）工程造价管理的法规体系 逐步建立包括国家法律、法规、地方法规和部门规章

⊖ 资金时间价值是指资金在周转使用中因时间的因素而形成的差额价值，即资金在生产经营中带来的增值额。

在内的多层次法律法规框架体系，把工程造价管理以适当的法律文本予以确认，形成政府通过市场来调控企业，通过法规来规范建设各方的体系。

（2）工程造价管理标准体系　国家有关部门结合工程建设管理的现状，总结制定了工程造价管理标准体系建设应包括的内容，如图3-5所示。工程造价行业的标准体系已经初步建立，并将逐步完善，这些标准也是进行工程造价管理必须遵从的方法和依据。

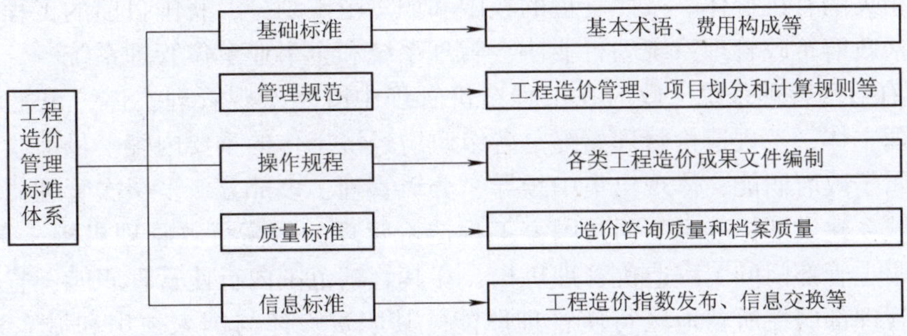

图3-5　工程造价管理标准体系内容

（3）工程计价定额体系　**工程定额**是造价管理的技术标准，是指在规定工作条件下，完成合格的单位建筑安装产品所需要用的劳动、材料、机械以及有关费用的数量标准。通过修订定额体系，加强对投资估算指标、概算定额（指标）、预算定额的编制工作，形成经过标准化的各类工程数据库，为造价管理提供了翔实的技术衡量标准和数量指标。

（4）组建人才服务体系　工程造价，人才为本。经过多年不懈的努力，目前，我国在建筑、化工、公路、电力、人防、冶金、煤炭、邮电、航运、水利、铁路等行业已组建起专门的造价技术队伍，并统一了造价从业人员资格标准，对必须掌握的法律知识、施工技术、计价方法、定额原理、计算机的应用等方面编制了专业教材，系统培训，人员技术素质不断提高。在抓好队伍建设的同时，我国还积极广泛地推行工程造价咨询制度，发展至今，已成立众多有相当实力的工程造价咨询单位，建立了广泛的社会中介咨询服务网络。

（5）工程计价信息体系　信息化是工程造价实现动态管理的首要前提。工程计价信息体系包括建设工程造价指数、建设工程要素价格信息、建设工程综合指标信息，如图3-6所示。

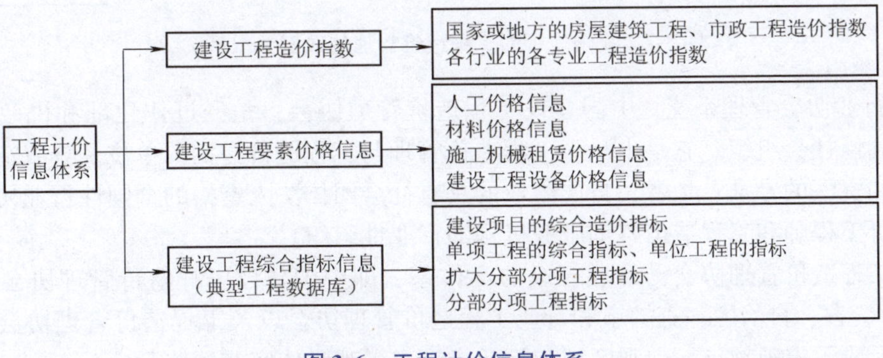

图3-6　工程计价信息体系

各建设工程造价指数反映一定时期的工程造价相对于某一固定时期的工程造价变化程度

的比值或比率，包括国家或地方政府和各行业发布的，如地区造价管理部门按照统一规划、分部实施的要求，根据工程造价信息的收集、整理，定期公布人工、材料、机械租赁、工程设备等的价格信息，建立的建设工程要素价格的信息管理系统。

4. 工程造价管理的组织系统

工程造价管理的组织是指为了实现工程造价管理目标而进行的有效组织活动，以及与造价管理功能相关的有机群体。按照管理的权限和职责范围划分，我国目前的工程造价管理的组织系统包括政府行政管理系统、行业协会管理系统和企事业单位管理系统。

（1）政府行政管理系统　政府在工程造价管理中既是宏观管理主体，也是政府投资项目的微观管理主体，工程造价管理始终是各级政府经济工作的重要内容。目前我国工程造价管理基本是属于政府职能，体现出集中领导、分级管理，多部分、多层次管理的基本模式。

住房和城乡建设部标准定额司是国家工程造价管理的最高行政管理机构。省、自治区、直辖市和行业主管部门的工程造价管理机构，在其管辖范围内行使管理职能；省辖市和地区的工程造价管理部门在所辖地区行使管理职能。其职责大体与国家住房和城乡建设部（简称住建部）的工程造价管理机构相对应，主要负责本地区、本部门有关法规、制度和定额等的组织制定并贯彻执行，调解、仲裁工程造价纠纷，收集和发布有关工程造价信息等工作。

我国现行的工程造价管理的政府组织系统如图3-7所示。

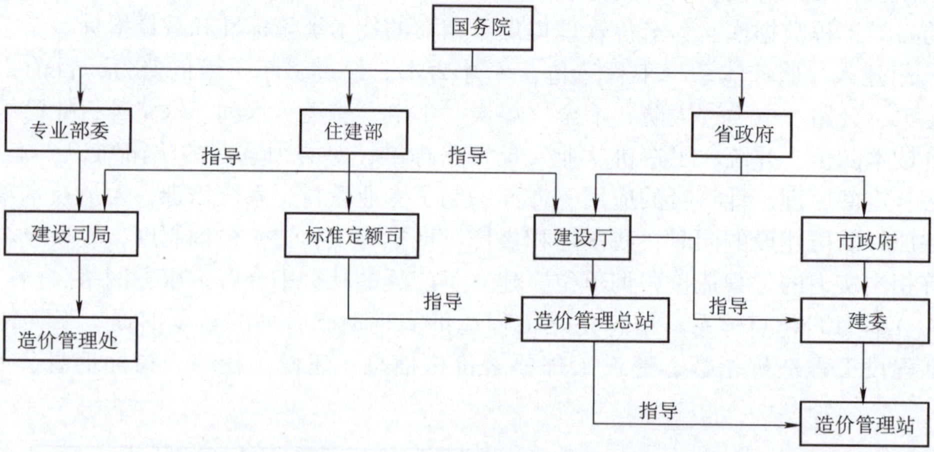

图3-7　我国现行的工程造价管理的政府组织系统

（2）行业协会管理系统　中国建设工程造价管理协会，是经过住建部和民政部批准成立的非营利性社会组织。它是由从事工程造价管理与工程造价咨询的单位及具有造价工程师注册资格和资深的专家、学者，自愿组成的具有社会团体法人资格的全国性行业协会，是对外代表造价工程师和工程造价咨询服务机构的行业性组织。

我国工程造价管理协会已形成三级协会体系，即中国建设工程造价管理协会（以下简称中价协），省、自治区、直辖市和行业工程造价管理协会以及工程造价管理协会分会。其职责范围形成了宏观领导、中观区域和行业指导、微观具体实施的体系。

（3）企事业单位管理系统　企事业单位对工程造价的管理属于微观管理的范畴，通常是针对具体的建设项目而实施工程造价管理活动。企事业单位管理系统根据主体的不同，可划分为业主方工程造价管理系统、承包方工程造价管理系统、中介服务方工程造价管理系统，它们之间的关系如图3-8所示。

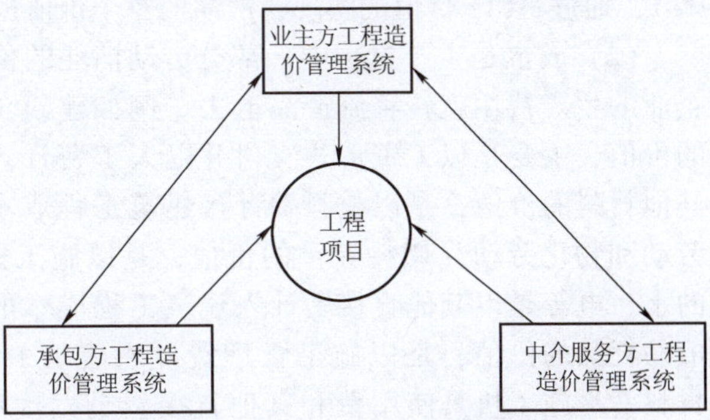

图3-8　企事业单位管理系统之间的关系

1）业主方工程造价管理系统。业主对项目建设的全过程进行造价管理，其职责主要是：进行可行性研究、投资估算的确定与控制，设计方案的优化和设计概算的确定与控制，施工招标文件和招标控制价的编制，工程进度款的支付和工程结算及控制，合同价的调整，索赔与风险管理，竣工决算的编制等。

2）承包方工程造价管理系统。承包方工程造价管理组织的职责主要有：投标决策，并通过市场研究、结合自身积累的经验进行投标报价；编制施工定额；在施工过程中进行工程造价的动态管理，加强风险管理、工程进度款的支付、工程索赔、竣工结算；同时加强企业内部的管理，包括施工成本的预测、控制与核算等。

3）中介服务方工程造价管理系统。中介服务方主要有设计方与工程造价咨询方，其职责包括：按照业主或委托方的意图，在可行性研究和规划设计阶段确定并控制工程造价；采用限额设计以实现设定的工程造价管理目标；招标投标阶段编制招标控制价，参与评标；在项目实施阶段，通过设计变更、索赔与结算等工作进行工程造价的控制。

3.3　工程造价相关理论

3.3.1　工程成本理论

1. 工程成本的内涵

所谓**成本**，概括来说，是商品生产中所耗费的活劳动和物化劳动的货币表现。工程产品的生产过程，是生产产品和发生生产耗费的统一。通过生产活动，一方面生产出产品；另一方面，为生产出产品，又耗费了一定量的人力、物力和财力。

以**建筑产品**[⊖]为例，工程成本是指该产品在施工中所发生的一切费用的总和，它的经济含义可从以下三个方面理解。

（1）成本是商品价值的组成，反映商品价值 $c+v+m$ 的形成过程　c 是生产资料价值在生产劳动过程中实现的价值转移，如用于施工的机械设备、房屋、建筑物和周转使用材料（模板和脚手架）等劳动手段的耗费，转移到工程产品上的价值，所耗费的主要材料和其他材料的价值；v 是建筑工程施工过程中耗费的必要劳动所创造的价值，即工人为自己劳动创造的价值。通过活劳动的消耗形成的新价值，一部分补偿 v，即劳动报酬；另一部分则形成 m，即工人为社会创造的剩余价值，如企业的利润和税金。成本是商品价值的主要部分

⊖　建筑产品是指具有特定使用功能，可供使用的房屋建筑和构筑物。

$c+v$，通过 c 和 v 价值的实现，产品的整个价值也就形成了，所以说，成本是价格的基础。

(2) 成本是生产过程中一部分劳动消耗的价值体现　通过生产的消耗，生产出产品，企业的生产费用就转移到产品上去。例如建筑工程施工过程中，工人的必要劳动所创造的价值，主要是以工资形式支付并以人工费计入建筑工程成本的；所耗费的主要材料和其他材料的价值，是以材料费计入建筑工程成本的；所耗费的施工机械和使用机械的活劳动和物化劳动（燃料等）的价值，是以施工机具使用费计入建筑工程成本的；所消耗的水、电等是以其他直接费计入建筑工程成本的；所消耗的工作人员的劳动和办公用低值易耗品的价值，是以施工管理费计入建筑工程成本的。这五个成本项目中，人工费、材料费、施工机具使用费和其他直接费是直接耗用于建筑工程的，称为直接费；而施工管理费是耗用于同时施工的多个工程的，所以称为间接费。间接费是用分摊的办法计入建筑工程成本的。由此可见，成本费用的发生都是有工程对象的。因此说，成本是对象化了的生产费用。

(3) 成本是再生产过程的价值补偿尺度　社会再生产的延续，以成本能否补偿为转移。成本的补偿是有严格界限的，而超额补偿，即把不应当由成本费用补偿的计入成本，例如把罚款、固定资产占用费等应由剩余价值部分支出的费用都计入成本，那就有损于再生产的进行。另外，补偿的不足，会造成虚盈实亏，破坏生产的良性循环。因此，正确理解成本的实质、确定成本的经济界限是十分重要的。

2. 工程成本的构成

以建筑产品为例，**工程产品的成本由直接成本和间接成本组成**。直接成本是指与施工直接有关，能直接计入各分部、分项工程成本的生产费用。间接成本是指组织和管理施工而发生的综合性费用，它是与整个建筑企业或其下属机构有关，无法直接计入各分部、分项工程和单位工程成本的费用，一般通过合理分摊的办法间接计入单位工程成本中。其具体构成如下。

(1) 直接成本的构成

1) 人工费。它是指直接从事现场施工、构件制作、运料、配料的工人的计时或计件工资、奖金、津贴补贴、加班加点工资及特殊情况下支付的工资。

2) 材料费。它是指施工过程中耗费的原材料、辅助材料、构配件、零件、半成品或成品、工程设备的费用。

3) 施工机具使用费。它是指施工作业所发生的施工机械、仪器仪表使用费或其租赁费。

4) 其他直接费。它是指施工现场生产耗用的水、电、蒸汽费，季节施工增加费，以及现场发生的二次搬运费等。

(2) 间接成本的构成

1) 企业管理费。它是指施工企业为组织施工生产和经营管理所发生的费用，包括以下内容：

a. 管理人员工资。它是指按规定支付给管理人员的计时或计件工资、奖金、津贴补贴、加班加点工资及特殊情况下支付的工资。

b. 企业办公费。它是指企业管理办公用的文具、纸张、账表、印刷、邮电、书报、办公软件、现场监控、会议、水电、烧水和集体取暖降温（包括现场临时宿舍取暖降温）等费用。

c. 差旅交通费。它是指职工因公出差、调动工作的差旅费、住勤补助费、市内交通费和误餐补助费，职工探亲路费，劳动力招募费，职工离退休、退职一次性路费，工伤人员就医路费，工地转移费以及管理部门使用的交通工具的油料、燃料等费用。

d. 固定资产使用费。它是指管理和试验部门及附属生产单位使用的属于固定资产的房屋、设备仪器等的折旧、大修、维修或租赁费。

e. 工具用具使用费。它是指企业施工生产和管理使用的不属于固定资产的工具、器具、家具、交通工具和检验、试验、测绘、消防用具等的购置、维修和摊销费。

f. 劳动保险和职工福利费。它是指企业支付的职工退职金、按规定支付给离休干部的经费，集体福利费、夏季防暑降温、冬季取暖补贴、上下班交通补贴等。

g. 劳动保护费。它是指企业按规定发放的劳动保护用品的支出。如工作服、手套、防暑降温饮料以及在有碍身体健康的环境中施工的保健费用等。

h. 检验试验费。它是指施工企业按照有关标准规定，对建筑以及材料、构件和建筑安装物进行一般鉴定、检查所发生的费用，包括自设试验室进行试验所耗用的材料等费用。不包括新结构、新材料的试验费，对构件做破坏性试验及其他特殊要求检验试验的费用和建设单位委托检测机构进行检测的费用，对此类检测发生的费用，由建设单位在工程建设其他费用中列支。但对施工企业提供的具有合格证明的材料进行检测不合格的，该检测费用由施工企业支付。

i. 工会经费。它是指企业按《中华人民共和国工会法》规定以全部职工工资总额比例计提的工会经费。

j. 职工教育经费。它是指企业以全部职工工资总额比例计提，用于职工专业技术和职业技能培训，专业技术人员继续教育、职工职业技能鉴定、职业资格认定以及根据需要对职工进行各类文化教育所发生的费用。

k. 财产保险费。它是指施工管理用财产、车辆等保险费用。

l. 财务费。它是指企业为施工生产筹集资金或提供预付款担保、履约担保、职工工资支付担保等所发生的各种费用。

m. 税金。它是指企业按规定缴纳的房产税、车船使用税、土地使用税、印花税等。

n. 其他费用。它是指上述项目以外的其他必要支出，如技术转让费、技术开发费、投标费、业务招待费、绿化费、广告费、公证费、法律顾问费、审计费、咨询费、保险费等。

2）规费。它是指国家法律、法规规定，由省级政府和省级有关权力部门规定必须缴纳和计取的费用。包括：

① 社会保险费。

a. 养老保险费。它是指企业按照规定标准为职工缴纳的基本养老保险费。

b. 失业保险费。它是指企业按照规定标准为职工缴纳的失业保险费。

c. 医疗保险费。它是指企业按照规定标准为职工缴纳的基本医疗保险费。

d. 生育保险费。它是指企业按照规定标准为职工缴纳的生育保险费。

e. 工伤保险费。它是指企业按照规定标准为职工缴纳的工伤保险费。

② 住房公积金。它是指企业按规定标准为职工缴纳的住房公积金。

③ 工程排污费。它是指按规定缴纳的施工现场工程排污费。

3.3.2 工程价格理论

1. 工程价格的内涵

价格是商品价值的货币表现，价值是凝结在商品中的抽象劳动，商品的价值量是由生产商品所耗费的社会必要劳动量来决定的。工程价格是指建筑产品价值的货币表现，是物化在建筑产品中的社会必要劳动和剩余劳动的货币表现。

工程产品的理论价格与其价值一样，应由 $c+v+m$ 三部分构成。工程产品价格的形成，要以其价值为基础。由于价值规律的作用，工程产品的价格围绕着价值波动，对生产和需求以及经济资源的配置起着一定的调节作用。

2. 工程价格理论的基本内容

（1）价值和使用价值理论　工程产品作为商品，具有商品的双重属性：使用价值和价值。在工程产品生产过程中，生产者通过自己的具体劳动，创造出适应社会需要的、具有使用价值的工程产品；同时，生产者的劳动作为抽象劳动，形成工程产品的价值。工程产品的价值有质的规定性和量的规定性两个方面。从质的规定性来讲，它是物化在建筑产品中的抽象劳动，是无差别的人类劳动的凝结；从量的规定性来讲，它是由消耗在工程产品中的劳动量决定的，而且是由生产该产品的社会必要劳动时间决定的价值量，它体现一定的社会生产关系。另外，工程产品的使用价值和价值互为依存、互为条件。

（2）生产价格理论　所谓“生产价格”，是指由商品的成本价格和平均利润构成的价格。它以价格和价值一致的要求为出发点，不考虑由于国家有关价格的政策和供求因素所引起的价格和价值的背离。生产价格是价值的转化形式，生产价格的变动归根结底取决于价值的变动。从整个社会范围来看，生产价格总额等于价值总额。

（3）供求关系与价格决定　价格受市场供求的影响而波动。当商品的供给量与需求量平衡时，商品就会按照与价值一致的价格在市场上出售；当供不应求时，价格就会上涨到价值以上；反之，当供过于求时，价格又会跌到价值以下，因此，价格就会与价值发生偏离。供求平衡是相对的、暂时的，而供求不平衡则是经常的，但价格始终围绕价值上下波动。供求规律影响价格的作用有一定的上限和下限，上限是不能超出消费者的购买能力的，否则，商品就卖不出去，其价值也就不能实现；而下限是不能低于成本价格的，否则连简单再生产也无法维持，企业就会破产。

（4）价格与商品价值、货币价值的关系　价格是价值的货币表现。商品价格的变动既取决于商品价值的变动，也取决于货币价值的变动。在币值不变的条件下，商品的价值量增加，必定导致价格的上升；反之价格就会下降。在价值量不变的条件下，货币的价值量增加，价格就会下降；反之价格则会上升。所以币值稳定，价格也会稳定。

3. 工程产品价值、成本和价格的关系

综上所述，工程产品的价值、成本和价格之间存在着有机联系，它们之间的相互作用和关系如图 3-9 所示。

根据图 3-9，可以做出如下的概括分析：

1）工程产品的价值，应由社会必要劳动量决定，它应为生产工程产品所需的全部劳动耗费；而工程产品价值的货币表现，形成工程产品价格。工程产品的价格应以工程产品的价值为基础，但价格与价值可能会发生背离，由此也会对生产企业的盈利带来影响。

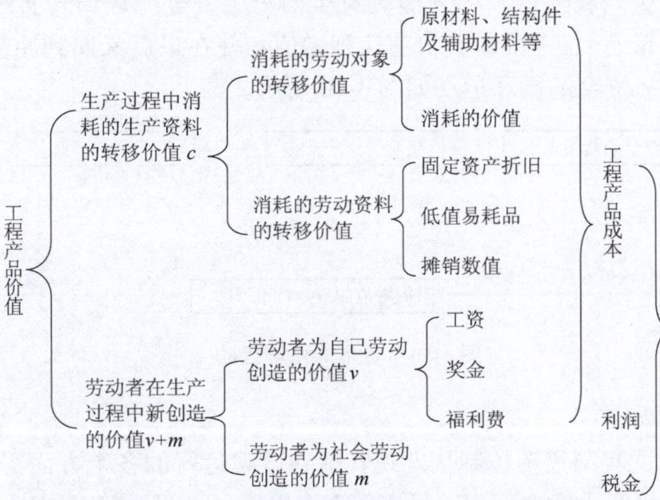

图 3-9 工程产品的价值、成本和价格关系图

2）在工程产品价格反映价值的情况下，生产企业生产工程产品实际发生的劳动耗费，即工程产品的个别成本，低于构成工程产品价格中的社会成本时，不仅能使生产过程中发生的耗费得到补偿，而且还可以形成降低成本的利润；连同价格中既定的利润部分，会使企业的利润增大。如果企业生产工程产品的个别成本与工程产品价格中所含的社会成本相等，企业生产过程中发生的消耗也还可以得到补偿，但企业仅能获得价格中所含的既定利润部分。如果企业生产工程产品的个别成本高于工程产品价格中的社会成本，不仅企业在生产过程中发生的耗费不能得到足够补偿，甚至价格中所含的既定利润部分也会被补偿生产耗费所抵消，进而造成企业的亏损。可见，企业个别成本的高低，可以对企业的利润产生直接的影响。

3）在工程产品的价格与价值背离的情况下，如果工程产品的价格水平高于价值时，企业生产工程产品的耗费，不仅可以得到补偿，还可以获得更多的利润。如果工程产品的价格水平低于价值，生产企业生产工程产品的生产耗费就不能得到补偿，进而会造成亏损，使再生产不能顺利进行。

3.3.3 工程投资理论

1. 投资的内涵

投资是指投资主体为了特定的目的，将资源投放到某项目以达到预期效果的一系列经济行为。投资是现代经济生活中最重要的内容之一，无论是政府、企业、金融组织或个人，作为经济主体，都在不同程度上以不同的方式直接或间接地参与投资活动。

投资概念包括投资主体、投资目的、投资资源和投资行为过程四个方面的内容。投资主体包括企业、单位、个人和政府；投资的目的是获得收益或资金增值；投资资源可以是资金，也可以是人力、技术等，既可以是有形资产的投放，也可以是无形资产的投放；投资行为过程是指资金投入、使用、管理以及回收的不断循环的过程。投资主体、投资目的、投资资源和投资行为过程的内在特点及其相互关系，反映了投资这一经济范畴的质的规定性。

投资只在运动（生产和经营）中才能具有生命力。资金循环周转实现增值的过程，要依次经过三个阶段（形态），才能使其价值达到增值，并在最后又回到原来的出发点开始进行新一轮的循环过程。资金的循环运动如图3-10所示。

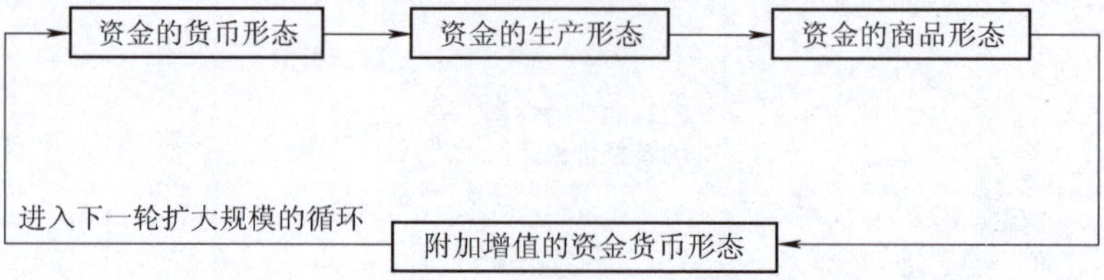

图3-10 资金的循环运动

2. 投资的来源与构成

（1）投资的来源 我国投资体制从宏观管理到微观运行的各个方面实施了一系列改革，在投资领域形成了以投资主体多元化、投资资金多渠道、项目决策多层次、投资方式多样化为特征的新格局，打破了主要依靠国家财政拨款的单一投资渠道，开辟了自筹资金、国内银行贷款、利用外资和利用长期金融市场上资金等多元化的融资渠道。投资的主要来源包括以下六个方面：

1）财政预算投资。它是指用国家预算安排的资金，对列入年度工程建设计划的建设项目进行投资。

2）企业自有资金融资。它是指企业用有权支配使用、不需偿还的资金进行投资。改扩建项目和技术改造项目的企业，自有资金主要来源于新产品的试制基金、生产发展基金、职工福利基金和基本折旧基金、大修理基金以及各种形式的社会集资；新建项目的自有资金的筹集可采取国家投资、各方集资或发行股票等方式。

3）国内银行贷款。它是指投资的来源渠道为政策性银行和商业银行的贷款。

4）利用外资。我国利用外资的主要形式有：国外贷款、国外直接投资和国外其他投资。

5）利用债券筹集建设基金。债券是借款单位为筹集资金而发行的一种信用凭证，它证明持券人有权按期取得固定利息并到期收回本金。根据发行主体的不同，我国发行的债券种类包括政府债券、企业债券和金融债券。

6）利用股票筹集建设基金。股票是股份公司发给股东作为已投资入股的证书和索取股息的凭证，它是可以作为买卖对象或抵押品的有价证券。

（2）投资的构成 **项目总投资由建设投资、建设期利息和流动资金构成**。建设投资是指项目按拟定建设规模、产品方案和工程内容进行建设所需的费用；建设期利息是指项目在建设期内因使用债务资金而支付的利息；流动资金是指为维持生产所需要的全部周转资金。

3. 投资的分类

按照不同的分类标准，投资有以下五种不同的分类，如图3-11所示。

3.3.4 市场经济理论

市场经济理论主要包括供求理论、生产理论和市场理论。

- 投资的分类
  - 按投资在再生产过程的周转方式分类
    - 固定资产投资：指用于建设和形成固定资产的投资，固定资产是指在社会再生产过程中，能在较长时间（通常在一年以上）反复使用，其使用过程中基本上不改变其原有实物形态的物质资料。
    - 流动资产投资：指投入资金运用于增加流动资产，以满足生产和经营中周转需要。
  - 按投资领域分类
    - 生产经营性投资：指投资主体投资的项目建成后，以经营方式使用的固定资产投资和流动资产投资。
    - 非生产经营性投资：指政府或其他投资主体投资的项目建成后不用于经营活动的固定资产投资。
  - 按投资方式分类
    - 直接投资：指将资金直接投入项目，形成固定资产或流动资产的投资。
    - 间接投资：指投资者通过购买有价证券所进行的投资，包括债券投资、储蓄等，它形成金融资产。
  - 按投资主体分类
    - 政府投资：政府为了实现其职能，满足社会公共需要，实现经济和社会发展战略而投入的资金。
    - 企业投资：企业投入财力，以期望在未来获取收益的一种行为。
    - 个人投资：社会个人或本企业内部职工以其个人合法财产投入企业而形成的个人资本金的行为。
  - 按投资来源国别分类
    - 国内投资：在国家范围内进行的投资活动。
    - 国外投资：在国家范围以外进行的投资活动。

图3-11　投资的分类

1. 供求理论

（1）需求函数　需求函数是指某一特定时期内，某种商品的需求量与影响需求的因素之间的函数关系。所谓需求，是指消费者在某一特定时间内，在某一可接受的价格水平上愿意而且能够购买的商品数量。如果只考虑价格这一个因素，即假定影响需求的其他因素不变，则可画出仅有价格自变量的需求曲线，如图3-12所示。图中，横轴表示价格 P，纵轴表示需求量 Q，需求曲线 D 是一条向右下方倾斜的曲线。曲线斜率为负，说明需求量与价格的高低呈反向变动关系，即价格上升需求量减少，价格下降需求量增加。

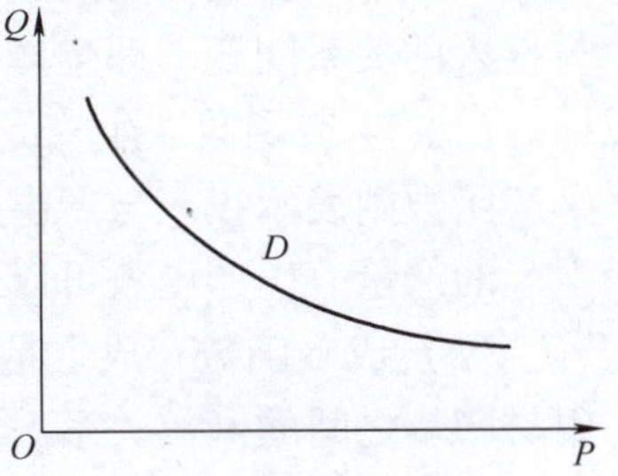

图3-12　需求曲线

（2）供给函数　供给函数是指某一特定时期内，某种商品的供给量与影响供给的因素之间的函数关系。所谓供给，是指在其他条件不变的情况下，生产者在各种可能的价格水平上愿意而且能够出售的商品数量。如果只考虑价格这一个因素，即假定影响供给的其他因素不变，则可画出仅有价格自变量的供给曲线，如图3-13所示。图中，横轴表示价格 P，纵轴表示供给量 Q，供给曲线 S 是一条向右上方倾斜的曲线。曲线斜率为正，说明供给量与价格的高低呈正向变动关系，即价格上升供给量增加，价格下降供给量减少。

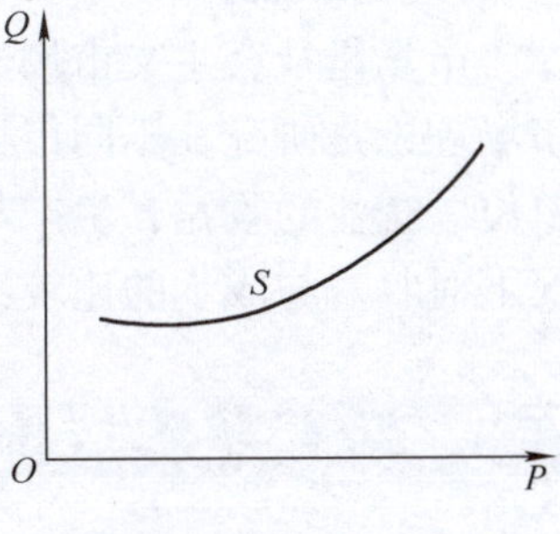

图3-13　供给曲线

（3）供求平衡　供求平衡的实质是使市场商品供应量及其构成与市场上有货币支付能力的商品需求量及其构成之间保持平衡。需求与供给要通过市场来实现，而联系供需的桥梁则是价格。当一种商品的需求与供给在市场上达到均衡时，便可确定该商品的均衡价格与数量。把需求曲线与供给曲线画在同一坐标平面上，可得供求曲线，如图3-14所示。

需求曲线 D 和供给曲线 S 相交于 E 点，E 点表明：消费者愿意以价格 P_0 购买的商品数量为 Q_0，生产者愿意以价格 P_0 出售的商品数量也是 Q_0；市场在 E 点平衡，而 P_0 称为市场均衡价格，即商品的需求价格与供给价格相一致时的价格。当市场价格高于均衡价格时，由于需求少、供给多，一方面会使需求者压低价格来得到他所要购买的商品量；另一方面，又会使供给者减少商品的供给量。这样，必将导致价格下跌。在此过程中，只要供求曲线不发生移动，价格就会一直下跌到 P_0 为止，从而使供求量相等，又恢复了均衡。当市场价格低于均衡价格时，由于需求量大于供给量，一方面迫使需求者提高价格来得到他所要购买的商品量；另一方面，又会使供给者增加商品的供给量。这样，必使价格上升。在此过程中，只要供求曲线不发生移动，价格就会一直上升到 P_0 为止，从而使供求量相等，又恢复了均衡。

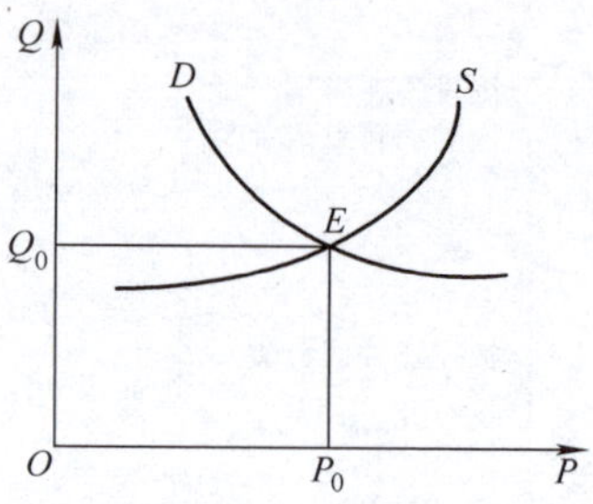

图 3-14　供求曲线

2. 生产理论

生产理论研究生产者的行为。生产者即企业，是指能够独立做出生产决策的经济单位，包括独资企业、合资企业和公司企业。在生产理论中，假设企业的目的是在一定的产量下实现成本最小或者在一定的成本下达到产量最大。生产理论主要研究以下两个问题：一是产出与投入的关系问题，即生产函数；二是产出与代价之间的关系问题，即成本函数。

（1）生产函数　生产是使用各种要素以产出产品的过程，即把投入变为产出的过程。生产函数则表示投入与产出之间的关系，即在一定的技术条件下，任何一种投入的组合所能生产的产量。生产函数可以表示为产量与劳动投入、资本投入等要素的关系函数。

（2）成本函数　成本是生产中使用各种生产要素所支付的费用，成本函数是指生产费用与产量之间的函数关系。成本可分为总成本、平均成本和边际成本。总成本是指生产一定量产品消耗的全部成本；平均成本是指单位产品所消耗的成本；边际成本是指每增加一单位产品所增加或减少的成本。

3. 市场理论

市场是社会主义市场经济的核心，是具有由消费者和生产者共同决定价格机制的场所。市场理论是研究在不同市场结构条件下的企业决定其价格与产量的理论。消费与需求构成了单位、企业的收益，生产与供给构成了企业的成本。价格与产量的决定取决于企业在不同情况下对收益与成本的比较，比较原则是经济效益最大，或利润最大。

3.4　现代工程造价管理发展模式

工程造价管理理论是随着现代管理科学的发展而发展的，到20世纪70年代末，英国提出了“全寿命期造价管理”（Life Cycle Cost Management，LCCM）的工程项目投资评估与造价管理的理论与方法。随后，美国推出了“全面造价管理”（Total Cost Management，TCM）这一涉及工程项目战略资产管理、工程项目造价管理的概念和理论。从此，国际上的工程造价管理研究与实践进入了一个全新发展阶段。我国在20世纪80年代末和90年代初提出了全过程造价管理（Whole Process Cost Management，WPCM）的思想和观念，要求工程造价的计算与控制必须从立项就开始全过程的管理活动，从前期工作开始抓起，直到竣工为止。而后又出现多种具有时代特征的工程造价管理模式，如全过程工程造价管理、全寿命期工程造价管理、全面工程造价管理、集成工程造价管理和工程造价管理信息化的模式，每一种模式都体现了工程造价管理发展的需要。

3.4.1 全过程工程造价管理

1. 全过程工程造价管理的内涵

建设项目全过程造价管理的核心概念主要包括以下内容。

（1）全过程工程造价管理的概念　**全过程工程造价管理**就是根据基本建设程序与规律，围绕有效确定和控制工程造价这个中心，在项目决策、方案设计、项目发包、施工实施、竣工验收及项目后评价各个阶段所进行的监督和控制。全过程工程造价管理强调建设项目是一个过程，建设项目造价的确定与控制也是一个过程。这是一个项目造价决策和实施的过程，而人们在项目全过程中需要开展建设项目造价管理的工作。

（2）多主体参与和投资效益最大化　全过程工程造价管理的根本指导思想是通过这种管理方法，使得项目的投资效益最大化，以及合理地使用项目的人力、物力和财力以降低工程造价。全过程工程造价管理的根本方法是整个项目建设全过程中的各有关单位，共同分工合作去承担建设项目全过程的造价控制工作。全过程工程造价管理要求项目全体相关利益主体的全过程参与，这些相关利益主体构成了一个利益团队，他们必须共同合作和分别负责整个建设项目全过程中各项活动造价的确定与控制责任。

（3）基于活动的造价确定方法　全过程工程造价管理中的建设项目造价确定是一种基于活动的造价确定方法。这种方法是将一个建设项目的工作分解成项目活动清单，然后使用特定测量方法确定每项活动所消耗的资源，最终根据这些资源的市场价格信息确定一个建设项目的造价。

（4）基于活动的造价控制方法　全过程工程造价管理中的建设项目造价控制是一种基于活动的造价控制方法。这种方法强调一个建设项目的造价控制必须从项目的各项活动及其活动方法的控制入手，通过减少和消除不必要的活动去减少资源消耗，从而实现降低和控制建设项目造价的目的。

从上述分析可以得出全过程工程造价管理的基本原理：按照基于活动的造价确定方法去估算和确定建设项目造价，同时采用基于活动的管理方法以降低和消除项目的无效和低效活动，从而减少资源消耗与占用，并最终实现对建设项目造价的控制。

2. 全过程工程造价管理的基本步骤

全过程工程造价管理具有以下两项主要内容：一是造价的确定过程，二是造价的控制过程。

（1）造价的确定　全过程工程造价管理的造价确定是按照基于活动的项目成本核算方法进行的。这种方法的核心指导思想是：任何项目成本的形成都是由于消耗或占用一定的资源造成的，而任何这种资源的消耗和占用都是由于开展项目活动造成的，所以只有确定了项目的活动才能确定项目所需消耗的资源；而只有在确定了项目活动所消耗和占用的资源以后，才能科学地确定项目活动的造价，进而最终确定一个建设项目的造价。这种确定造价的方法实际上就是国际上通行的基于活动的成本核算的方法，又称工程量清单法或工料测量法。

（2）造价的控制　全过程工程造价管理的造价控制是按照基于活动的项目成本控制方

法进行的。这种方法的核心指导思想是：任何项目成本的节约都是由于项目资源消耗和占用的减少带来的，而项目资源消耗和占用的减少只有通过项目减少或消除项目的无效或低效活动才能做到。所以只有减少或消除项目无效或低效活动以及改善项目低效活动的方法，才能够有效地控制和降低建设项目的造价。这种造价控制的技术方法就是国际上流行的基于活动（或过程）的项目造价控制方法。

3. 全过程工程造价管理的方法

全过程工程造价管理的方法包括全过程工作分解技术方法、全过程工程造价确定技术方法和全过程工程造价控制技术方法。

3.4.2　全寿命期工程造价管理

全寿命期工程造价管理的思想最早起源于重复性制造业，工程项目全寿命期造价管理主要由英美一些造价工程界的学者和实际工作者于 20 世纪 70 年代末和 20 世纪 80 年代初提出的。进入 20 世纪 80 年代，他们有的从建筑设计方案比较的角度出发，探讨了建筑费用和运营维护费用的概念和思想；也有人从建筑经济学的角度出发，深入地探讨了全寿命期工程造价管理的应用范围。

关于工程项目全寿命期造价管理思想与方法的核心概念及其定义有如下几种表述：

1）**全寿命期工程造价管理**是指一种贯穿工程项目全寿命期，包括工程项目前期、建设期、使用期和翻新与拆除期等阶段总造价最小化的方法，是一种可审计跟踪的工程成本管理系统。这一说法从工程项目全寿命期的阶段构成和全寿命期造价管理的目标出发，给出了全寿命期工程造价管理的定义。从“实现工程项目全寿命期总造价的最小化”出发，可以看出全寿命期造价管理方法不能只局限于工程项目建设前期的投资决策阶段和设计阶段，还应该进一步在实施阶段、竣工验收阶段、项目完成，尤其在运营与维护阶段使用。具体管理过程如图 3-15 所示。

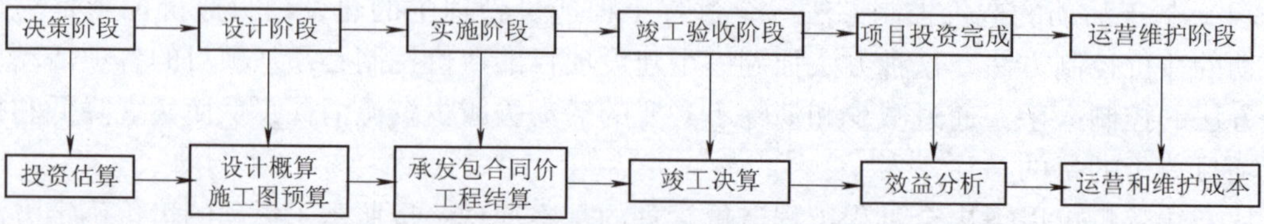

图 3-15　全寿命期工程造价管理过程

2）全寿命期工程造价管理是一种指导建筑设计的思想和手段，是一种通过计算工程项目整个服务期的所有成本（包括直接的、间接的、社会的、环境的等）来确定设计方案的技术方法，这一说法给出了全寿命期工程造价管理的思想和方法。在工程项目的建筑设计阶段，它作为一种指导建筑设计与建材选择方法的思想，还可以指导设计者自觉地、全面地从项目全寿命期出发，综合考虑工程项目的建造成本和运营与维护成本（使用成本），从而实现更为科学的建筑设计和更加合理的选择建筑材料，以便在确保设计质量的前提下，实现降低项目全寿命期成本的目标。

3）全寿命期工程造价管理是一种进行工程项目投资决策的分析工具，是一种用来选择决策备选方案的思想方法。这一说法给出了全寿命期工程造价管理的思想和方法在工程项目投资决策、可行性分析和项目备选方案评价等项目前期工作阶段中，作为一种决策思想和决策支持工具的地位和作用。

将上述对于全寿命期工程造价管理定义的不同描述加以归纳可以发现，这种工程造价管理方法的根本出发点是要求人们从工程项目全寿命期出发，去考虑造价和成本问题，其中最关键的是要实现工程项目整个寿命周期总造价的持续改进，直至最小化。由此可以说全寿命期工程造价管理是工程项目造价管理中的一种更为先进的指导思想和方法。

3.4.3　全面工程造价管理

全面工程造价管理是由美国造价工程师协会在20世纪90年代提出的，它是指有效地使用专业知识和专门技术去计划和控制资源、造价、盈利和风险的管理方法。全面造价管理是政府主管部门、行业协会、业主、承包单位及咨询单位等，在建设工程投资决策、设计、承发包、施工、竣工验收的各个阶段，基于建设工程项目全寿命期，对工程的建造成本以及质量、工期、安全、环境等要素进行的集成管理。除了包括全过程工程造价管理与全寿命周期造价管理外，还包括全要素、全风险和全团队的工程造价管理。

1. 全要素工程造价管理

工程造价管理不只是工程计价，要关注工程建造成本，也要关注工期、质量、安全、环境和技术进步对工程造价的影响，要素间是可以相互影响和转化的。因此，对于工程项目的全面造价管理，必须分析和找出要素间的相互关系，进行全要素造价集成管理。

要实现对于建设项目的全要素工程造价管理，其工作内容主要包括两个方面，即分析和预测各要素的变动与发展趋势以及控制这些要素的变动，以实现造价管理的目标。开展全要素工程造价管理的基础是要设计和定义一系列必要的分析指标及其计算方法。另外，全要素工程造价管理除了理论核心和分析预测指标体系外，还需要一套具体的工作程序，即实施步骤，如图3-16所示。

全要素工程造价管理是一个不断循环往复的过程。因为，对于一个建设项目进行不断修订时，与此相应的全要素工程造价管理中，也必须要有目标和控制指标的重新修订，通过不断的修订过程，逐步开展各项全要素工程造价管理活动的循环过程。

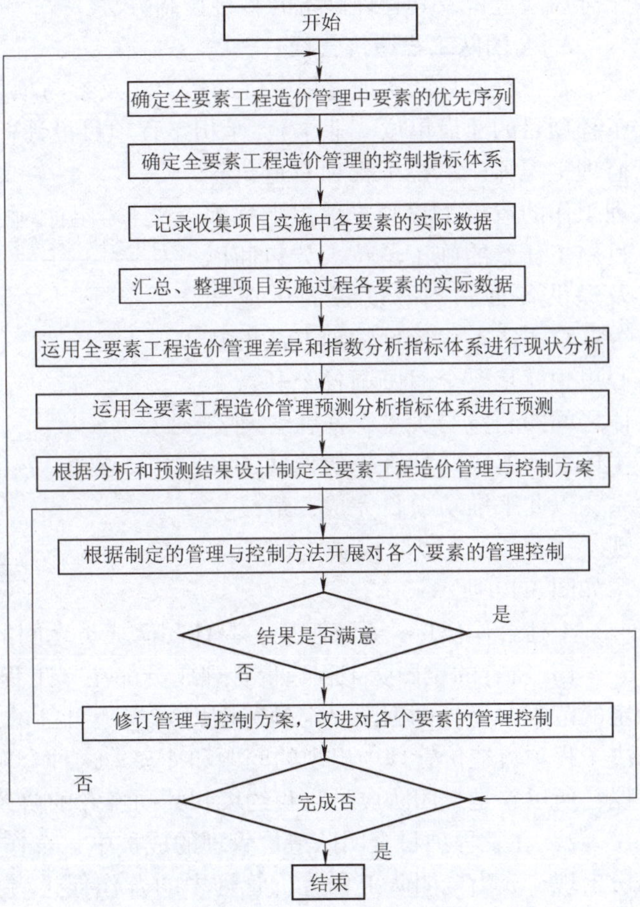

图3-16　全要素工程造价管理的工作程序

2. 全风险工程造价管理

工程项目的实现过程都是在一个相对存在许多风险和不确定因素的外部环境条件下进行的，而外部环境条件都存在较大的不确定性（如通货膨胀、气候条件、施工环境等的变化），都有可能给工程项目带来风险，从而使工程项目的造价发生变化。

这些不确定性因素的存在使得工程项目的造价分为以下三种不同成分：

1）确定性造价。确定性造价是指人们知道它确定会发生，并知道其发生数额大小的造价。

2）风险性造价。风险性造价是指人们只知道它可能发生，以及它发生的概率和不同发生概率情况下造价的分布情况，但是不能肯定它一定会发生的造价。

3）完全不确定性造价。完全不确定性造价是指人们既不知道其是否会发生，也不知道其发生的概率情况的造价。

这三类不同性质的造价一起构成了工程项目的总造价。工程造价的不确定性是绝对的，确定性是相对的。这就要求在工程项目的造价管理中必须同时考虑对确定性造价、风险性造价和完全不确定性造价的管理，以实现对工程项目的全面造价管理。

全风险工程造价管理包括以下三个方面的具体技术方法：一是分析、识别和确定风险性事件与风险性造价的方法；二是对于风险性事件的发生与发展实施进程控制的方法；三是对于全风险造价及其管理储备的直接控制方法。

3. 全团队工程造价管理

在工程项目的实现过程中，必然会涉及参与项目建设的多个不同的利益主体，它包括：工程项目的建设单位（业主），承担工程项目设计任务的设计者，承担工程项目监理工作的监理工程师，承担工程项目造价管理工作的造价工程师，承担工程项目施工任务的施工单位、分包商以及提供各种物料、设备的供应商等。全团队工程造价管理方法的核心思想就是要全面协调各个利益主体之间的利益与关系，并在各利益主体之间形成一种合作伙伴式的关系，以此来推动项目完成，最终实现"多赢"。全团队成员之间的关系如图 3-17 所示。

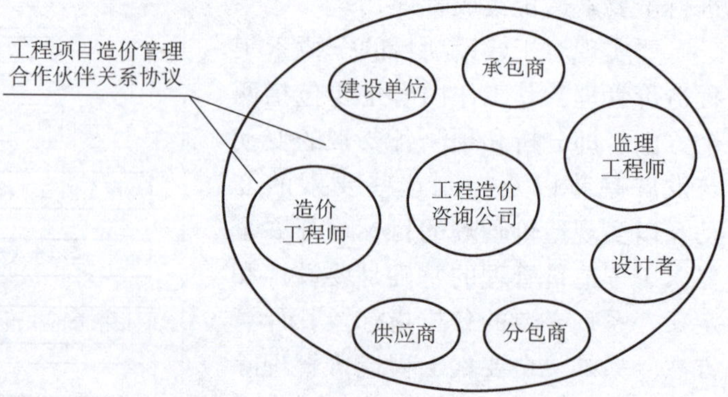

图 3-17　全团队成员之间的关系

上述合作伙伴关系模型中，具体团队成员之间的关系包括下述内容：

1）所有的全团队工程造价管理成员都在《工程项目造价管理合作伙伴关系协议》所约定的范围内（外围圆圈界定的范围内）规范自己的思想、观念和行为，并以此为基础去解决工程项目造价管理中出现的问题和冲突。这种合作伙伴关系协议是合作各方自愿缔结的协议，所以它是全团队成员自我约束和共同遵守的协议。

2）在工程项目全团队造价管理的成员中，合作促进人（Facilitator）以第三方的独立身份出现，充当全团队工程造价管理中的合作促进者。在我国，一般由工程造价咨询公司担当。在图 3-17 中，工程造价咨询公司处于合作各方的中央，这充分表明了工程造价咨询公司在合作伙伴关系中所处的地位。另外，工程造价咨询公司在经济利益上与团队成员中的任何一方均无瓜葛，也不为团队成员中的任何一方服务，而只是为根据合作伙伴关系协议所构成的全团队合作提供服务。

3）在工程项目全团队造价管理的团队中，各个成员之间是完全平等合作的关系，因此在图 3-17 中表示各团队成员之间没有箭线相连，这还表示团队成员相互间的信息沟通是完全开放的和多向的。

3.4.4　集成工程造价管理

所谓集成，是指一些孤立的事物或元素通过某种方式集中在一起、产生联系，从而构成一个有机整体的过程。集成工程造价管理是以工程项目造价系统为完整的研究对象，以促进和提高企业长期综合竞争力为目的，在集成化（系统）管理理论、现代成本理论、项目管理理论与方法、经济学中的市场与价格理论、不对称信息理论、激励理论、公共投资理论、风险管理理论以及信息技术集成理论方法的综合支持下，在项目寿命周期各个阶段，对构成工程造价系统的各个部分及相互关系进行预测、决策、计划、分析、考核，不断实现工程造价约束的一系列方法和技术的总和。

集成工程造价管理主要有以下三个特征：一是全局性管理，项目寿命期各个阶段、各个责任实体、各项目部位等关系都必须纳入管理范围，予以计划和控制；二是内外结合的协调管理，包括职能部门、上级组织和供应商；三是综合性管理，包括管理工作和实施工作的综合协调问题、设计交底、设备采购活动、随时间分布的预算、时间管理和采购管理之间的综合协调。

3.4.5　工程造价管理信息化

工程造价管理信息化是指工程造价咨询企业或行业组织在传统的建设工程造价管理的基础上，利用信息技术，开发和利用工程造价信息资源，建立各种类型的数据库和管理系统，促进行业内各种资源、要素的优化与重组，提升行业现代化管理水平的过程。

工程造价管理信息化以提高竞争力为核心，实现功能包括以下几个方面：①汇总部分，工程计划、统计数据的出入问题，以及查询、汇总、分析与自动生成表等功能；②文件管理，即文件的查询、输入与输出功能；③工程预算与网络部分，通过内部的成本预算及工料机来分析企业定额，通过网络对预算数据进行上传、分析、统计、查询、共享、维护、下载和检索等。工程造价管理信息化能够大幅度提高造价管理的效率。

继大量的计量与计价软件（如广联达、PKPM、斯维尔、鲁班等）开发后，信息化水平更高的 BIM（Building Information Modeling）技术已应用于工程造价信息化管理中。其主要特点体现在可视化、协同化、数字化、可模拟化、可优化方法，BIM 可以持续、即时地向建设方提供优质的项目设计规模、设计进程和成本信息。不仅能更好地协调设计各专业之间的关系、改善现场施工过程管理、提高造价成本管理的效率，还能直观地加强用户对项目的了解、避免物业管理的冲突。在项目决策阶段及实施阶段使施工技术人员能对各种建筑信息做出正确理解和高效应对，为设计人员及包括建筑运营单位在内的各方建设主体提供了协同工作的基础，最终提高了生产效率、节约了成本、缩短了工期，实现全过程和全方位工程造价管理，显著提高工程造价管理的效率。

本章小结

工程造价通常是指工程的建造价格。在工程建设中，广泛地存在着工程造价的两种不同含义：①工程造价是完成一个工程建设项目所需费用的总和，这种含义实质上是指工程建设项目的建设成本；②工程造价是发包工程的承包价格。在建筑市场交易活动中的工程造价，主要指建筑安装工程费用。

工程造价管理是指综合运用管理学、经济学、工程技术、信息技术等方面的知识与技能，对工程造价进行预测、优化、控制、分析评价和监督等工作过程，以获得资源的最优配置和建设项目投资效益的最大化。它的基本内容是合理确定和有效控制工程造价。工程造价管理体制是建筑市场运行机制的核心，它是指管理工程造价的基本制度和主要方式、方法。

工程成本是指该产品在施工中所发生的一切费用的总和。

工程价格是指工程产品价值的货币表现，是指建筑产品价值的货币表现，是物化在建筑产品中的社会必要劳动和剩余劳动的货币表现。

投资是指投资主体为了特定的目的，将资源投放到某项目以达到预期效果的一系列经济行为。投资概念包括投资主体、投资目的、投资手段和投资行为过程四个方面的内容。

市场经济理论主要包括供求理论、生产理论和市场理论。

现代工程造价管理发展模式的演变过程为：全过程工程造价管理、全寿命期工程造价管理、全面工程造价管理、集成工程造价管理、工程造价管理信息化。

【关键概念】 工程造价、工程造价管理、工程成本、工程价格、投资、全过程造价管理、全寿命期工程造价管理、全面工程造价管理、集成工程造价管理、工程造价管理信息化

习 题

3.1 工程造价的特点是________、________、________、________、________。

3.2 工程造价管理的基本内容是__________和__________。

3.3 工程产品的成本由__________和__________组成。

3.4 工程造价是指从筹建到竣工验收，直接或间接投入的所有费用，是站在(　　)角度定义的。

A. 投资者　B. 业主　C. 承包商　D. 政府

3.5 工程造价的职能包括哪些？(　　)

A. 预测职能　B. 控制职能　C. 评价职能　D. 调节职能　E. 分配职能

3.6 工程造价按造价的编制对象（范围）可分为哪几种？(　　)

A. 投资估算　B. 单位工程造价　C. 单项工程综合造价

D. 施工图预算　E. 建设项目总造价

3.7 工程建设程序的不同阶段和计价内容是如何对应的？

3.8 投资估算、设计概算和修正设计概算如何划分？各有何作用？

3.9 如何理解工程产品价值、成本和价格的关系？

3.10 根据工程造价管理模式的演变过程，思考工程造价管理未来的发展趋势。

第4章 工程造价专业人才培养目标和要求

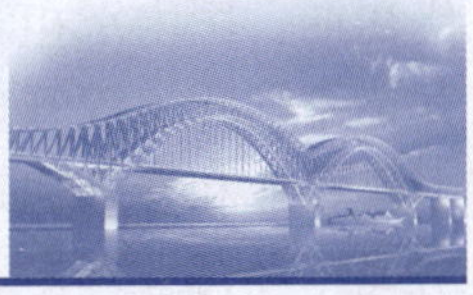

学习要点 本章介绍工程造价专业的概念及其在国内外的发展概况，总结工程造价专业学科的特点，并重点阐述工程造价专业人才的要求与培养。通过本章的学习，要求了解工程造价专业的基本概念，了解国内外工程造价专业的产生与发展，熟悉工程造价专业学科的特点，熟悉工程造价专业人才培养目标和要求，掌握培养的方法并付诸实践。

4.1 工程造价专业概述

4.1.1 工程造价专业

工程造价专业是教育部根据国民经济和社会发展的需要而设置的一个新专业，是以经济学、管理学、市场学、土木工程为理论基础，从工程管理专业派生发展起来的新兴专业。

1. 国外工程造价专业的产生与发展

在国际上，以英国为代表的工料测量师（Quantity Surveyor）和以美国为代表的造价工程师（Cost Engineer）制度已有200多年的历史，并形成了与此专业人士执业资格制度相一致的高等教育体系。发达国家十分重视全过程工程造价管理，把工程造价作为一门专业来加以建设，其工程造价学科教育发展时间较长，目前已形成较为完善和成熟的学科教育体系。在课程体系设置上，实行行业学会对高校课程体系进行认证的专业教育评估制度，保障高校人才培养的质量，实现高校人才培养和市场人才要求之间的有效对接。在课程体系的设置上，经过行业协会的评估，确保专业教学满足行业学会对专业人士提出的专业能力标准，有效实现高等教育与市场需求的对接。在工程造价学科定位上，都强调对工程技术的依赖，在课程设置上以工程技术类课程为基础，充分重视技术、经济、管理、法律科目的整合。以美国为例，其专业课程基本上以工程学科内容为主，管理学科内容为辅，各校的工程类课程所占的比重很大。

2. 国内工程造价专业的产生与发展

我国高等学校工程造价本科专业教育发展的历史可以追溯到20世纪50年代初期。当时，中国在“一五”期间接受了苏联援建的156项工程建设项目，为有效推行计划经济体制下的基本建设管理模式和确保上述援建项目顺利完成，需要培养建筑施工企业工程项目管理专业人才，国内高等学校于1952年开始设置建筑工业经济与组织专业。但是鉴于当时国家实行严格的计划经济体制，基本建设领域对该专业毕业生的实际需求量不大，设置该本科专业的国内高等学校数量并未明显增加。20世纪80年代初期，由于国家实行改革开放政策和进行经济体制改革，工程建设投资规模迅速增长，建筑业逐步成为国民经济的支柱产业并开始重视工程建设项目全过程管理，迫切需要培养相关专业人才，国内部分高等学校相应开始设置建筑管理工程本科专业和基本建设管理工程本科专业。20 世纪 80 年代中期至 90 年代初期，国内承担对外工程承包和劳务输出与合作的国际工程承包企业对外向型、复合型、开拓型国际工程管理专业人才产生了较大的需求，国内部分高等学校开始设置国际工程管理本科专业和涉外建筑工程营造与管理本科专业。为适应国内蓬勃发展的房地产业及产生的对房地产经营管理专业人才的需求，1989 年国内高等学校开始设置房地产经营管理本科专业。随着工程建设领域与国际接轨，工程建设领域迫切需要兼备工程技术、建筑法律法规、合同、工程管理、工程计量和计价及计量与计价软件等知识与能力的综合性专业人才，工程造价专业就是为培养这类人才所设置的专业门类。

我国的工程造价专业虽然发展较晚，但由于市场需求和与国际接轨的需要，其发展势头迅猛。1998 年教育部调整本科专业目录后，工程造价成为工程管理专业的一个专业方向，作为一个独立的工程造价专业开始出现在专科与高职院校，2002 年天津理工大学率先在国内设置了四年制工程造价工学学士学位。截至 2016 年，有 131 所高校办有工程造价本科专业，616 所院校办有工程造价专科专业，每年培养的工程造价专门人才达数万人之多。

高等院校（本科、专科院校）的工程造价专业培养的是未来的造价工程师、咨询工程师、招标师、建造师；中等专科学校的工程造价专业培养的是未来的工程造价技术员。

目前，我国高校的工程造价专业的设置情况主要有以下两种：一种是在工程管理专业下开设工程造价方向的课程，供学生们选择学习，没有独立出来进行专门的人才培养；另一种是专门独立开设的工程造价专业。

4.1.2 工程造价专业学科特点

工程造价专业是一个以工程技术为背景，多学科交叉的应用型学科，实践性强，涵盖面广，发展速度快。**工程造价本身的特点决定着工程造价专业学科的一些特点**，如图 4-1 所示。

4.2 工程造价专业人才培养目标

4.2.1 工程造价专业培养目标的设定

工程造价专业培养目标是培养适应社会主义现代化建设需要，德、智、体、美全面发展，掌握土木工程或其他工程领域的基本技术知识，掌握与工程造价管理相关的管理、经济和法律等基础知识，具有较高的科学文化素养、专业综合素质与能力，具有正确的人生观和价值观，具有良好的思想品德和职业道德、创新精神和国际视野，能够在土木工程或其他工程领域从事工程建设全过程造价管理的高级专门人才。

工程造价专业毕业生能够在土木工程或其他工程领域的勘察、设计、施工、监理、投资、房地产、招标代理、造价咨询、审计、金融及保险等企事业单位及政府部门，从事工程投资估算、工程计量与计价、工程造价控制、工程建设全过程造价管理与咨询、工程合同管理、工程审计、工程造价鉴证等方面的技术与管理工作。

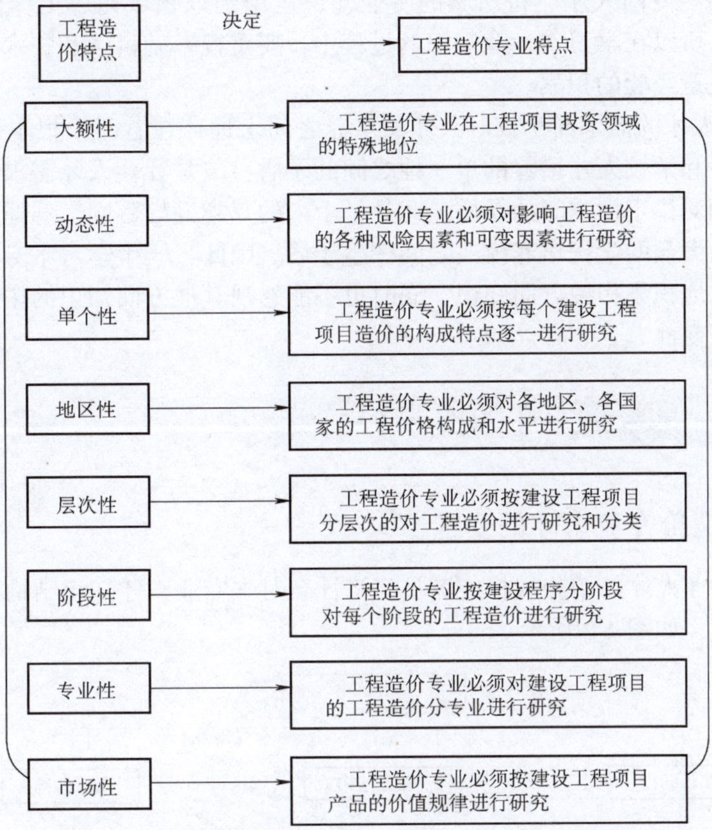

图4-1　工程造价本身特点决定的工程造价专业的特点

4.2.2　对工程造价专业培养目标的理解

1）高等学校工程造价专业培养人才的目的是塑造能为社会主义现代化建设服务的、从事第一线造价工作的造价工程师、咨询工程师、招标师和建造师。在学校，学生进行的是基本的训练，本科毕业后一年成为助理工程师，经过实践锻炼和考核后才能成为工程师。

2）培养目标要求毕业学生具备公共基础知识，掌握工程技术类、管理类、经济类、法律类和计算机及信息类知识，并具有一定的实践能力。所以，在重视基础理论学习的同时，更要注重与工程实践有关的技能和能力的训练，还要注重自学能力和创新精神的培养，以便毕业后能较快进入角色承担工程任务。

3）本专业培养的是能够在土木工程或其他工程领域从事工程建设全过程造价管理的高级专门人才。所谓“高级”，则是站在高等教育的角度，相对于中等工程教育而言的，博士生、硕士生、本科生和大专或高职生都称为“高级……人才”，只有属于中等工程教育的中专或中学培养的人才才称为“中级……人才”。所以，必须明白，培养高级经济技术人才并不是说毕业以后就能成为高级工程人才，培养目标所指的“高级”只是一个相对的称号，事实上，高级工程师的称号要在毕业后经过多年的实践锻炼并在工程中积累了较丰富的经验，为工程实践做出了较大贡献后才能获得。“专门人才”是指具有某一领域的专业知识，出色的专业技能与专业素质，与其所从事专业工作相匹配的职业道德、职业修养、职业精神的人才。培养的“专门人才”将所学的专业知识运用到该领域完成工作任务，以及改进和完善工作途径，所以在学习本专业知识的过程中，要重视基础科学和技术科学的学习，要重视联系实践，注意经验的积累。

4）社会对人才的需求与学校对人才的培养之间永远存在着两个根本矛盾：一是社会人才需求的多样性和学校人才培养的单一性之间的矛盾；二是社会人才需求的可变性和学校人才教育培养的相对稳定性之间的矛盾。此外，个人的兴趣爱好不同，选择发展道路方向的不同，也会与面向大众的学校培养模式之间产生矛盾。因此，学生学习本专业时，要选好发展方向，有所侧重地积累相关方面知识，同时也不能忽视其他方面知识的拓展，以适应社会需求的多样性和可变性。

4.3 工程造价专业人才的要求与培养

4.3.1 工程造价专业人才的要求

工程造价专业人才的培养规格应满足经济社会对本专业人才知识结构、能力结构、综合素质的相关要求，如图 4-2 所示。

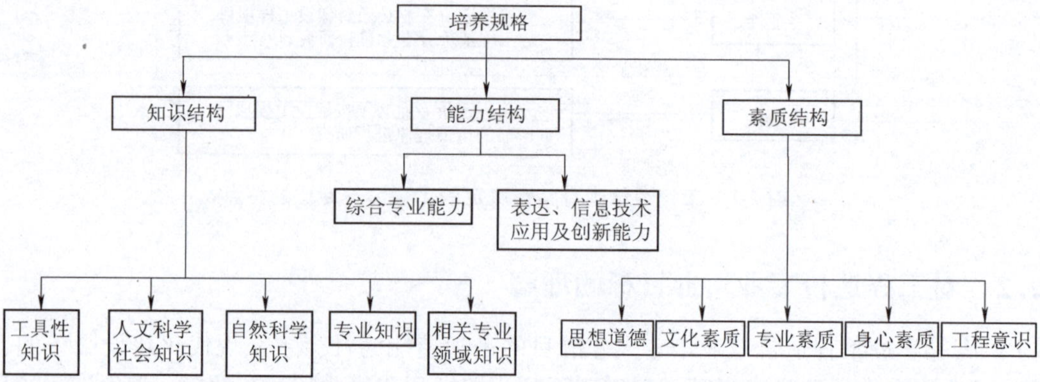

图 4-2 工程造价专业人才的培养规格

1. 知识结构要求

合理的知识结构是担任现代社会职业岗位的必要条件，是人才成长的基础。培养能够在土木工程或其他工程领域从事工程建设全过程造价管理的高级专门人才，要求具有基本的人文社会科学知识、自然科学基础知识、实用工具性知识，具有扎实的专业知识，掌握项目投资与管理、工程咨询所需的基础理论、方法和手段；掌握经济学、工程经济学的基本理论知识和方法；掌握土木工程设计与建造技术的基本理论和方法；掌握管理学与工程项目管理的基本理论和方法；掌握全过程造价管理的专业理论和方法；熟悉工程项目建设相关的政策、法律、法规与规章制度。

2. 能力结构要求

现代社会需要人才具备多种能力的全面发展，要求工程造价专业人才具备以下两种能力：

1）具有解决工程造价管理实际问题的综合专业能力：包括掌握和应用现代工程造价管理的科学理论、方法和手段，具备发现、分析、研究、解决工程建设全过程造价管理实际问题的能力。能进行工程项目策划及投融资分析，具有编制和审查工程投资估算的能力；能进行工程设计方案的技术经济分析，具有编制和审查工程设计概预算的能力；能进行工程招投标策划，具有编制工程招标投标文件及工程量清单的能力；能进行工程施工方案的技术经济分析，具有编制资金使用计划及工程成本规划的能力；能进行工程合同策划，具有工程合同管理的能力；能进行工程计量与成本控制，具有编制和审查工程结算文件、工程变更和索赔文件、竣工决算报告的能力；能进行工程造价分析与核算，具有工程造价审计、工程造价纠纷鉴定的能力。

2）具有较强的表达能力、信息技术应用能力及创新能力：具有较强的中外文书面和口头表达能力；能够检索和分析中外文专业文献，具有对专业外语文献进行读、写、译的基本能力；具备运用计算机及信息技术辅助解决工程造价专业相关问题的基本能力；初步具有创新意识与创新能力，能够发现、总结、提出新观点和新想法，具有初步科学研究的能力。

3. 素质结构要求

素质是从事社会活动应具备的基本条件，依据大学生在社会生活中的特殊地位以及社会的特点，要求工程造价专业人才具有良好的思想道德素质、文化素质、专业素质、身心素质（包括身体素质、心理健康）和工程意识。

（1）思想道德素质　思想是行动的先导，而道德是立身之本。一个思想道德素质高的人能够在工作中赢得别人充分的信任和良好的合作，在复杂的社会中取得立足之地。因此，要求培养对象具有坚定正确的政治方向，行为举止符合社会道德规范，愿为国家富强、民族振兴服务；爱岗敬业、坚持原则、勇于担当，具有良好的职业道德和敬业精神；树立科学的世界观、正确的人生观和价值观；具有诚信为本、以诚待人的思想，求真务实、言行一致；关心集体，具有较强的集体荣誉感和团结协作的精神。

（2）文化素质　行业或产业的竞争最终将反映到文化的竞争，企业的发展需要企业文化，行业的发展也同样需要良好的文化背景，良好的文化素养对于工程造价专业人士来讲是必不可少的素质要求，也是基础。因此，要求培养对象具有宽厚的文化知识积累，初步了解中外历史，尊重不同的文化与风俗，有一定的文化与艺术鉴赏能力；具有积极进取、开拓创新的现代意识和创新精神；具有较强的与他人交往的意识和能力。

（3）专业素质　专业素质包括扎实的理论基础、熟练的专业技能、全面的业务能力，它是工程造价专业人才素质中的核心内容，要求培养对象获得科学思维方法的基本训练，养成严谨求实、理论联系实际、不断追求真理的良好科学素养；具有系统工程意识和综合分析素养，能够从工程造价角度分析工程设计与施工中的不足和缺陷；具有预防和处理与工程造价管理相关的重难点和关键问题的能力。

（4）身体素质　现代社会生活节奏快，工作压力大，没有健康的体魄是很难适应的。身体是一切活动的资本，没有健康的身体，对很多事情只能望而却步，再多的才华也无用武之地，因此，要掌握科学锻炼身体的基本技能，坚持科学的体育锻炼，养成良好的生活习惯和卫生习惯，让身体处于健康的状态。

（5）心理健康　从广义上讲，心理健康是指一种高效而满意的、持续的心理状态。从狭义上讲，心理健康是指人的基本心理活动的过程，即认识、情感、意志、行为、人格完整和协调，能适应社会，与社会保持同步。健康的心理是一个人事业取得成功的重要因素，一个心理健康的人具有充分的适应能力，能充分地了解自己，并对自己的能力做出适度的评价。因此，要求工程造价专业人才达到能理性客观地分析事物，具有正确评价自己与周围环境的能力；具有较强的情绪控制能力，能乐观面对挑战和挫折，具有良好的心理承受能力和自我调适能力。

（6）工程意识　作为一个面向技术工程师层面的工程技术专业，工程造价要求其专业人才时刻具备良好的工程意识，并有坚毅的意志去克服种种困难，完成预定目标。良好的工程意识包括：

1）实践意识。工程造价专业是面向应用层面的专业，在处理工程实际问题时，必须有一切从实际出发的意识。

2）质量意识。任何时候，必须坚持工程质量是生存之本的意识，工程造价专业的工作虽然本身不直接构成工程实体，但能间接影响工程的质量，此外，专业本身工作也存在质量问题，良好的工作质量是工程成功的有力保证。

3）科技意识。工程建设一般比较复杂，完成建设任务必须要采用科学的方法，要有充分利用新技术的意识。

4）经济意识。土木工程建设投资巨大，在处理工程问题时，要有在完成任务、保证质量的前提下，努力降低成本、节约能源、材料和劳动力的意识。

5）信息意识。工程建设一般周期比较长，要有密切关注和了解国内外相关行业科技、经济等信息用以服务工程的意识。

6）协作意识。现代社会工程越来越大，越来越复杂，很多时候，工作都需要一群人的共同努力才能完成，所以一定要能与周围的人协同工作，具有良好的合作能力。

7）竞争意识。竞争是生产力发展的根本动力，是创造更好事物的推动力。优秀的专业人才一定具有强大的竞争力。

8）创新意识。创新精神对于工程建设极其重要。新方法、新工艺等都来源于创新，墨守成规者最终都会被社会淘汰，只有不断创新才能在不断变化的环境中立于不败之地。

4.3.2 工程造价专业人才的培养

作为一个刚入大学的学生，在了解了专业培养对自身的要求后，在大学四年的学习中怎样努力以达到专业人才的要求呢？

（1）勤奋学习　学习是获取知识和能力的来源，只有不断地努力学习才能获取足够的知识，适应不断变化的环境和需求。在学校里，一定要充分利用学校的资源，除了学好基础理论知识外，还要注意积累工程技术理论知识、实践经验和一定的人文社会科学理论知识，要多读最新的文献资料（包括国内和国外的文献资料），以了解最新的专业动态。良好的理论基础也是继续学习的基础，当今社会知识更新周期越来越短，新理念、新理论、新技术层出不穷，只有通过不断学习才能适应社会形势的不断变化。

（2）重视实践　工程造价专业是一个面向应用层面的专业，培养的是技术型工程师，很多的知识与实践经验直接相关，所以一定要抓住每次实践机会，做好课程设计、实习和社会实践等实践环节工作，并且要主动创造和寻找实习的机会，利用假期到工程项目上实习，深入了解工程造价在国内工程实践中的现状。总之，工程实践对学好工程造价帮助很大，一定要充分利用。

（3）敢于怀疑　现阶段，各种理念和计价方法不断涌现，不断冲击着造价行业。在平时的学习中既要勤于思考，依靠和相信基础理论，也要敢于怀疑，勇于创新，这样才能真正地将知识变成自己的能力。

（4）注重交际　工程造价专业的工作在广义的层面还包括全面造价管理，任何一种管理活动都需要良好的沟通和交际能力，大学学习中一定要注意综合能力的培养，良好的交际能力和人脉关系能使自己在以后的道路上走得更高、更远。平时的学习中，要积极参加学校、学院和班级的各种活动，承担部分社会工作，让自己在学习和社会两个工作层面上都得到锻炼。

（5）坚持锻炼　大学的管理是一种松散的管理，一定要有自觉的能力。很多大学生在松散的环境中忽视了体育锻炼的重要性，晚睡晚起成为一种习惯，这种生活习惯不利于身心健康。以后的继续深造或者工作中，健康的身体素质极其重要，所以在大学生活中一定要重视体育锻炼，坚持运动，劳逸结合，只有这样，才能更长久、更好地服务于社会。

（6）紧跟时代　现代社会的发展速度变得越来越快，一定要紧跟时代的步伐。在平时的学习生活中，要关心国际国内大事，关注社稷民生，关注专业发展动态，关注时代潮流，让自己更好地适应社会的变化，并在不断变化中找到适合自己发展的方向。

总之，要利用各种资源，不断丰富自己、调整自己，以适应社会不断变化带来的各种需求，从而在以后的发展道路上走得更高、更远。

本章小结

工程造价专业是教育部根据国民经济和社会发展的需要而设置的新专业，是以经济学、管理学、市场学、土木工程为理论基础，从工程管理专业派生发展起来的新兴专业。

工程造价专业的特点主要由工程造价的特点决定。

工程造价专业培养目标是培养适应社会主义现代化建设需要，德、智、体、美全面发展，掌握土木工程或其他工程领域的基本技术知识，掌握与工程造价管理相关的管理、经济和法律等基础知识，具有较高的科学文化素养、专业综合素质与能力，具有正确的人生观和价值观，具有良好的思想品德和职业道德、创新精神和国际视野，能够在土木工程或其他工程领域从事工程建设全过程造价管理的高级专门人才。

本书从知识结构、能力结构和素质结构三个方面提出了对工程造价专业人才的要求，并对工程造价专业人才的培养提出了六点建议：勤奋学习、重视实践、敢于怀疑、注重交际、坚持锻炼、紧跟时代。

【关键概念】　工程造价专业、工程造价专业培养目标

习　题

4.1　工程造价专业是教育部根据国民经济和社会发展的需要而设置的一门专业，是以__________、__________、__________、__________为理论基础，从建筑工程管理专业上发展起来的一门学科。

4.2　________________决定着工程造价专业学科的一些特点。

4.3　高等院校的工程造价专业培养的是未来的____________、____________、____________和建造师。

4.4　工程造价的素质要求有哪些？（　　　）

A. 专业素质　B. 身心素质　C. 工程意识　D. 思想道德素质　E. 文化素质

4.5 工程造价专业人才的培养规格应满足经济社会的哪些要求？（ ）

A. 能力结构要求 B. 知识结构要求 C. 素质结构要求

D. 人身修养要求 E. 工作技能要求

4.6 下列哪些属于良好的工程意识？（ ）

A. 实践意识 B. 质量意识 C. 经济意识 D. 创新意识 E. 信息意识

4.7 简述工程造价专业学科特点。

4.8 简述我国对工程造价专业人才的具体要求。

4.9 工程造价专业的培养目标是什么？如何理解？

4.10 如何通过大学四年学习，将自己培养成适应新世纪发展需要的工程造价专业人才？

第 5 章

工程造价专业人才培养方案与课程体系

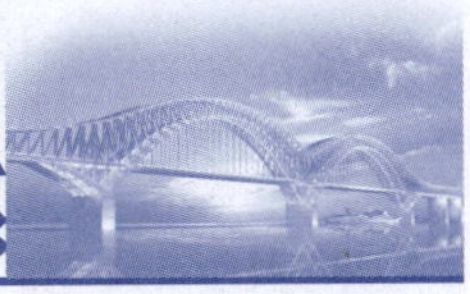

学习要点　本章介绍高等学校教育的特点和高等教育体系、专业人才培养方案与教学安排、工程造价专业的教学环节和教学方式、工程造价专业课程设置与主要课程。通过本章的学习，要求了解高等学校的教育特点、高等学校教育体系的内容；熟悉我国工程造价专业课程体系的组成及课程内容的设置；熟悉工程造价专业的教学进程安排、教学环节及教学方式；了解工程造价课程群中主要课程的主要内容及作用。

5.1　高等学校教育特点及教育体系

5.1.1　高等学校的教育特点

高等教育对比普通教育，有许多不同的特点，两者的主要区别见表 5-1。

表 5-1　高等教育与普通教育的区别

	普通中等学校	普通高等学校（工科）
教育性质和学制	基础教育，它是每个公民必须接受的普通教育；学制 6 年（初中 3 年，高中 3 年）	建立在普通教育基础之上，可以用“高”与“专”两个字来概括；学制大学本科 4 年（某些学校部分专业具有弹性学制），高职 3 年；有些学校可以直读硕士学位
社会职能	提高一般的文化科学水平，为国家建设培养劳动后备力量；向高一级学校输送合格新生	培养社会需要的各种高级专门人才；开展科学研究，发展科学和技术；开发科技含量高的项目，直接为社会服务
管理体制	由学校统一管理。教育活动按全国（或地区、市）统一的教学计划和课程设置进行。各校有自己特色的附加课程和教育活动安排	在学校统一领导下，教育活动以系和专业划分；系是基层教育行政单位，负责上述三项社会职能，兼有行政和学术组织职能；专业隶属于系，是招生、分配、组织教学的基层单位
教育方式	以课堂教学为主，附加各种课外教育活动，如兴趣小组、劳动教育、社会调查等	有多种教学方式，如课堂教学、电化教学、实验教学、设计教学、实习等；课外教育活动丰富多彩，如党团及班级活动、科技活动、公益劳动等
课程设置	开设政治、语文、外语、数、理、化、生、史、地、体、音、美等十余门基础课程和劳动技术、生理卫生等必修课程，以及各种选修课	开设公共课、基础课、专业基础课、专业必修课、专业实践等课程，以及大量供选择的公共或专业选修课

（续）

	普通中等学校	普通高等学校（工科）
教师作用	传递科学文化的知识和技能；塑造学生优秀的思想品德	传授知识技能，教书育人；开展科技研究，技术开发，用新的科技成就为社会服务并充实教学内容；密切学校和社会的横向联系
教育设施及环境	图书馆、实验室、音像教学设施、体育活动场地；它们与大学比，相对较简单	图书馆、资料室、实验室、电教中心、计算机设施、体育设施等相对较齐全，而且校园文化丰富，学术气氛浓厚

从表中区别可以看出，高等学校在教育性质、社会职能、管理体制、教育方式、课程设置、教师作用、教育设施及环境诸方面都有别于中学。

对于高等学校教学的对象——大学生而言，他们受过普通教育，又有一定的社会经验，在认知、情感、意志和个性方面都有以下一系列特征：

1）认知方面。有较准确的观察力、良好的记忆力、丰富的想象力、活跃的思维力；但因阅历还浅、实践经验还少、辨别能力还弱，以致认知过程中有时带有主观性和片面性。

2）情感方面。情感强烈、爱憎分明，自我意识对情感能起调控作用，爱国感、集体感、责任感、成人感等高级情感得到发展；但他们的情感又有两极性和不稳定性，常出现情感波动。

3）意志方面。有自觉性、独立性、坚毅性和果断性；在学习上能够执行自己的决策，较少需要外部压力；但他们的意志水平取决于行为的动机、经验和信念，有些人可能有脆弱、犹豫、附和等意志薄弱的表现。

4）个性方面。自我意识增强，有自主学习能力，对个人前途有美好愿望，对毕业后的职业有明确意向；但他们的个性尚未完全成熟，往往表现为“理想自我”与“现实自我”、“个人愿望”与“社会需求”的矛盾，他们的自我认识和自我评价往往偏高。

总之，高等学校的特点和大学生的特征都和学习质量密切相关。前者是客观因素，后者是主观因素。对主观因素要“培养”，即应对认知能力和良好的情感、意志和个性都要自觉地进行培养、调节、锻炼、充实和提高。对客观因素则要“理解、调适、争取、利用”，要理解高等学校的办学方式，要调适自己的学习目标和学习方法，要争取教师及时地指引和教导，要充分利用学校优越的教育设施和教育环境，发挥自己最大的学习主动性。

5.1.2 高等学校的教育体系

1. 高等学校的教育目标体系

（1）高等教育目标的概念　**高等教育目标**是指高等教育所要培养的高级专门人才所要达到的质量要求和专业规格。它是高等教育活动的总方向，也是高等教育工作的出发点和归宿。

（2）高等教育目标的培养　高等教育培养目标是教育目标在高等教育阶段的特殊而具体的体现，它又是一个总目标和大方向。要使高等教育总目标得以实现，各层次、各类型的高等学校及不同的专业还必须制订本层次、本类型及本专业的培养目标。只有这样，高等教育目标才能真正地在高等教育活动的各个层次、类型上发挥自己应有的规范、指导和检验作用。

1）分层次培养目标。高等教育所要培养的人才相对于中等教育而言，是高级专门人才，而高级专门人才仍有层次之分。在我国，高等教育的基本层次划分如图5-1所示，每一层次的培养目标见表5-2。

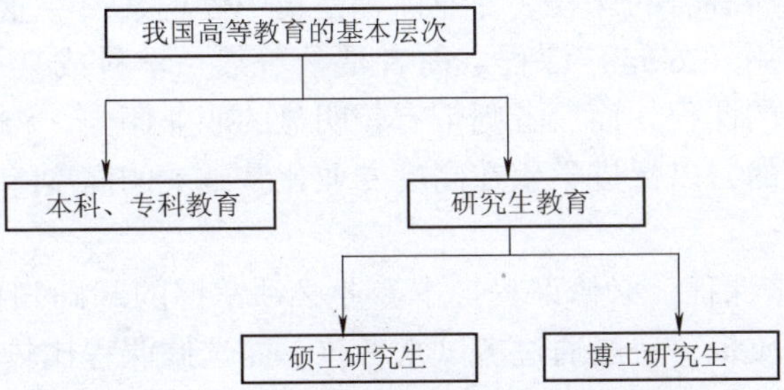

图5-1　我国高等教育的基本层次划分

表5-2　我国高等教育不同层次的培养目标

<table>
<tr><th colspan="2">不同层次</th><th colspan="2">培养目标</th></tr>
<tr><td colspan="2">本科、专科教育</td><td>专科教育侧重于实践能力的培养，特别强调应用性知识和技能的掌握，要求毕业后能从事本专业的技术性工作，能解决本专业范围内的具体问题。对于基本理论不做过高要求
本科教育则要求较好地掌握本门学科的基础理论、专门知识和基本技能，具有从事本专业工作或从事科学研究工作的初步能力，能解决与专业有关的理论与实际问题。而现在有些本科的科类，也在向应用型方向发展，培养的应用型人才具有较为宽厚的文化修养、基础理论与专业知识</td><td>专科和本科教育是各自独立的并列关系，没有层次之分，均以招收高中毕业生为起点</td></tr>
<tr><td rowspan="2">研究生教育</td><td>硕士研究生</td><td colspan="2">要求硕士研究生掌握本学科坚实的基础理论和系统的专门知识，掌握相符的技能、方法和相关知识，具有从事本专业实际工作和科学研究工作的能力</td></tr>
<tr><td>博士研究生</td><td colspan="2">要求掌握本学科坚实宽广的基础理论，系统深入的专业知识，相应的技能和方法，具有独立从事本学科创造性科学研究的实际操作能力</td></tr>
</table>

2）学科分类、专业目标。我国高等教育，学科现分为哲学、经济学、法学、教育学、文学、历史学、理学、工学、农学、医学、管理学、艺术学12个学科门类。学科的划分，有利于按学科的性质制定培养目标，同时也便于宏观职业结构调控。在各学科门类中设置若干专业类，专业类下面是若干专业，如工程造价专业（专业代码120105）属于管理学（12）门类下管理科学与工程类（1201）的一个专业。高等学校则主要是按专业来培养人才的，因此专业培养目标是高等教育目标体系中的基层目标，对专业培养目标的表述，要求比总目标、层次与科类目标更为具体、细致，同时又要有明确的针对性和可操作性。

2. 高等学校的课程分类

按照不同的划分原则，可对课程进行不同的分类，详见表5-3。

表5-3　课程的分类

划分原则	种　类
从层次构成上看	公共基础课程、专业课程和跨学科课程
课程对某一专业的适应性和相关性而言	必修课程和选修课程（分为限选课程和任选课程）
课程规模大小	大、中、小、微型课程
课程主要是传授科学知识还是操作技能	理论型课程和实践型课程

1）基础课程、专业课程及跨学科课程。将所学课程分为三个层次，第一级基础课程，应包括人文社会科学知识、自然科学基础知识、工具性知识，如政治课、管理课、数学课、外语课、计算机课等，这类课程是任何专业的学生都需要学习的，是今后进一步学习的基础，也是全面培养人才所必需的课程。专业课程是集中体现某一专业特点的课程，又可分为专业基础课程和专业应用（方向）课程。前者是学习某一学科或某一专业的基础理论、基本知识和基本技能训练的课程，而后者则带有较明显的职业倾向。跨学科课程则是建立在其他课程学习的基础之上的，以促进学生在高度专业化基础上的高度综合，能够横跨几科，融会贯通。

2）必修课程与选修课程。必修课程把本专业必须掌握的基础知识教给学生，以保证所培养人才的基本规格和质量，一般通过考试来考核；而选修课程比较迅速地把科学技术的新成就、新课题反映到教学中，有利于学生扩大知识领域，活跃学术气氛，大多属于考查课。

3）理论型课程与实践型课程。学生通过在校学习将获得各种基本的训练，这种训练包括理论和实践两个方面。在学习的过程中，既要用较多的时间把本专业的基础理论学好，又要切实加强基本技能的训练，例如理、工、农、医的各专业要搞好实验、实习、计算机应用、绘图和某些必要的工艺及有关现代技术的训练；文科专业要搞好阅读、写作、资料收集、调查研究的训练等。这对于保证专门人才的各种基本技能、科学实验的素质和能力、理论联系实际的学风都十分必要。

3. 高等学校的教育制度体系

高等教育制度是国家关于高等教育性质、范围、机构、活动方式和培养目标的规定。其基本内容包括高等学校的教育管理制度、高等学校教育的学历制度、高等学校教育的学位制度等。

（1）高等学校的教育管理制度 **高等教育管理制度**是指高等教育管理机关设立、管理规则制定、管理人员配备、管理过程运行及其关系的总和。高等教育的管理机关、规则制定、人员配备和过程运行都是一般意义的管理在高等教育领域的具体展开。

我国在1949年后的很长一段历史时期内，主要实行高等教育的集权管理模式。20世纪80年代后，逐步推行包括高等教育管理体制在内的整体教育体制改革。迄今为止，形成了中央政府、地方政府和高等学校共同管理高等教育的体制。

1）中央政府的主要职责是：制定高等教育法规、方针、政策和全国高等教育总体发展规划，制定和颁发高等学校基本学制、专业标准、课程标准、学校人员编制标准、教师资格标准、教师基本工资标准，设立贫困地区、少数民族地区和一些需要扶持或需要重点发展的高等教育专项补助资金，监督、指导省级教育工作。

2）省、自治区和直辖市政府负责本地区的高等教育规划，承担本地区的高等教育经费，决定本地区的高等教育规模、招生规模和专业设置，确定本地区高等学校教职员工的基本工资水平，调整本地区的高等教育布局，管理本地区的高等教育事业。

3）高等学校享有办学自主权和法人资格。办学自主权是指依法自主决定学校事务的权力；法人资格是指高等学校以自己的名义和财产，独立享有法定权利和独立履行法定义务，依法承担自身行为法律后果的资格。根据办学自主权和法人资格内涵，高等学校有权组织开展教学活动、科研活动和技术开发活动，根据社会需求、办学条件和国家核定的办学规模，制订招生方案，自主调整系科招生比例、学科、专业，自主制订教学计划、选编教材，自主决定教学、科研、行政职能机构和人员配备。

4）根据上述分析可以看到，我国已经基本形成了中央与地方分级管理高等教育、高等学校享有办学自主权力的高等教育管理制度。实践表明，现行的高等教育管理制度是可行的，能够保障我国高等教育的规范化运行。

（2）**高等学校教育的学历制度**

1）学历、学历证书及学历证书制度。高等教育制度中的学历是一个专门的术语，它是指受教育者在具备法定条件的教育机构中的学习经历。与之相应的学历证书，是指具备法定条件的教育机构，授予符合法定学业标准的受教育者的学历证明。我国为了保证高等教育质量和规格，维护高等教育学历制度和学历证书的权威性，保障受教育权益，专门制定法规，明确高等学校的办学活动和质量标准，并在此基础上形成了学历证书制度。简要地说，学历证书制度是指国家关于学历含义、学历证书标准、学历证书颁发和学历证书价值的规定。

2）高等学历教育和高等非学历教育。高等学历教育是指受教育者经过国家教育考试，进入实施高等学历教育的高等学校或者其他高等教育机构，在规定的期间内学完相应的课程，获得国家承认的学历证书的高等教育。与之相对应的非学历教育，是指提供符合受教育者需求的专门训练，同时颁发相应的专业、技能、能力方向的资格证书或培训证明。两者最大的区别是学历教育可授予标志着受教育者的受教育程度的学历证书。

（3）**高等学校教育的学位制度**

1）学位和学位制度。**学位**表示其受教育的程度或在某一学术领域已经达到的水平，或是表彰其在某一领域中所做出的杰出贡献，由具备授予资格的高等学校、科研机构或国家授权的其他学术机构、审定机构授予，是授予个人的一种学术称号或学术性荣誉称号。

学位制度是国家或学位授予单位为保证授予学位的质量和学位工作实施有效的管理所制定的有关法令规程或办法的总称，学位制度反映一个国家的政治、经济、教育等基本社会制度并受其影响和制约。学位称号对学位获得者来说，是评价其学术水平的一种尺度，也是衡量其受教育质量的一种标志。建立学位制度，是一个国家发展教育、科学技术事业的一项重要立法。对于加快社会发展，开展国际学术交流，是非常有益的。

2）我国学位制度。根据《中华人民共和国学位条例》规定，**我国的学位制度分为三级，包括学士、硕士和博士学位**。

a. 学士学位。由国务院学位委员会授权的高等学校，按哲学、经济学、法学、教育学、文学、历史学、理学、工学、农学、医学、管理学、艺术学12个学科门类授予学士学位。我国授予学士学位的标准是：高等学校本科学生完成教学计划的各项要求，经审核给予毕业，其课程学习和毕业论文（毕业设计或其他毕业实践环节）的成绩优良，表明其已能较好地掌握本门学科的基础理论、专门知识和基本技能，并具有从事科学研究工作或担负专门技术工作的初步能力。

b. 硕士学位。根据我国现行学位制度，授予硕士学位的学术要求是：高等学校和科学研究机构中攻读硕士学位的研究生经过2~3年的学习，或具有研究生毕业同等学力的人员，通过硕士学位课程考试和硕士学位论文答辩，成绩合格，表明本人在本门学科上掌握了坚实的基础理论和系统的专门知识，并具有从事科学研究工作或独立负责专门技术工作的能力。近年来，我国根据经济建设和社会发展对不同类型、不同规格高级专门人才的需要，设置了专业硕士学位，这一学位具有特定的职业背景，如教育专业硕士、工商管理硕士、法律专门硕士等。

c. 博士学位。根据我国现行的学位制度，授予博士学位的学术要求是：高等学校和科学研究机构中攻读博士学位的研究生，或具有博士研究生毕业同等学力的人员通过博士学位的课程考试和博士学位论文答辩，成绩合格，表明本人在本学科上已掌握了坚实宽广的基础理论和系统深入的专门知识，具有独立从事科学研究工作的能力，能够在科学或专门技术上做出创造性成果。

4. 高等学校的教学管理体系

教学管理主要包括：人才预测、招生与分配管理、教学计划管理、教学环节组织管理、教务管理、实验室管理、教材建设与管理、教学质量管理、研究生的培养与管理等。

教学管理是一个完整的体系，也是一个纵横相连、交叉相间的多维矩阵系统。高校的教学管理一般以三维系统（图5-2）来实行分解：以时间为序的层次排列，以条（即组织从属关系）为序的纵向排列，以块（即工作性质的联系）为序的横向排列。

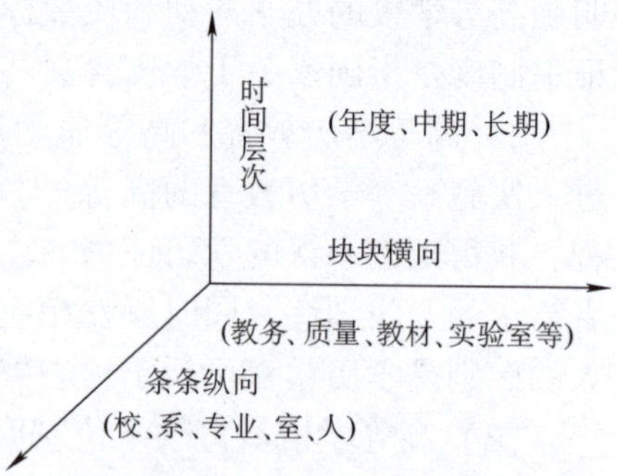

图5-2 管理体系的三维系统

1）时间层次系统。一般分为长期、中期、年度计划三种。教学工作计划为了与国家长远的教育规划和科技规划相衔接，也应制订本校的长远规划。对学校的发展蓝图以及重点发展方向等做一个规定性的描述作为学校今后教学工作的指针。中期计划是与国民经济五年计划相衔接的，因为在国民经济五年计划中往往对高校的要求和提供的条件有新规定，因此高校教务部门对学校的中期教育计划比较重视。年度教学工作计划是一种可操作性的计划。对部分重要的工作甚至要求编制学期计划和月计划。

2）条条纵向系统。学校一般按其组织的从属关系要求各级制订教学工作计划，以便检查与督促全校上下共同完成学校的教学工作目标。一些高校的纵向计划大体按学校—（学院）—系—专业—教研室—个人来安排这种纵向系统，优势在于各级有从属关系，计划内容层层落实，便于督促。

3）块块横向系统。它是一种以工作性质相同为联系的、跨组织的校内横向联系。目前教务处各科室的教务管理、教学质量管理、教材管理、实验室管理等工作都与各系、各专业、各教研室有联系。不管是哪个科、哪个系、哪个专业都要保证教学工作目标的实现。

5.2 专业人才培养方案与教学安排

5.2.1 工程造价专业课程体系

一个专业所设置的课程相互间的分工与配合，构成了课程体系。专业人才培养目标的实现，要靠开设的全部课程协调与补充。课程体系是否合理，直接关系到所培养人才的质量。工程造价专业课程体系的教学是实现学生对工程造价专业教育内容与知识体系的有效掌握和熟练运用的必然途径。国内各高等学校可以充分根据本校自身优势与条件构建具有特色的工程造价专业课程体系。

1. 国外工程造价专业课程体系

（1）英联邦体系下部分高校的工料测量专业课程体系　昆士兰理工大学、新西兰综合科技学院的工程造价相关专业的课程设置情况分别见表5-4和表5-5。

表5-4　昆士兰理工大学建造管理专业的课程设置

时　间	内　容	选　修　课
第一学期	建造1、建筑科技1、法律和经营环境学习、沟通技术	一类：投资原理、建筑纠纷管理、智能建筑 二类：高级建造和民居建筑、国际建造、建造实例分析、报告 （第七学期的选修课从一类中选；第八学期的选修课从二类中选）
第二学期	建造2、建筑科技2、专业学习1、工程量计算1	
第三学期	建造3、建筑科技3、建筑配套设施、工程量计算2	
第四学期	法律1、专业学习2、实用计算方法、建筑经营	
第五学期	合同管理、建筑财务管理、建筑估算、工期管理	
第六学期	建筑经济和造价管理、专业学习3、法律2、建筑经济管理	
第七学期	专业实习1、学术报告、选修课1、选修课2	
第八学期	房地产开发原理、专业实习、选修课3、选修课4	

表5-5　新西兰综合科技学院的课程设置

课程名称	课程性质
工程量计算数学（Cost Value & Overview）	必修课
建筑材料（Architectural Science & Materials）	必修课
经济学原理（Economic Principles）	必修课
环境与建筑1（Environment & Building 1）	必修课
商务交流原理（Communication Principles & Practice）	必修课
工程量计算（Measurement）	必修课
民居建筑施工1（Construction Practice 1）	必修课
民居建筑配套设施1（Building Services 1）	必修课
结构力学（Building Structure）	必修课
建筑史（Architectural Context）	必修课
团队合作（Teamwork）	必修课
建筑法（Introduction to Construction Law）	必修课
价值管理（Value Enhancement）	必修课
高层建筑施工2（Construction Practice 2）	必修课
高层建筑配套设施2（Building Services 2）	必修课
研究方法（Research Methods）	必修课
合同形式及管理（Contract Formation & Administration）	必修课
投标与成本控制（Tendering & Cost Control）	必修课
配套设施计量与计价（Services Economics）	必修课
设计阶段估价（Design Phase Estimating）	必修课
社会学（Societal Context）	必修课
研究课题（Research Project）	必修课
城市经济（Urban Economics）	选修课（3选1）
环境与建筑2（Environment & Building 2）	
人事管理（People Dynamics）	

（续）

课程名称	课程性质
谈判技巧（Negotiated Studies）	选修课（4选1）
建筑科技（Construction Technology）	
建筑经济管理（Construction Business Management）	
房产开发原理（Property Development）	
房产与设计（Property & Design）	必修课
管理行为学（Organizational Behavior）	必修课
房产金融与投资（Development Finance & Investment）	必修课

（2）美、加体系下的工程造价专业课程体系　在美国，最主要的建筑管理专业的评估，按其侧重点不同受工程技术评估委员会（ABET）和美国建筑教育协会（ACCE）评估。由ABET定义的构成建筑工程管理学士学位（CEM）课程体系的五个主要组成部分有：数学和基础理科类、工程学类、工程设计类、社会人文学科类、商业及管理类。然而，在专业的工程性、管理性和商业性各个特征之间，它们仍力求寻求一种平衡。ACCE认可的建造管理的教学规划见表5-6，由ACCE评估的美国五所高校工程学及工程设计类、商业及管理类课程设置情况分别见表5-7和表5-8。

表5-6　ACCE认可的建造管理的教学规划

时间	课程	学时
第一学期	建造概论（Introduction to Construction）	2
	计算机技术与应用（Personal Computing Technology and Applications）	2
	代数与几何（Algebra and Trigonometry）	5
	作文（English First Year Composition）	4
	人际关系学（选修）（Human Relations）	3
第二学期	建筑材料与方法（Construction Materials & Methods）	4
	土木工程与建造制图（Graphics for Civil Engineering & Construction）	2
	计算技术1（Calculus for Technology 1）	3
	领导学应用原理（Applied Leadership）	3
	演讲基础与交流（Fundamentals Of Speech Communication）	3
第三学期	建筑测量基础（Construction Surveying Fundamentals）	3
	建造机械（Mechanical Construction）	3
	物理（General Physics）	5
	建筑计划和工程量计算（Construction Plans and Measurements）	3
	交流学（选修课）（Communication）	3
第四学期	建筑规划与设计（Construction Layout）	3
	建筑电力学（Electrical Construction）	3
	经济原理（Principles of Economics）	3
	建筑原理（Construction Mechanics）	4
	物理（General Physics）	5
第五学期	地基（Soils and Foundations）	3
	估算（Estimating）	3
	建筑现场规划（Construction Site Planning）	3
	建筑结构（Concrete Construction）	3
	会计学原理（Accounting Principles）	3

（续）

时　间	课　程	学　时
第六学期	建筑会计学与财务管理（Construction Accounting and Financial Management）	3
	建筑时间管理（Scheduling）	3
	经济相关法律1（Legal Background for Business 1）	3
	统计学方法（Statistical Methods）	3
	普选课（General Education Elective）	3
	技术选修课（Technical Elective）	2
第七学期	建筑监理（Construction Supervision）	3
	建筑安全管理（Construction Safety）	3
	建筑造价（Construction Costs）	3
	商务写作（或科技写作）（Business Writing）	3
	技术选修课（Technical Elective）	3
第八学期	建筑公文与管理（Construction Documentation and Administration）	4
	建筑公司管理（Construction Company Management）	3
	专业选修课（Building Construction Management Elective）	3
	技术选修课（Technical Elective）	3
	任选课（Elective）	3

表5-7　由ACCE评估的美国五所高校工程学及工程设计类课程设置情况

课 程 设 置	Louisiana（路易斯安那州立大学）	Clemson（克莱姆森大学）	Southern Polytechnic（南方理工州立大学）	Florida（佛罗里达大学）	Georgia（乔治亚大学）
建筑材料学（Construction Materials）	3	3			
静态学			4		
钢材设计（Steel Structures）	3			3	
混凝土结构（Concrete Structure）	3			3	
框架设计（Form Design）	3			2	
卫生洁具				2	
机械学（Mechanical Systems of Buildings）	3			3	
电力学				2	3
地基（Foundation Problems）	3	3			3
建筑测量（Construction Surveying）	3		3		2
建筑制图			3	3	
项目开发可行性研究			4		
建筑时间管理			4		
土地规划			4	3	
建筑规划与设计		3	3	3	4
建筑结构		3	4		3
测绘			2		
建筑生态学	3				3
建筑艺术		3			
建筑技术学（Construction Techniques）	3			3	

（续）

课 程 设 置	Louisiana（路易斯安那州立大学）	Clemson（克莱姆森大学）	Southern Polytechnic（南方理工州立大学）	Florida（佛罗里达大学）	Georgia（乔治亚大学）
建筑法			4		
建筑史				3	
建筑方法		4	4	2	3
学分小计	27	19	39	32	23

表 5-8　由 ACCE 评估的美国五所高校商业及管理类课程设置情况

课 程 设 置	Louisiana①	Clemson①	Southern Polytechnic①	Florida①	Georgia①
经济学（Economics）	3	3		3	5
会计学（Accounting）	3	3	3	3	3
金融学		3		3	
人事管理	3	3			
商业技术函电				3	3
计算机应用（Computer Science）	3	3	2		
合同的制定				3	3
项目估价（Estimates）	3	3		6	
人力估算					3
工作分析	3	3			3
安全管理	3		4		
工作监督			4	3	
质量控制和保证		3			
项目管理	3	3	4	3	
建筑财务管理		3			
成本控制和现金流量	3				
房地产			4		3
建筑程序模拟			3	3	
建筑经济学		3		3	3
学分小计	27	33	24	33	26
实习学分	6	9	8	7	14

① 学校名称见表 5-7。

五校共同的课程有：建筑规划和设计、建筑结构、地基学、计算机应用、项目管理、项目估价、建筑方法、安全管理、建筑经济学、会计学及经济学。特别是在商业和管理方面，各院校课程虽有变化，但基本上是以会计学和经济学为主，侧重于对学生在管理学和经济学基础知识方面的培养。除少数几门相同的课程外，其他课程在各校都有较大的差异。如建筑科学方面，Louisiana 大学和 Florida 大学的课程比较接近，主要以技术课程为主；而 Southern Polytechnic 大学则侧重管理课程。又如在建设施工方面，各校的课程差别就很大，重叠课程也很少。

2. 我国工程造价专业课程体系

(1) 构建课程体系考虑的因素 **课程体系是人才培养的载体**，构建课程体系主要考虑的因素有：

1) 关注人才培养目标。培养目标是构建课程体系的灵魂，培养目标统领课程体系的设置与课程内容的选择。因此在课程体系设计时要满足人才培养目标对知识结构、能力结构和素质结构的需求，知识面要宽，理论功底要扎实，做到知识、能力、素质“三位一体”协调发展。

2) 注重跨学科/专业。科学的迅速发展，带来了各个学科/专业的相互渗透。工程造价专业是综合了土木工程及相关工程技术、管理学、经济学、法学、计算机科学等学科的新兴专业（属于管理科学与工程类），要求课程体系的设置注重学科的交叉，做到跨学科/专业，满足能够在土木工程或其他工程领域从事工程建设全过程造价管理的要求。

3) 重视实践教学。实践教学环节是课程体系的重要组成部分，学生能力素质的形成主要通过实践教学环节完成，建立完整的实践教学体系。实践教学环节包括实验、实习、设计等内容，这些环节应该贯穿该专业的教学全过程。

4) 培养职业能力。大部分高校学生都面临着毕业后的执业，而工程造价专业着力培养的是未来的造价工程师、咨询工程师、建造师，因此该专业课程体系的构建要与我国执业资格（造价工程师、咨询工程师、建造师）所要求的知识结构、能力要求接轨。

(2) 工程造价专业课程体系 工程造价专业是一个多学科、多领域交叉的专业，故工程造价专业课程体系采用“**公共基础课 + 学科课程群 + 实践教学**”的专业结构。其中，公共基础课程应包含工具性知识、人文社会科学基础知识、自然科学基础知识；专业课程应包含工程技术类、管理类、经济类、法律类和计算机及信息类知识；实践教学应包含实验类、实习类、设计类。

工程造价专业**知识与能力体系**如图5-3所示。根据知识与能力要求设置工程造价专业课程体系，如图5-4所示。课程体系中每一组成部分具体的课程设置，各个学校可根据自己的情况有所侧重，如研究型高校较注重理论教育的深入，应用型高校更关注实践教育和动手能力的培养。

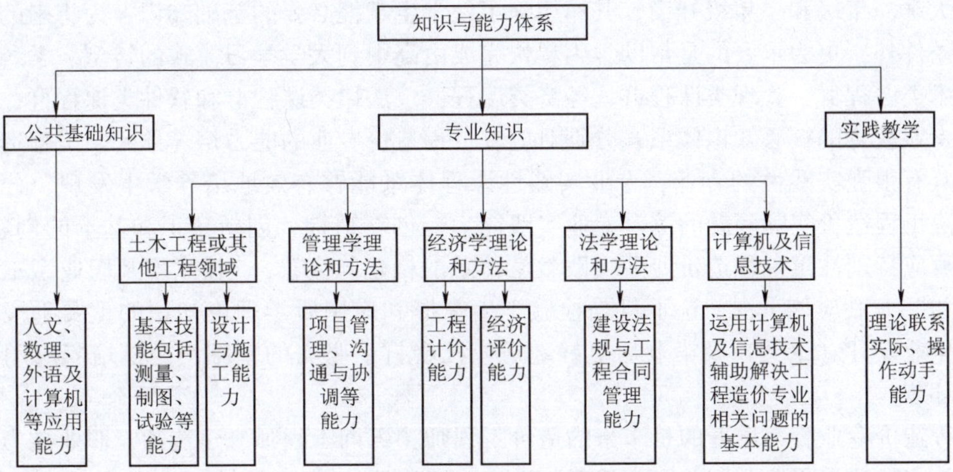

图5-3 工程造价专业知识与能力体系

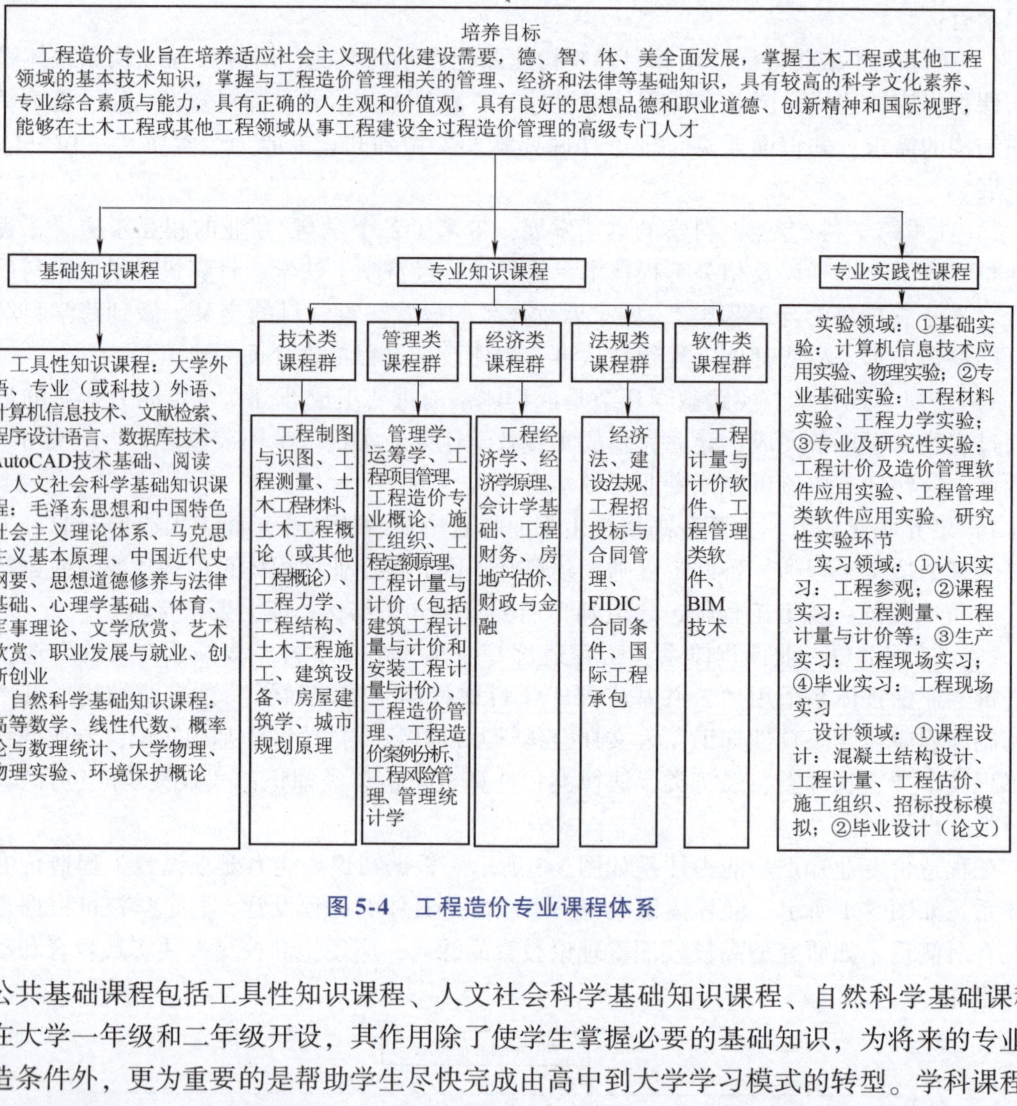

图 5-4　工程造价专业课程体系

公共基础课程包括工具性知识课程、人文社会科学基础知识课程、自然科学基础课程，大多在大学一年级和二年级开设，其作用除了使学生掌握必要的基础知识，为将来的专业课程创造条件外，更为重要的是帮助学生尽快完成由高中到大学学习模式的转型。学科课程群包括技术类课程群、管理类课程群、经济类课程群、法律类课程群和软件类课程群，作为工程造价专业教育的核心知识体系，分别对应着工程造价专业的能力培养单元。工程造价专业是一个具有很强实践性的专业，专业实践性课程体系能够有效地培养学生发现、分析、研究、解决工程造价实际问题的综合专业实践能力、创新精神、创新意识和基本的创新能力。高等教育应特别注重工程造价专业实践教学体系的构建与完善，“技术型及职业型工程造价专业人才”尤其应该重视。这不仅是检验学生掌握和应用所学理论知识的重要手段，也为学生的毕业设计（论文）及毕业后更好地适应社会打下坚实的基础，更是培养应用型人才的关键环节。

工程造价专业着力培养的是未来的造价工程师、咨询工程师、建造师，职业能力的培养决定着核心专业课程群。职业能力培养核心专业课程群如图 5-5 所示。

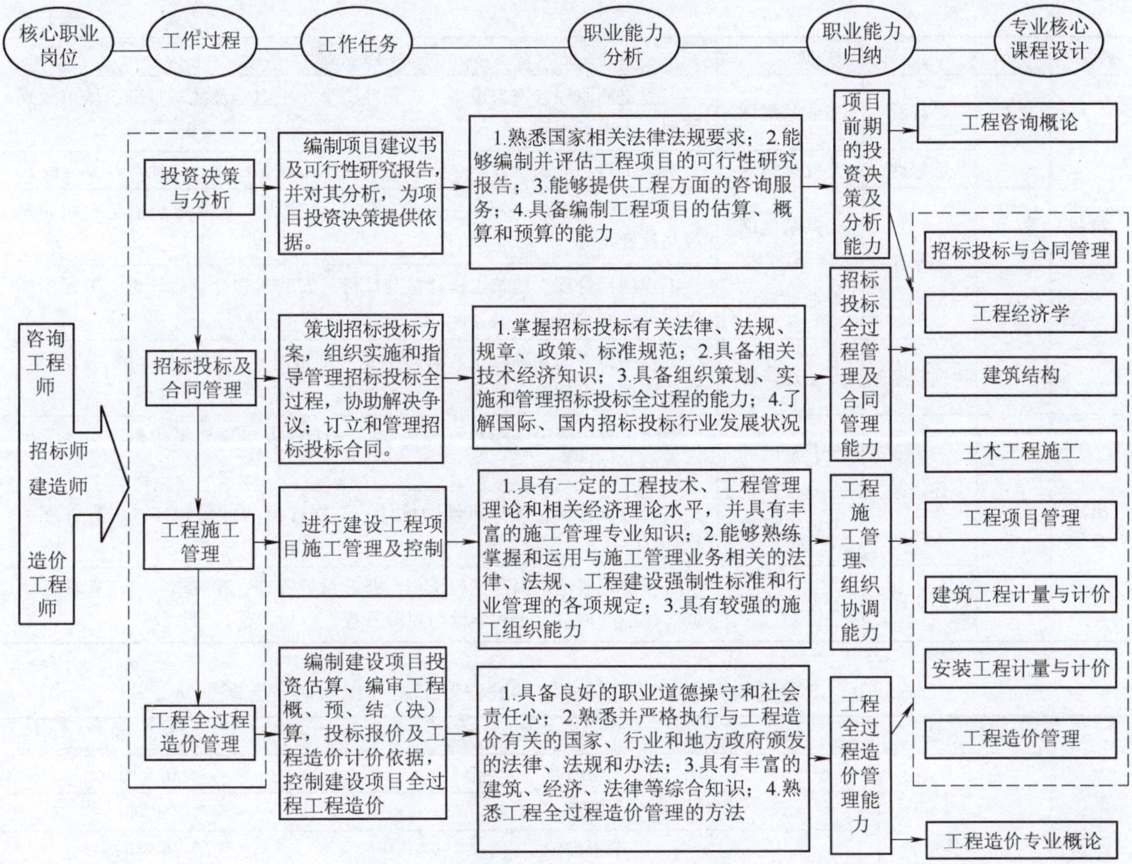

图5-5 职业能力培养核心专业课程群

5.2.2 工程造价专业教学进程安排

按照课程体系的要求，工程造价专业的理论课教学进程安排和实践环节教学进程安排分别见表5-9和表5-10（各高校可根据自身情况对教学进程安排进行适当调整）。

表5-9 工程造价专业的理论课教学进程安排表（四年制理工类）

学年	学期	课程性质		课程名称
第一学年	一	必修课	公共基础课	思想道德修养与法律基础、形势与政策、体育、大学英语、高等数学、计算机应用基础、军事理论、职业发展与就业指导
			专业基础课	工程造价（专业）概论、工程制图与识图
	二	必修课	公共基础课	中国近代史纲要、体育、大学英语、高等数学、C语言、大学物理、大学生创新创业指导
第二学年	三	必修课	公共基础课	马克思主义基本原理、体育、大学英语、大学物理实验、线性代数、职业发展与就业指导、大学生创新创业指导
			专业基础课	房屋建筑学、工程力学、工程测量、经济学概论
	四	必修课	公共基础课	体育、大学英语、概率论与数理统计
			专业基础课	工程力学、工程材料、工程结构
		选修课	任意选修课	会计学基础、管理学原理

（续）

学年	学期	课程性质		课程名称
第三学年	五	必修课	专业基础课	工程定额原理、建筑设备、工程经济学、土力学及地基基础、城市规划原理、土木工程施工
		选修课	专业选修课	系统工程、应用统计学、安装工程技术、建筑法规、房地产开发与经营
	六	必修课	公共基础课	毛泽东思想概论、邓小平理论与“三个代表”重要思想概论、职业发展与就业指导
			专业必修课	工程项目管理、建筑工程计量与计价、安装工程计量与计价、工程招标投标及合同管理
		选修课	专业选修课	工程项目咨询、国际工程管理导论、专业外语、财政与金融、运筹学、物业管理、管理信息系统
第四学年	七	必修课	公共基础课	毛泽东思想概论、邓小平理论与“三个代表”重要思想概论、大学生创新创业指导
			专业必修课	工程造价管理、计算机辅助设计、工程计量与计价软件、工程管理类软件
		选修课	专业选修课	工程监理概论、国际工程承包、企业财务管理、建筑市场、工程项目融资、房地产评估、工程索赔与风险管理

表 5-10 工程造价专业的实践环节教学进程安排表（四年制理工类）

	学期	实践环节内容	时间
实践教学环节安排	第一学期	入学教育	0.5 周
		军训	3 周
		军事理论	36 学时
		认识实习	0.5 周
		身心健康素质教育	16 学时
	第二学期	形势与政策	32 学时
		科学文化素质教育	16 学时
		思想道德素质教育	16 学时
	第三学期	工程测量实习	1 周
	第四学期	房屋建筑学课程设计	1 周
	第五学期	混凝土与砌体结构	2 周
		工程经济学课程设计	1 周
		土木工程施工课程设计	1 周
	第六学期	生产实习	4 周
		工程计量与计价课程设计	1 周
		招标投标及合同管理课程设计	1 周
	第七学期	工程项目管理课程设计	1 周
		工程造价管理课程设计	1 周
		大学生创新创业素质教育	16 学时
	第八学期	毕业教育	0.5 周
		毕业实习	4 周
		毕业设计（论文）	14 周

5.2.3　工程造价专业教学环节与教学方法

教学环节和教学方法取决于教学任务和内容，为完成教学任务和内容服务。我国高校工程造价专业的基本教学环节和教学方法如下所述。

1. 课堂教学环节

课堂教学是按照各门课程教学大纲规定的内容和体系，有固定的时间表，面向编成固定人数的班级集体，在课堂内进行，可综合运用多种教学的方法。

1）课堂讲授。通过教师的讲授，使学生系统地、集中地学到科学文化知识；同时，教师讲授时的思想、感情、作风和教学方法都会深深地影响学生。课堂讲授可利用多媒体辅助进行，利用PPT、视频、微课等直观展示。

2）翻转课堂式教学。学生利用课余时间完成知识的学习，在课堂上教师与学生之间及学生与学生之间互动，包括答疑解惑、知识的运用等，让学生成为课堂的主角，从而达到更好的教育效果。

3）课堂讨论。以自学和思考问题为讨论的基础，在情景或案例中进行积极的思维活动，以讨论的形式加深对问题的理解；促进学生的自主学习，锻炼学生分析问题和口头表达观点的能力，培养学生的发散性思维。

4）习题课。在课堂进行习题演算，进行师生交流。

5）辅导。由教师答疑或质疑，帮助学生理解教学内容。

2. 实践教学环节

实践教学环节是巩固、深化专业理论知识的过程，是培养学生理论联系实际能力的根本途径，可综合采用实验、实习、设计和社会实践等多种形式。

（1）实验　通过实验室作业使学生弄懂科学原理、掌握实验技术，学会把知识转变成验证理论和用实验解决实际问题的手段。学生要根据教学要求制订实验方案、准备、实验条件、进行实验、观察实验现象、取得和分析处理实验数据、得出实验结论、写出实验报告。工程造价专业主要的实验有计算机及信息技术应用基础实验，工程材料实验、工程力学实验等专业基础实验，工程计价及造价管理软件应用实验、工程管理类软件应用实验等专业实验，以及针对专业知识开设研究性实验。

（2）实习　实习是把学到的理论知识在实际工作中去应用和检验，以锻炼工作能力。

1）认识实习。按工程造价专业知识的相关要求安排学生到生产现场系统地了解生产过程或实际产品。

2）课程实习。通过学生自己实际操作练习完成所属课程规定的教学要求，包括工程测量实习、工程现场实习以及其他与专业有关的课程实习。

3）生产实习。在生产现场以技术员、管理员等身份直接参与生产过程，使所学专业知识能与生产实际结合起来。贯彻理论联系实际的原则，使学生学到实际的生产技术和管理知识；同时，通过生产实习又可以对学生的专业知识、技能的实际水平，为社会主义建设服务的专业思想以及劳动纪律与职业道德进行综合性的社会检验。

4）毕业实习。到生产现场或技术科室收集各种资料数据，为毕业设计做准备。毕业实习一般在学生毕业之前进行，且通常同毕业论文或者毕业设计结合起来，是一个综合性的实习，是对学生综合能力的一种锻炼和培养。

（3）设计 **设计**是根据一定要求，对某项工作预先制定图纸或方案。

1）课程设计。针对某一课堂，综合运用本课程的理论和方法，制订出解决该问题的方案、图示、说明。通过设计作业使学生面对模拟或实际的社会需求，运用所学的科技知识，提出自己的技术设想和可实施的方案、图示和说明，在较大程度上培养学生的自学、解决问题、组织和创新能力。工程造价专业主要的课程设计有房屋建筑学、工程经济学、混凝土与砌体结构、钢结构及组合结构、土木工程施工、项目管理、工程计量与计价、工程造价管理等课程设计。

2）毕业设计。针对某一实际工程项目，综合运用本专业已学的理论知识和技术手段，完成其建筑、结构、安装等施工图设计，然后以自己的项目设计为背景，编制招标文件、评标办法，进而对此招标项目编制投标文件（包括技术标和商务标），最后对自己所做的设计做出评判。

（4）社会实践 根据学校和教学的需求可合理安排其他社会实践，如公益劳动、军事训练、社会调查。

1）公益劳动。参加校内或校外的劳动，如改善校内环境、参加社区服务等，以树立劳动观念。

2）军事训练。实施军事教育和训练，以增强国防观念、加强组织纪律。

3）社会调查。进行调查研究，写调查报告，培养分析社会现象的能力。

3. 创新训练环节

工程造价专业人才的培养应体现**知识**、**能力**、**素质**协调发展的原则，应特别强调大学生创新思维、创新方法和创新能力的培养。大学生创新训练与初步科研能力培养应在整个教学和管理相关工作中贯彻和实施，要注重以知识体系为载体，在课堂教学中进行创新训练；应以实践体系为载体，在实验、实习和设计中进行创新训练；选择合适的知识单元和实践环节，提出创新思维、创新方法、创新能力的训练目标，构建和实施创新训练单元。提倡和鼓励学生参加创新活动，如国家大学生创新创业训练计划、学校大学生科研训练计划、工程计量与计价大赛、BIM 大赛等大学生创新实践训练等。

高等学校可开设创新训练的专门课程，如创新思维和创新方法、工程造价管理研究方法、大学生创新性实验等。

4. 课外教育及自学环节

课外教育活动是针对工程造价本科专业知识体系中的综合教育内容，各高等院校可根据自身实际情况通过有效的课外教学形式（如第二课堂）组织进行。在网络高速发展的今天，现代化的教学手段也为师生提供了一个快速交流与探讨的平台。教师可在课后充分利用校园网络资源，实现与学生的信息共享、网上答疑、快速交流，及时掌握学生学习情况。自学是指教师不进行课堂讲授，只提出学习要求、布置作业，进行答疑、质疑，组织讨论，学生根据规定的要求和作业进行自学和练习。现代发达的网络信息给自学提供了有利条件，如**中国大学 MOOC**、**学堂在线**等。

5. 考核环节

考核环节既检查学生的学业成绩，又检查教师的教学效果，一般包括：

1）考试。包括期中、期末考试，方法有口试、开卷考试、闭卷考试、操作考试等。

2）考查。包括日常考查和总结性考查，方式有书面作业、书面总结、口头提问、书面测验、检查实践性作业等。

5.3　专业课程设置与主要课程介绍

5.3.1　技术类课程群

工程造价专业研究的对象主要是建筑产品的开发和生产。从项目投资决策、设计到施工生产无不涉及技术问题。生产要素的优化配置首先是技术的优化配置，并且是针对每个具体项目（产品）来实现的，因此，管理者的技术素质是很重要的。

工程造价专业技术类课程群的核心课程主要有：工程制图与识图、土木工程材料、工程力学（或建筑力学）、工程结构、土木工程施工、房屋建筑学、城市规划原理等。

1. 工程制图与识图

图形与文字、声音等一样是承载信息进行交流的重要媒体。以图形为主的工程设计图是工程设计、施工过程中用来表达设计思想的主要工具，也是工程技术部门交流技术经验的重要资料，被称为“工程界的语言”。“工程制图与识图”是工程造价专业的一门既有理论又有实践的公共基础课，它主要研究绘制和阅读工程图和解决空间几何问题的理论和方法，为培养学生的制图技能和空间想象能力打下必要的基础。同时，它又是学生学习后续课程和完成课程设计、毕业设计不可或缺的基础。

2. 土木工程材料

土木工程材料是土木建筑的基本组成材料，其质量、性能的好坏，直接影响建筑物或构筑物的质量和安全。新材料的出现，可以促使建筑形式的变化、结构设计和施工技术的革新。

“土木工程材料”是工程造价专业的专业基础课。该课程主要介绍土木工程材料的发展过程与发展趋势，土木工程材料的标准化，土木工程材料的分类、基本性质，气硬性胶凝材料、水泥、建筑砂浆、混凝土、烧结砖、建筑钢材、沥青材料、木材、建筑塑料及其他工程材料的技术性能、分类、作用机理等内容。通过该课程的学习，使学生掌握主要土木工程材料的基本知识和基本理论，并针对不同工程能合理地选择材料和正确使用材料，以及熟悉材料性质与设计参数、施工措施的相互关系。

3. 工程力学

“工程力学（或建筑力学）”课程包含理论力学（静力学部分）、材料力学和结构力学三部分内容。它主要研究物体平衡、运动的一般规律及构件强度和变形问题，涉及广泛的科学技术学科，是学生必备的理论知识和科学素养。它以高等数学、线性代数为基础。

通过该课程的学习，使学生能够较系统地掌握力的平衡、应力、变形和破坏的基本规律及其研究方法，掌握有关杆件平衡、强度刚度稳定性问题的基本概念和必要的基本知识及初步的计算能力，为正确评价工程地质条件及分析工程土、岩体的稳定性，提供初步的力学原理和方法。同时，还可培养学生分析和解决一些简单工程实际问题的能力，也是学习有关后继课程和从事专业技术工作的基础。

4. 工程结构

“工程结构”这门课程主要介绍混凝土结构、砌体结构以及钢结构的一般概念及特点，混凝土结构、砌体结构的发展简况及其应用，钢筋混凝土材料的力学性能，混凝土结构的基本设计原则，轴心受力构件、受弯构件正截面、受弯构件斜截面、偏心受力构件的承载力计算，混凝土构件的变形及裂缝宽度验算、预应力混凝土构件计算，砌体结构设计、单层厂房结构设计、混凝土多高层房屋结构设计等内容。

通过该课程的学习，使学生掌握工程结构的基本理论和实用设计方法，具备根据建筑（土木）工程项目的特点、性质、功能和业主的要求正确、合理地进行工程结构设计的基本能力。

5. 土木工程施工

“土木工程施工”这门课程是通过教学，使学生掌握土木工程施工技术和施工组织的一般规律，掌握土木工程中主要工种工程的施工技术和施工工艺原理、方法，掌握土木工程施工的科学组织与管理、控制的模式、方法和手段；了解土木工程施工中的新技术、新材料、新工艺的发展和应用；具备发现并有效处理土木工程施工过程中的一般性技术问题的基本能力；具备科学、合理地组织、管理土木工程施工的基本能力；具备根据土木工程项目的主客观实际情况优选施工方案、施工方法及编制施工组织设计、施工进度计划的基本能力和有效组织、管理建筑施工安全生产的基本能力。

6. 房屋建筑学

“房屋建筑学”是建筑类专业的入门课程，是贯穿专业学习整个过程的重要课程。主要介绍建筑构造概论、基础和地下室、墙体、楼板与地面、楼梯与电梯、屋顶、门和窗、建筑设计概述、民用建筑设计原理、住宅建筑设计、工业建筑设计原理等内容。

通过该课程的学习，使学生掌握建筑设计程序、建筑设计的基本原理与基本方法、建筑构造原理和建筑各组成部分构成的基础知识，具备进行一般民用房屋建筑设计的基本能力。同时，应结合工程管理专业的特点和培养要求，将建筑设计、建筑构造的基本原理、方法及应用与建筑设计活动的经济效益和建筑可持续发展有机结合起来，培养学生从更高的层次上对建筑设计活动进行管理、控制的基本能力。

7. 城市规划原理

“城市规划原理”课程主要阐述城市的产生和发展及城市规划学科的发展，城市规划的工作内容和方法。主要包括城市规划的任务、城市规划的工作内容和特点、城市规划工作的步骤与阶段划分、城市性质与类型、城市人口及城市用地问题、城市的组成要素及其用地规划、城市总体布局、城市规划中的工程规划和城市规划中的技术经济分析、居住区规划和城市公共活动中心建筑群规划、城市规划实施中的有关问题等内容。

通过该课程的学习，使学生初步掌握城市规划的基本原理与方法，熟悉城市规划的基本程序，了解城市规划在城市经济建设和社会发展过程及工程建设项目建设过程中的地位和作用，了解城市规划与工程建设项目之间的关系；具备城市规划的基本知识，具备分析与解决城市、城镇和居住小区规划相关问题的基本思路和进行居住小区规划的基本能力。

5.3.2 管理类课程群

工程造价专业管理类课程群的核心课程主要有：工程造价（专业）概论、管理学原理、工程项目管理、工程造价管理、运筹学、工程定额原理、工程计量与计价等。这些课程所涉及的理论和技术方法构成了管理类知识“骨架”，是从事工程管理的人员必须学习和熟练掌握的知识和技能，也是工程造价行业的核心控制要素。

1. 工程造价（专业）概论

“工程造价（专业）概论”是为工程造价专业新生讲授的一门专业基础课程，通过该课程的学习，使学生了解工程造价的概念、种类、作用和工程造价的计价特点，能正确理解工程造价与工程项目投资、工程造价与工程产品价格的关系，理解支配工程造价运动的经济规律和工程造价的发展以及管理模式的现状、作用、今后改革的方向等，使学生一进校就了解工程造价专业的广阔领域，获得大量的信息及研究动向，从而产生强烈的求知欲，建立献身工程造价事业的信心，自觉地、生动活泼地学习。

2. 管理学原理

“管理学原理”课程主要介绍管理及其职能，管理的作用和地位，管理研究的对象和方法，管理理论及其发展，企业管理的概念，企业理论及其研究进展，企业理论对管理研究的启示，战略管理理论、决策理论、计划与控制理论、组织理论、领导理论、管理行为等内容。

通过该课程的学习，使学生熟悉管理活动的一般规律、基本原理和方法，了解人类管理思想的演进历史和发展动态，掌握从事各种管理活动所必备的理论基础和基本知识，初步具备运用管理的基本原理和方法有效进行工程建设项目全过程管理的综合能力和基本技巧。

3. 运筹学

“运筹学”是一门广泛应用了现有的科学技术知识和数学工具，以定性与定量相结合的方法研究和解决管理、经济和工程技术中提出的实际问题，为决策者进行最优决策提供定量依据的一门决策科学。运筹学的理论内容丰富，它的时间背景和应用范围涉及工业、农业、军事、经济管理科学、计算机科学等领域，具有鲜明的实践性和经济性，许多问题的解决更加丰富了数学理论和方法，甚至产生了应用数学的多个新的分支。

通过该课程的学习，使学生树立系统优化的观点，具备系统优化分析的基本能力，掌握常用的系统优化方法，具备对工程管理有关问题进行定量优化分析的基本能力。

4. 工程定额原理

“工程定额原理”课程以工程定额原理为主线，全面系统地阐述了工程定额体系的基本概念、分类、性质、作用、原则、水平、依据、内容、程序和使用方法等基本理论，着重介绍基础定额、企业定额、施工定额、工程单价、单位估价表、建设费用、工期定额等原理和使用。

通过该课程的学习，使学生全面、系统地掌握建筑工程定额基础理论知识和定额编制原理与方法，为学习工程计量与计价奠定基础。

5. 工程计量与计价

“工程计量与计价”是技术性、专业性、政策性和综合性均很强的专业课程，常包括建筑工程计量与计价和安装工程计量与计价等，它主要探讨工程量计算规则与方法，工程计价原理与方法，并在此基础上，加强建筑企业管理和经济核算，力求用最少的人力、物力和财力，生产出更好的建筑产品。包括建筑工程计量与计价和安装工程计量与计价等，在学习过程中要理论联系实际，综合运用基础理论，并通过实训、实践等环节，培养解决实际问题的能力。由于本课程教学内容具有很强的地区性和政策性，学生在学习中必须注意地区特点，结合本地区的有关规定和费用、价格文件来学习。通过该课程的学习，使学生能够正确编制单位工程施工图预算，正确编制单位工程竣工结算，编制单位工程商务标文件，会工程计量与计价工作。

6. 工程项目管理

“工程项目管理”课程的主要任务是研究工程项目管理理论和管理方法，其研究范围涵盖工程项目投资前期、投资建设期直至项目投产的整个过程。研究内容包括决策、计划、组织、指挥、控制及协调的理论、方法与手段。研究目的是使工程项目管理在投资、工期、质量三大目标及其他方面均取得最佳效果，尽快发挥效益、最终收回投资，并达到投资增值的目的。

通过该课程的学习，使学生掌握工程建设活动中工程项目管理的原理、方法及应用实践，具备根据工程建设项目的特点、要求，合理选择和正确使用管理方法的基本能力。

7. 工程造价管理

“工程造价管理”是一门包括科学管理和建筑技术在内的综合性管理学科，是在学完“工程结构”“土木工程施工”“工程计量与计价”等课程的基础上，探讨在投资决策阶段、设计阶段、招标投标阶段、施工阶段等全过程造价控制，实现工程造价管理的主要目标，以获取工程项目最大投资效益。这是工程造价专业的一门专业必修课程。

通过该课程的学习，使学生掌握我国现行工程造价的构成，掌握工程建设不同阶段的工程造价的确定与控制方法，具备全过程工程造价管理的能力。

5.3.3 经济类课程群

工程造价专业的经济类课程群的核心课程主要有：经济学概论、工程经济学、会计学基础、房地产估价、财政与金融等。通过这些课程的学习可以使学生对工程造价行业所需的经济学知识有较为全面、深入的认识和了解，能够利用所学的经济学知识和技术方法分析、处理工程管理中的经济问题。

1. 经济学概论

“经济学概论”是工程造价专业的专业基础课程。该课程主要介绍稀缺性、选择性、机会成本、资源配置及经济学等概念，经济学的十大原理，两个基本的经济模型和资源配置与利用中的基本问题及解决方式，经济学的基本内容（经济学研究的两个层面——微观经济学和宏观经济学），需求、供给与均衡价格，消费者行为分析，厂商理论、市场理论，竞争与垄断及厂商行为，要素收入理论，国民生产总值、总需求和总供给、凯恩斯的国民收入决定理论，失业和通货膨胀，经济周期与经济增长等内容。

通过该课程的学习，使学生全面系统地掌握经济学的基本概念、基本思想、基本分析方法及基本观点，能够建立起经济学的基本思维框架，正确领会和理解经济运行的逻辑关系和基本规律，具备对经济问题和经济现象进行简单分析的能力。

2. 工程经济学

“工程经济学”课程是介于自然和社会科学之间的边缘性科学，是利用经济学的理论和方法，研究如何有效利用资源、提高经济效益，使生产和建设活动中的技术因素和经济因素实现最佳结合的一门课程。它属于应用经济学的一个分支，是工程造价专业的一门专业基础课。该课程主要介绍工程技术在实际应用中的两重性以及工程技术与经济的关系、货币等值计算、投资方案的评价判据、折旧与企业所得税、工程方案的比较和选择、建设工程项目投资的财务分析、公共项目的经济分析、不确定性分析与风险分析、价值工程等内容。

通过该课程的学习，使学生掌握工程经济学的基本理论、基本方法和基本技能及其在项目前期决策中的应用，并对项目经济评价指标和方法、财务分析、不确定性分析与风险分析、公共项目分析、价值工程等内容有一个系统的把握，培养学生进行工程经济分析的能力。

3. 会计学基础

“会计学基础”课程遵循我国现行的会计法规体系，以实务为重点，分别从项目业主和承包商两个角度来阐述会计基础知识、会计基本技术和方法。该课程主要介绍会计的概念、对象、职能和目标，会计的组成和会计的方法，会计核算的基本前提条件和会计核算的一般原则，会计科目及账户、复式记账的原理，权责发生制和账项调整，账户的分类、会计凭证、会计循环与会计核算组织程序，会计报表等内容。

通过该课程的学习，使学生掌握会计基本理论、基本核算模式，具备进行工程管理过程中相关会计核算和解决相关会计问题的基本能力。该课程的实践环节主要包括结合工程管理相关会计业务实务介绍其会计核算方法，并结合有关软件使用安排学生上机实习。

4. 房地产估价

“房地产估价”是集经济学和工程技术知识于一体的一门专业课程，具有较强的理论性和应用性。它主要介绍房地产的基本概念及房地产价格的特征，房地产估价的理论基础，影响房地产价格的内部、外部因素，房地产估价的基本原则和程序，房地产估价的几种方法及其应用，房地产升值的概念，国内外房地产估价制度，房地产估价信息系统等内容。

通过该课程的学习，使学生掌握房地产价格评估的基本理论和方法，理解房地产价格评估的原则和程序，熟悉和正确运用市场比较法、收益法、成本法等房地产评估的基本方法，能独立运用所学的知识对具体的估价对象进行简单的评估工作。

5. 财政与金融

“财政与金融”课程以马克思主义基本原理为指导，系统地阐述了财政与金融的基本理论及其运动规律，客观地介绍了国际财政理论和金融理论的最新研究成果和实务运作机制的最新发展。立足中国实际，努力反映财政与金融体制改革的实践进展和理论研究成果，实事求是地探讨社会主义市场经济中的财政与金融问题。

通过该课程的学习，使学生对财政和金融方面的基本理论有较全面的理解和较深刻的认识，较系统地掌握财政和金融方面的基本范畴；使学生掌握观察和分析财政和金融问题的正确方法，培养辨析财政和金融理论及解决财政和金融实际问题的能力；提高学生在社会科学方面的素养，为进一步学习其他专业课程打下必要的基础。

5.3.4 法律类课程群

工程造价专业的法律类课程群由三门主干课程构成，分别是建设法规、国际工程承包、工程招标投标及合同管理。这三门课程囊括了工程造价涉及的主要法律法规内容，能够为工程造价从业人员正确处理工作中的法律法规问题提供帮助。

1. 建设法规

“建设法规”是建筑类各相关专业学习法律法规的选修课程。该课程以市场经济法规为基础，以《中华人民共和国建筑法》《中华人民共和国合同法》《中华人民共和国招标投标法》《建筑工程质量管理条例》《建筑工程安全生产管理条例》以及有关建筑规章、规定、办法作为主要研究对象。通过对建设项目的程序和管理、建筑工程许可、建筑工程发包与承包、建筑工程招标与投标、建设工程合同、建设工程监理、建筑工程质量和安全生产管理、建筑装饰装修、建筑法律责任等相关法律法规的学习，从而达到掌握建设法规、遵守建设法规、应用建设法规的目的。

通过该课程的学习，使学生能够了解和掌握建设法规的基本概念、基础知识和基本理论，熟悉有关建筑企业及建筑施工的法律、法规，提高依法建设的自觉性，达到能够运用所学建设法规的知识分析和解决实际问题的目的。

2. 国际工程承包

随着社会需求和科学技术的进步，当代的建筑业已成为社会的一个独立生产部门，同时它也是国际经济合作的一个重要领域。“国际工程承包”课程是研究国际工程承包、国际工程投标、国际工程管理等的学科，主要介绍国际工程建设基本程序，国际工程招标方式、程序、招标文件，投标程序、投标报价编制和投标报价的决策，以及国际工程承包概念、分类、特点、内容和条款以及合同的履行等，国际工程项目融资主要内容、融资风险、保证和抵押等，以及国际工程风险分类、风险防范与对策、风险利用、风险转移等内容。

通过该课程的学习，使学生能根据专业培养目标的要求，了解和掌握国际工程招标投标、国际工程承包合同、国际工程（风险）管理等内容，培养学生国际工程管理的认识和能力，为今后工作创造条件。

3. 工程招标投标及合同管理

工程招标投标是将各个建筑市场主体联系在一起的主要途径，是形成工程造价专业课程之间有机联系的纽带。从理论的角度来看，该课程揭示了建筑市场的一般规律，建筑市场主体的权利、义务关系及其内在联系，是学生从整体上把握建筑业及其建筑市场发展规律的基础。从知识的角度来看，该课程具有将相关知识联系在一起的特殊作用。如认识建筑市场的发展规律，需用到经济学方面的知识；编制施工方案，需用到工程技术基础知识；编制报价书，需用到工程造价方面的知识；工程承包合同，又是后续工程质量管理、工程进度控制、工程安全管理、工程成本管理等工程项目管理内容的基础。从能力培养的角度来看，对于工程造价专业的学生，不但要有坚实的理论基础，而且要有较强的动手能力。

通过该课程的学习，使学生了解建筑法、工程招标投标法，了解建设市场的作用与职能，掌握工程招标、投标、报价、索赔等基本概念、原理与方法，掌握工程招标与投标的基本程序与内容，熟悉施工合同、合同管理的内容及方法，掌握工程投标报价技巧及索赔理论与方法，基本具备直接参与招标投标的能力，培养学生的法律意识、合同意识、合同管理能力和参与工程招标投标的竞争能力。

5.3.5 软件类课程群

1. 工程计量与计价软件应用

“工程计量与计价软件应用”是工程造价专业的一门专业课程，是工程造价工作计算机化的体现，同时它也是以后造价工作发展的趋势。

工程计量与计价的工作量大、功效低，而且易出差错，随着工程计价软件的开发与应用，计量与计价的速度快、计算准确、修改方便。掌握工程计量与计价软件的使用已成为造价专业人才必备的职业技能。将该领域较先进的计量与计价软件的应用部分纳入教学内容，突出工程造价专业素质和工程造价电算化技术应用能力的培养，强化电算化技能训练，使学生具备良好的工程计量与计价软件操作技能。

通过该课程的学习，能够使学生熟悉掌握算量软件和工程计价软件的基本功能，掌握计量软件的操作流程和方法，能够利用软件编制工程量清单，掌握计价软件的操作流程和方法，能够应用编制招标控制价及投标报价，实现学生能力与就业单位需求的“无缝对接”。

2. 工程管理软件应用（含 BIM）

“工程管理类软件应用（含 BIM）”是工程造价专业的一门专业课。通过先进工程管理类软件的应用，可以提高建设工程项目的经济效益和社会效益，实现业主方投资控制、施工方成本控制、进度控制和合同管理等信息化管理的功能。拥有专业的信息化人才是信息化管理工作的基础，为了使学生能够更好地执业，学校积极开展工程管理类软件的学习，培养建筑工程管理信息化人才，使其专业水平得到有效提升。

通过该课程的学习，使学生了解项目管理的基本概念及思想方法，掌握应用项目管理软件进行项目管理的基本技能，培养学生综合运用项目管理软件的能力。通过系统学习，使学生能够熟练运用软件进行实际项目的各类管理工作。

本章小结

高等教育对比普通教育，在教育性质和学制、社会职能、管理体制、教育方式、课程设置、教师作用、教育设施及环境方面具有不同的特点。作为高等教育的对象——大学生，他们在认知方面、情感方面、意志方面、个性方面也有着自己的特征。

高等教育目标是指高等教育所要培养的高级专门人才所要达到的质量要求和专业规格。高等教育培养目标是教育目标在高等教育阶段的特殊而具体的体现，它是一个总目标。要使高等教育总目标得以实现，要设置各层次、各类型的高等学校以及不同的专业，还必须制订本层次、本类型以及本专业的培养目标。

高等教育制度是关于高等教育性质、范围、机构、活动方式、培养目标和运行原则的规定。其基本内容包括高等教育管理体制、高等学校教育的学历制度、高等学校教育的学位制度等。

一个专业所设置的课程相互间的分工和配合，构成了课程体系。实现专业的培养目标，是靠全部开设课程的协调和补充。课程体系是否合理，直接关系到所培养人才的质量。

在工程造价专业人才的培养上，强调要兼具工程技术类、管理类、经济类、法律类和计算机及信息类知识。因此，在工程造价专业课程体系的设置上提出了课程体系由技术类、管理类、经济类、法律类和软件类课程群，并采用“公共基础课 + 学科课程群 + 实践教学”的专业结构课程体系。各高等学校应根据自身优势与条件构建具有特色的工程造价专业课程体系。

【关键概念】　高等教育目标、高等教育制度、课程体系、高等教育管理制度、学历、学历证书制度、学位制度、课程群、课堂教学环节、实践教学环节

习　题

5.1　大学生在__________、__________、__________、__________有着自己的特征。

5.2 高等教育制度的基本内容包括________、________、________。

5.3 高等教育的基本层次有________、________、________。

5.4 安排到生产现场系统地了解生产过程或实际产品是（　　）。

A. 课程实习　B. 生产实习　C. 认识实习　D. 毕业实习

5.5 工程造价专业知识体系中公共基础知识包含哪些？（　　）

A. 人文社会科学基础知识　B. 自然科学基础知识　C. 工具性知识

D. 选修知识　E. 专业知识

5.6 工程造价专业课程体系中核心专业知识的学科课程群包含（　　）。

A. 技术类　B. 经济类　C. 管理类

D. 软件类　E. 法律类

5.7 高等教育和普通教育有哪些区别？

5.8 简述高等教育的基本层次划分及各层次的培养目标。

5.9 我国高等教育，按学科划分可以分为哪些学科？对学科进行划分的意义何在？

5.10 简述技术类、管理类、经济类、法律类及软件类课程群在课程体系中的作用和内容。

5.11 课堂教学环节有哪些内容？实践教学环节有哪些内容？

第 6 章 大学学习原理与专业学习方法

学习要点 本章主要介绍大学的学习原理和专业学习方法。通过本章的学习，要求了解学习的概念、属性、特点和作用；掌握理工科大学生的学习任务及应具备的学习观；了解大学生学习过程的基本阶段以及各个基本阶段之间的关系；了解大学生学习过程的基本层次；掌握学习的客观规律及基本原则；掌握工程造价专业的具体学习方法及综合技能的培养方法。

6.1 大学学习原理

6.1.1 学习的概念和作用

1. 学习的概念

孔子曰："学而时习之，不亦说乎"。一般意义上的学习是指人们为了满足自身发展和社会发展的需要，通过教育和自我教育积累知识、掌握技能、提升素质的活动与过程。由不会到会谓之"学"，它强调仿效和继承；由不熟到熟谓之"习"，它强调演练和实践。

在心理学上，学习是指因经验而引起的倾向或能力相对持久的变化过程，它不仅与感知觉、注意、记忆、思维等认知过程直接相联系，还涉及人的情绪、动机、个性和社会化等问题。它可具体理解为"人在一定的环境中，对某些具体的经验、知识和技能的获得，引起智力的发展、能力的提高、情感意志行为的变化过程"。把"学习"二字用在教育上，则意味着通过模仿、读书、听课、研究、参加实际工作等获得知识和技能，并且要反复巩固所获得的东西以便真正掌握它。

2. 学习的属性和特点

（1）学习的属性　根据上述理解，学习有以下属性：①学习由学习的主体（即人）和学习的客体（即学习对象）两个方面组成；②学习是在一定环境中进行的，是主体、客体和环境相互作用的过程；③学习主体通过学习所产生的某些变化，在时间上是相对持久的。

（2）学习的特点　学生的学习除上述属性外，还具有以下特点：

1）目的性。为满足社会发展需要和自身发展需要而学习。

2）间接性。在学校里，学生主要通过书本接受前人积累下来的知识和技能，而不是主要通过直接的实践活动获得知识和技能。

3）系统性。按照学校制订的人才培养方案系统地进行学习。

4）集中性。学生在校的时间基本上都要集中到与学习有关的活动上。

5）指导性。学生是在教师指导下学习的，即使强调大学生应做到自主性学习，这种自主性学习也应该在教师指导下进行。

3. 学习的作用

学习，是联系主客观世界的一种活动，是把社会和个人联系起来的纽带。学习的作用有以下几点：

1）学习是促进学生自身全面发展的动力。学生德、智、体各方面的发展都与学习紧密相连。只有勤奋学习，才能促进大脑和智力的发展，并利用它们去吸收人类创造的知识和技能；只有用人类创造的知识和技能来充实自己，才具备全面发展自己的能力。

2）学习是学生形成个性特征的基础。学生的个性包括：①心理活动的特征，指气质；②行为方面的特征，指性格；③活动倾向的特征，指兴趣和理想；④具备知识技能的特征，指特长；⑤完成活动潜能的特征，指能力。

3）学习是学生继承人类精神文明精华的捷径。人类的精神文明在很大程度上靠在校学习的青年一代来传承。正确对待在校的学习时光，使自己在一生最美好的青年时期，以最充沛的精力，把人类千百年积累的精神文明中的精华学到手，才能对今后的社会发展做出应有的贡献。

4）学习是学生具备创新精神和创新能力的基石。创新是事业开拓进取的灵魂，是国家兴旺发达的动力，也是社会发展进步的标志。作为理工科大学生，今后在事业中要有所发现、有所创造，依赖于广阔的思路和丰富的想象力。

6.1.2 理工科大学生的学习任务

大学生是一个充满生机和活力的群体，是民族和国家未来的希望。理工科大学生的学习任务不仅仅局限于获得科学、技术和文化方面的知识及技能，还应该包括以下五个方面：

1）实现德、智、体、美及个性特征的全面发展。

2）扎实地学习基础理论知识，刻苦钻研专业相关工程技术知识，广泛地学习科学文化知识。

3）积极参加各种科学实践、工程实践和社会实践活动，如实验、设计、劳动操作、社会调查等，勇于探索实践中的未知领域。

4）培养良好的道德情操（社会主义荣辱观、工程师的职业道德观）、科学的世界观、高级的情感（爱国感、责任感、美感等）、严谨的学风、坚实的工程意识、健全的心理和体魄，以及为实现“中国梦”而努力奉献的坚定意志。

5）在学习知识和实践训练中发展智力、培养能力、掌握技能，提高综合创新能力。

这五个方面的学习任务包含了理工科大学生培养目标的三个侧面：知识能力方面的目标、情感方面的目标和意志方面的目标。高等学校要为实现这三个培养目标制定最好的教育制度，创造良好的教育环境；高等学校的教师则要为学生完成这些学习任务组织最佳的教学过程，提供最佳的知识技能结构。

6.1.3 理工科大学生应具备的学习观

在明确了学习任务后，理工科大学生还要对应具备的学习观有一个总体认识。包括以下几点。

（1）智力是学习的基础 学生的学习水平和认识事物的智力密切相关，而智力是人认识事物形成各种能力的总和。这些能力包括：

1）**观察力**：指直接、全面、深入、准确认识事物的心理过程，它是智力的门户。理工科大学生在学习期间对知识技能的钻研、毕业后对社会的认识与融入，以及对事业的发展、创新等，都首先以敏锐深刻的观察力为基础。

2）**记忆力**：指识别、联系、储存、再现事物的心理过程。它是智力的仓库，对理工科大学生尤其重要。因为工程是一个综合决断的过程，要随时识别对比和联系兼容科技、经济、政策、社会、人文的各个方面，就需要具有良好的记忆力。

3）**想象力**：指在直觉、感性、形象认识事物基础上构成新形象的心理过程，它是智力的翅膀。理工科大学生负有在社会建设和科技进步中开拓创新的重任，没有丰富的想象力是难以高质量完成任务的。

4）**思维力**：指人脑对事物进行分析与综合、抽象与概括、判断与推理的心理过程，它是智力的核心。理工科大学生必须发展自己的逻辑思维、辩证思维和创新思维，才能在错综复杂的社会形态和与时俱进的科技发展中找到自己前进的方向。

大学生的智力水平，不是这些“力”的简单相加，而是它们的有机结合。

（2）以养成高质量的素质为学习目标　理工科大学生的人才素质要求见表6-1。

表6-1　理工科大学生的人才素质要求

素质方面	在素质中的地位	素质的主要内涵
品德（思想、政治、道德品质）	方向	世界观、人生观、价值观，个人与自然、社会、他人的关系，政治信仰和信念，对事物的情感和责任心
学识（科学、技术、文化）	根本	对知识的深刻理解——学问，对事物的洞察见解——见识，宽广的知识面，不断追求新知，严谨、勤奋、求实、创新的学风
才能（信息、应用、心智、组织）	核心	娴熟的写、说、算、绘、计算机应用、实验技能，很强的自主性学习、获得信息的技能，成熟地提出问题、分析问题、解决问题的能力，敢于实践、勇于创新，具有创造的能力，宣传群众、组织群众，处理好公共关系的能力
身心（体质、心理、意志、精神）	基础	健康的体魄，稳定的心理，坚毅的意志，活泼的精神，良好的学风，清雅的气质

（3）以建立自主性学习机制为学习模式　根据大学生的知、情、意、行水平，他们有条件在教师的指导下发挥自己的学习主动性，把自己调整到学习的最佳状态。自主性学习不仅是“自学”，它包括：①**自我识别**，即在经常解剖、鉴别自己学习状态的基础上，建立学习目标；②**自我选择**，即在完成教学计划规定的基本学习任务的基础上，有选择地扩充知识技能；③**自我培养**，即“自学”，包括端正动机、充实内容、改进方法、提高效率等方面；④**自我评价**，即对自己的学习目标、过程、方法、效果、态度等方面进行判断和评价；⑤**自我调整**，即在自我评价的基础上，调整自己的学习目标、内容、方法和心态。

（4）以严谨、勤奋的学风为学习风格　学风，即长期在学习实践中形成的在治学方面的综合特征。通常包括：①**勤奋进取的精神**；②**严谨求实的态度**；③**活泼开阔的视野**；④**科学实效的方法**；⑤**创新的信念和意志**。大学生良好学风的形成，受到教育环境的强烈影响，也与本人在学习过程中能否自觉地接受这些影响有关。

（5）以科学学习、劳逸结合为学习观念　在日常学习中，大学生应该致力于建立以下科学的学习观念：

1）要努力学习“科学的知识技能和方法”，对于学习中遇到的“经验”成分，要善于将它提升到科学理论的高度上来。

2）要不断“向实践学习”，课堂教学以外的科技活动、社会活动、公益劳动以及生活中遇到的事物都是学习的材料，善于在实践中学到知识，永远是重要的学习观念。

3）要树立“创造性学习”的观念，譬如在学习过程中善于发表自己的见解，创造性地完成设计和实验作业，阅读参考文献、参加科技活动、形成观念点，并写出和发表论文都是有效的方法。

4）要讲究学习方法，好的学习方法可以为高效学习找到捷径，往往能收到事半功倍的效果，为学习过程增添了乐趣。

5）要“全面地学习”，既要在学习过程中增长知识，更要通过学习做人处世建立高级感情，培养工程意识，锻炼强健体魄。

此外，还要记住劳逸结合、生动活泼是学习的润滑剂，只有具备健康的体魄和愉快的心情，才能有效地学习。以上几方面的意识相互作用、相互促进，认识了这些，有利于教师和学生自觉地在教学和学习活动中培养和促进大学生的健康成长。

6.1.4 大学生学习的过程

学习过程就是学生主动探索新知识、掌握新技能的过程，是学生行为和价值观形成的过程。从学生认知心理的角度分析，也是激发、感知、理解、巩固和应用的过程。大学里的学习过程与以往中学、小学的学习过程有所不同，这不仅表现在学习目的、学习方法方面，也表现在学习应用方面。

1. 大学生学习过程的基本阶段

所谓“活到老，学到老”，个人要进步，社会在发展，在人生的不同阶段，都要进行不同的学习。大学时期个体发展的能动性更大，决定了大学的学习过程是一个丰富、长期且复杂的过程，它由许多不同阶段组成。

（1）形成动机阶段　学习动机是与学习活动相联系的一种特殊形式的动机，是直接推动学生进行自主学习的一种内部动力，是激励和指引学生进行主导学习的一种需要。教学的第一要务就是要激发出学生的学习动机，从心理方面建立学习的主动性。

（2）组织信息阶段　组织信息对于学习者的学习来说至关重要，它制约着学习者的学习方式。信息的组织、存储、呈现、传递的变化，都会对学习者的学习产生一定的影响。

所学知识和技能都有自身横向和纵向的联系。大学生在组织信息时要做到：

1）善于把新信息和旧知识联系起来，以便于对新信息的理解。

2）善于将新信息用直观或文字概括的方式表达出来，并将感性认识提高到理性认识。

3）善于将认识的结果用模型进行特征描述，以综合集中知识片段。

（3）学习应用阶段　学习应用阶段又称学以致用阶段，即将理论与实践相结合的阶段。学习最基本的目的在于“用”，学习正是为了在生活实践中使用学到的知识。大学生在学校应该通过学习和训练掌握理论基础知识，然后通过创造性活动、实践等来检验、补充、丰富和发展理论，并最终将理论运用于实践以取得事业的成功。学习应用阶段通过以下过程展开：

1）通过参与和所学知识的相互作用进入角色，如概括所学内容、用所学知识做作业、做实验等。

2）通过对所学内容的各部分进行深入学习和实践，如参加实验、进行设计、实际操作。

3）看到自己应用后的成果，并进行讨论、总结。

（4）重复巩固阶段　在初步应用后，必须对基本的学习内容进行重复和强化学习，才能达到巩固的目的。重复巩固阶段的要素有：

1）熟练。对基本的学习内容达到熟练程度，对初步应用时遇到的知识进行提炼，获得初步记忆。

2）强化。每隔一段时间对一些重要的概念、原理、方法再次复习和应用。

3）常规。熟练和强化所学内容的期望效果是使获得的知识在运用时达到常规化的程度。

（5）迁移综合阶段　学习过程的最终目标是将所学知识灵活地运用到不同的、所需的问题上，即对所学知识的迁移综合运用。因此，要做到：

1）用自己的理解归纳出重要的概念、原理和方法。

2）将这些自己归纳的概念、原理和方法迁移到学习范围以外的领域中应用。

3）把已学习和再应用后的概念、原理和方法综合到一个新的体系中，进行新一轮的学习和应用。

大学生学习过程基本阶段循环图如图6-1所示。学习过程的后一阶段既是前一阶段的发展，同时又会反作用于前一阶段。前一轮学习过程的第五阶段还会发展成为后一轮学习过程的第一阶段。此外，五个基本阶段各自三个要素（或成分）中的第一个要素是该阶段的“促进过程”，第二个要素是“认识过程”，第三个要素是“获得效果”。它们之间是相互联系的，如图6-2所示。

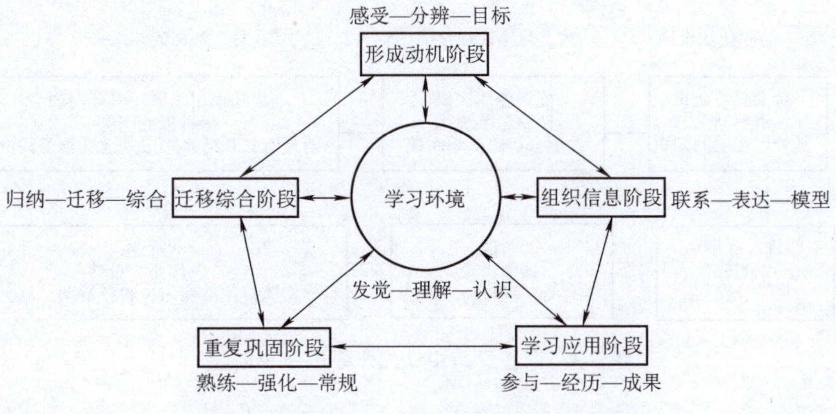

图6-1　大学生学习过程基本阶段循环图

2. 大学生学习过程的层次

除了学习过程的五个基本阶段外，大学生在校学习还要经历从小到大两个不同层次的学习过程。

（1）第一层次学习过程——从一门课程的开始到结束　在对课程的学习过程中，学生

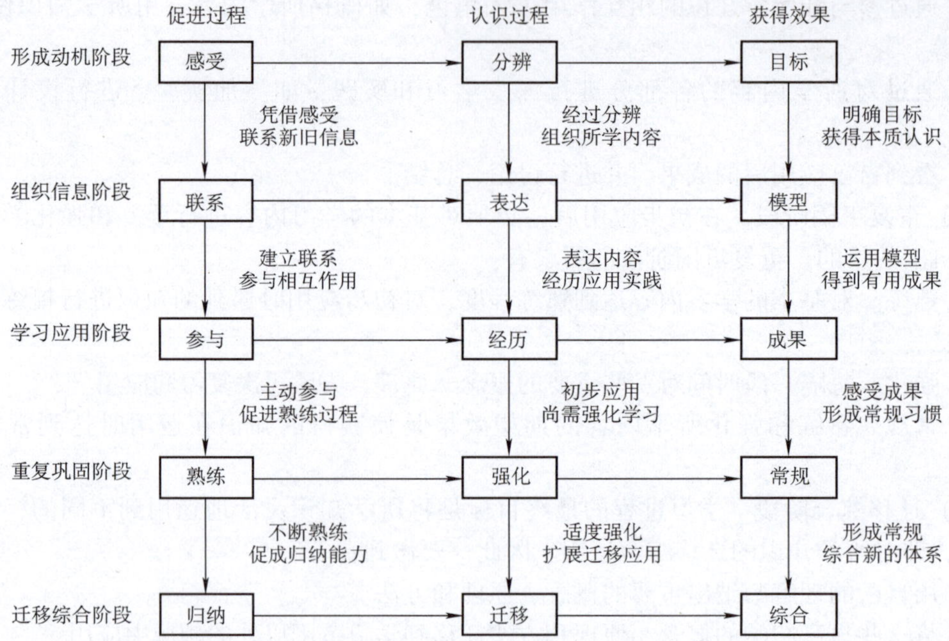

图 6-2 学习过程中五个基本阶段各要素之间的相互联系

通常会经历“四习”，即开课前预习、课堂深入学习、课后复习以及大量实践练习等过程，其认知水平也相应地会经历三个阶梯，如图 6-3 所示。从第一阶梯认知水平到第二阶梯认知水平的变化主要是学生自行阅读参考文献，自己进行学习总结，并积极参加课堂讨论；从第二阶梯认知水平到第三阶梯认知水平的变化是参与各种实践环节的训练，应用理论知识解决实际问题。在这些变化中，学生要把握时机及时将自己从低一级的认知水平提升到高一级的认知水平。

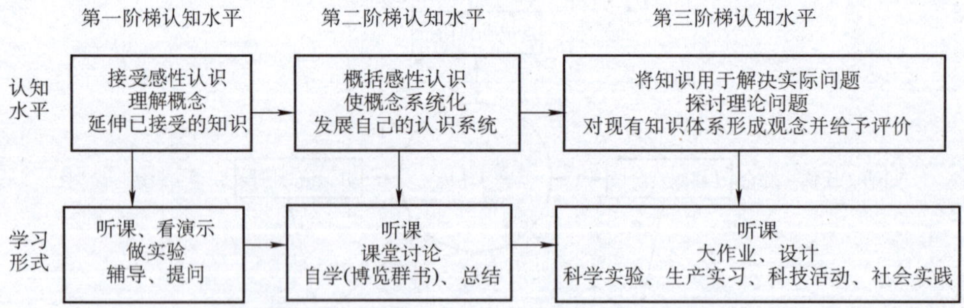

图 6-3 课程学习中认知水平的三个阶梯

（2）第二层次学习过程——从入学到毕业　一般来说，一年级上学期学生往往表现出种种不适应（学习内容、学习方法和学习生活等多方面的不适应），这就要求各门课的教师在学习内容、学习方法和学风的养成上，指导和帮助学生度过这个适应期。

一、二年级是大学学习活动较为紧张的阶段，学生在这个阶段要接受基础科学和技术科学知识、技能及体育课体能的训练。而且，许多教育和教学形式都会比较集中地反映在这段时期的课程中。大一的专业概论课起着把学生引向接受专业教育，了解当前学习和今后从事职业的联系，调动学生学习积极性和主动性的作用。

三年级是开始学习专业知识和技能的阶段，也是应用、巩固所学基础和技术科学知识技能，发展学生专业工程意识，使学生对科学技术有浓厚兴趣，并对自己未来发展有模糊意向的阶段。此后，学生个性特征的形成往往受到专业教育和教学因素的制约。

四年级是学生即将毕业，也是对未来职业逐渐形成明确目标的阶段。在这个阶段，每个学生的学习目标有所分流：一方面要按照自己的专业意向选修各类必修课和选修课；另一方面还要按照自己的发展意向选择毕业设计课题。学生经过这个阶段的培养，其知识、能力、素质都会有较大的提高，而且会出现许多与前途、家庭、工作地点、继续深造或出国深造等实际问题有关联的新的思考内容。

6.1.5 学习的客观规律、基本原则

学习规律是指学习过程中存在于人们意识之外的，学习自身固有的本质联系和必然趋势。

学习原则是指根据长期积累的经验，人们所制定的对学习的基本要求。它对实际学习有重要的指导作用，且随着人们对学习规律认识的不断深化而完善。

学习规律和学习原则既有区别又有联系。在此，从大学生的角度提出四个学习客观规律和所派生的基本原则。

1. “终身性”规律和“讲究学习方法”原则

由于人的经验获得和行为变化都具有终身性，所以学习也必然有终身性，即所谓“活到老，学到老”。大学生具备“终身学习”的能力，最为关键的原则是“讲究学习方法”，尤其是掌握适合于自身的最佳学习方法。这些学习方法包括观察、实验、检索、分析综合、数学分析、建模、工程技术分析等。对大学生来说，学习方法既是一种为完成学习任务要用的手段和措施，又是一种为个人今后终身服务社会的学习法则。大学生在处理在校学习生活的短暂和今后学习内容的无限这一基本矛盾时，要清晰地认识到：

1）在学会“知识”的同时必须学会“方法”，但方法有好的和差的，大学生应该找到适合自己的最好学习方法。

2）“方法”从某种意义上说比“知识”更重要。可以说，在校学习主要是建立一个好的学风和掌握一套好的学习方法。因为学到的知识可能因为时代的更新而过时，而建立好学风、掌握好的学习方法，却能获得数量更多、质量更高的知识，对毕业后的工作和终身学习都具有深远影响。

2. “知识积累、认知发展”规律和“靠已知掌握未知、理论联系实际”原则

人的知识是靠不断积累的，学习是一个循序渐进的过程。知识积累到一定程度就会使人产生创新的本能和愿望，这是由量变到质变的必然趋势，也是认知的一个方面。从知识的另一方面看，任何人的学习都要经过从感觉开始，再经过知觉、表象、思维的认知发展过程。

大学生在懂得该规律后，应该认识到学习是把新获得的知识与大脑中已有知识网络相结合的过程。因而学习过程的基本要求是：

1）要十分重视所学课程的“三基”（即基本理论、基本方法、基本技能），作为已有知识网络的构架。

2）对已学知识要及时通过“过度学习”（即认识事物并保持短时记忆后再重复学习）

加以巩固，将已学转换为已知。

3）要提高自己的思维能力，即靠联想、推理、判断并通过分析、比较、综合有效地获取知识。这三条大体构成了学习中的“靠已知掌握未知原则”。

此外，大学生要明白学习的意义在于研究和解决实际问题，必须十分重视理论与实际事物的联系。因而在思想上要认识到：①学习的目的在于应用，要在思想上把今天的学习和明天的实际应用联系起来；②既要重视理论课程，也要重视实践教学环节；③要善于利用一切参与校内外实践的机会，来充实自己的知识、技能、能力和全面素质。这些要求构成了大学生学习中的“理论联系实际原则”。

3. “受环境制约”规律和“充分利用学校教育环境”原则

“学习受环境制约规律”说明学生个人知识、技能的获取和思想行为的变化，既受先天遗传因素的影响，更受后天环境因素的制约。先天因素是指生理方面的遗传基因；后天因素则指社会条件、教育环境和个人健康状况等。

作为大学生，如果主观上要求自己有优异的学习效果，就必须充分利用大学的教育环境。大学特别是一些独立学院能把社会力量和著名高校的资源很好地结合起来，形成自己优越的办学条件，如造诣高深的师资队伍、众多的课程设置、灵活机动的选课条件、装置完善的实验设施、收藏丰富的图书资料等。大学生要利用这些优越的条件度过自己的学习生涯，做到：①争取教师指导，密切师生关系；②利用图书馆，博览群书，为今后建立信息渠道；③利用实验室，使之成为钻研理论和锻炼探索能力的基地；④利用体育馆和体育器械，增强体质、体能，养成爱运动的习惯，为长期健康打下基础。

4. “不可替代”规律和“自主性学习”原则

学习的不可替代规律说明学习是属于学生自己的行为，其他任何人都无法替代。这个道理是很显然的，学习只能是学习者通过自己感知，系统地将事物的现象和联系输入大脑，形成自己的语言、知识、技能、方法、态度和行为习惯的过程。其他人只能发挥辅助作用，帮助学习者激发学习动力、获得学习对象和形成学习方法。

正由于学习的不可替代性，作为大学生，应该也有条件（指大学生的身心发展和已有知识能力的积累）在教师的指导下依靠自主性学习完成自己的学习任务，提高学习质量。自主性学习的内涵包括以下五个方面的“自我”：

1）**自我识别**。它是指大学生对自己已有知识、技能、兴趣、爱好、特长、意向的识别，经常在这些方面解剖和鉴别自己，建立适合自己的学习目标。这是搞好学习的基础。

2）**自我选择**。它是指根据社会需求和本人能力及所好，在完成自己本职学习任务的同时，有选择地扩充某些方面的知识和技能，培养某些方面的能力，特别是与自己专业相关的一些方面。这是搞好学习的需要。

3）**自我培养**。它是指按照专业培养目标的规定、本课程的要求及个人发展的需要进行自我教育，包括不断端正动机、改进方法，利用时间充实自己。这是搞好学习的主战场。

4）**自我评价**。它是指经过一段时间后，对自己的学习目标、过程、方法、效果和态度进行实事求是的检查和肯定，找出进一步改进的地方。这是搞好学习的加油站。

5）**自我调控**。它是指在自我评价的基础上修正自己的学习动机和目标，充实自己的学习内容，分配自己的学习精力，调整自己的学习方法。这是学习过程中应有的反馈。

由此可见，自主性学习是一种符合学习规律、能充分调动学生学习主动性和积极性的

“学习观念”和“学习程序”，它应该贯穿在整个学习过程之中。当然，大学生还要明白自主性学习并不是摆脱教师的指导，而应该在教师的指导下进行。

6.2　专业学习方法

6.2.1　认真学好基础课程

基础课程的学习十分重要，是完成大学学习任务的奠基工程。工程造价专业本科基础课程包括公共基础课与专业基础课两部分。

1. 公共基础课程

公共基础课程是高等学校各专业或者一定类别专业的学生所必须学习的基础课程，“公共性”是其基本属性。公共基础课程一般在大学一年级开设，对基础课程知识掌握的程度对学生后续的专业学习及其终身发展将产生深刻、长远的影响。

计算机知识、数学知识和运用外语的能力等对于工程造价专业学生十分重要，学好这些课程对今后的学习和工作都很有帮助。

（1）提高计算机应用能力　21 世纪是知识经济和信息经济时代。信息技术已经成为经济发展的助推器，越来越深刻地影响和改变着企业的经营、管理和销售模式。努力学习和掌握计算机和信息技术，对于推动管理信息化具有十分重要的意义。

目前，在我国使用比较广泛的计算机绘图软件有 AutoCAD，造价软件有“神机妙算”“鲁班”“广联达”等。利用造价软件内部的数据库，可以实现灵活的换算功能，如标准换算、自动换算、类别换算等；也可以直接修改人工、材料、机械的单价，系统自动产生相应的计算结果；还可以实时汇总工程量清单表、工料分析表、费用表等。此外，尚有一些工程管理软件，如房地产项目工程管理软件、公路工程管理软件等在各种类型的工程实践中得以应用。学会使用各种应用软件，乃至于结合工程实践进一步完善和开发软件，除了掌握工程技术的专业知识之外，还必须掌握计算机的基本原理和操作。因此，必须充分重视计算机相关知识的学习。

（2）加强英语学习　大学英语的教学目标是培养学生的英语综合应用能力，特别是听说能力。通过英语教学，使学生在今后实际工作和社会交往中能用英语有效地进行书面和口语交流；同时，培养学生自主学习的能力，提高学生综合文化素养，以适应我国社会发展和国际交流的需要。

近几年来，国际工程合作日益加大的趋势既是机遇，同时也对我国工程建设领域从业人员的外语交流能力提出了更高的要求。合作的各方必须按照国际规则办事，这就要求大学生除了具有熟练的外语听说、阅读能力及较好的信函、合同书写能力外，还应熟悉和理解国际通用的专业用语、行业规则、运行方式和法律文本等。通过大学阶段形成较强的英语应用能力，是工程造价专业毕业生今后从事国际工程项目管理等涉外相关工作的必要条件。

（3）掌握数学知识　数学是一门逻辑性很强的学科。逻辑思维能力是高素质人才应具备的一种重要能力，它通常包括抽象与概括的能力、分析与综合的能力、归纳与演绎的能力。高等数学是教育部指定的理工科各专业及经济、管理等学科专业的核心课程，也是学生应掌握又较难掌握的基础知识。它不仅是提高学生文化素养的基础课，还为学生后续学习专业课和从事专业技术工作提供必需的数学工具。

工程实施伴随着诸多风险和不确定性因素。作为一名优秀的工程造价人员，必须具有较强的数理分析能力和逻辑思维能力，善于从问题的定性描述逐步过渡到定量的分析和计算，从纷繁复杂的工程实践表面现象中分析归纳出一般规律，并通过对结果的数理统计推理来检验结论的准确性和可信度，借助正确的理论、方法、工具等形成解决问题的对策与措施。

2. 专业基础课程

专业基础课是在学生已掌握一定公共基础课程知识的前提下，为适应专业课程学习的需要而设置的。在工程造价专业课程结构中，专业基础课起到承前启后的作用。学好专业基础课有助于提高学生的认知水平和解决问题的能力，从而为学习专业课和从事专业工作做好理论和技术准备。

从专业基础课的内容属性来看，大多具有理论性和实践性强、概念多、分析较为深入的特点。在理论方面，专业基础课注重运用课程中的基本理论去解释、透析专业现象和问题，引导学生深入学习新理论、新技术，促使学生顺利地踏上专业课学习的轨道；在内容设置上，专业基础课兼顾后续专业课的需要，大幅度地增加相关专业的知识，并有一定的深度和难度。

学习专业基础课是学生用基础理论知识去分析专业现象和问题的初步尝试，是学生强化理论与实际相结合的开端，也是学生由学习者向从业者转化的起点。专业基础课承上启下的作用主要体现为学生将由抽象思维为主向形象思维为主过渡，开始尝试用所学的较为抽象的基础理论知识去观察、思考和理解较具体、形象的专业现象和问题。因此，实践性教学是专业基础课的重要教学环节。要使书本知识真正转化为实际工作能力，即能运用理论知识独立地去分析、解决问题，必须借助实际运用能力的培养训练过程，帮助学生从本质上感知、认识和理解学过的知识，进而形成运用知识去观察、分析和解决实际问题的能力。

下面，以“工程制图”课程的学习为例，介绍专业基础课程学习应掌握的一般方法。

“工程制图”课程的任务之一是将三维空间的几何体转化为二维空间的平面图形，即把工程上很难用语言和文字表达清楚的物体（如地面、建筑物等）的形状、大小、位置等在平面图纸上用图形表达出来；任务之二是将二维空间的平面图形转化为三维空间的几何体，即第一种情况的逆向过程。学习“工程制图”对抽象思维能力要求较高，它是一门实践性、严谨性强的专业基础课程，学生必须注意研究、掌握正确的学习方法，努力提高学习效果。

首先，必须熟练地掌握正投影理论和制图基本知识。工程图是工程界通用的“语言”，而画法几何则是这种“语言”的“语法”。只有理解制图的基本原理和基本步骤，掌握制图基本知识，才能正确地绘制和识读各种工程图，为系统全面地掌握“工程制图”课程知识奠定基础。

其次，必须掌握读图方法。读图是“工程制图”的重点和难点，它是一个十分复杂的思维过程，没有固定的模式，但客观上存在一定规律。只要充分掌握图形的各种信息和各种立体的投影特点，就能够解读各种复杂的图形，使其由大变小、由繁化简。

第三，在上述学习过程中必须认真对待每次动手实践的机会，按时、按质、按量完成一系列的绘图、识图作业，这是巩固课堂知识和形成能力的必要环节。工程图是施工的依据，也是工程计量计价的直接依据。图纸上一条线的疏忽或一个数字的差错，都可能造成“差之毫厘，谬以千里”的后果，轻者造成返工，导致工期延误和成本增加；重者则会给工程留下安全隐患，造成不可估量的损失。因此，学生在学习识图制图时，一定要严格要求自己，养成认真负责、一丝不苟的工作态度和遵守规范、细致严谨的职业习惯。

6.2.2 注重知识融会贯通

工程造价专业是一个综合性学科，然而目前工程造价专业课程仍客观存在条块分割、知识融合度不够的现象。犹如缺乏搅拌和融合的砂石、水泥和钢筋，未能形成紧密结合、强度倍增的“基石”，从而难以达到支撑高楼大厦的技术要求。砂、石、水泥和钢筋虽然各有用途，但只有通过砂、石、水泥加水搅拌后，以钢筋为骨架浇筑成型，硬化成为坚固的整体，才能支撑起一栋栋摩天大楼。工程造价专业的教学应该借鉴钢筋混凝土的形成机理，通过“物理搅拌+化学融合”式的学习方法，要求学生在学习过程中注意将各个不同类别的主干课程的要点适当地串联、汇集，将相关知识、技术有机组合，达到知识的融会贯通，学为所用，努力成为能够胜任现代工程造价工作的专业性人才。

1. 知识的物理搅拌

知识的物理搅拌，是指打破目前工程造价专业不同课程间存在的泾渭分明和条块分割现象，将各门主干课程内容适度地联系，达到主干课程知识面上的“物理搅拌”。这一过程强调知识表面上的整合。借鉴这种方法，通过反复解构和组合课程内容，在学习实践中将所学的知识重新搭接和有机组合，达到深入了解局部、系统把握整体、明确相互联系，从而大幅提升专业学习的效果。以“工程计量与计价”课程为例，要正确估算一幢楼房的造价，需要将整幢楼房“分解”为基础、主体结构、设备安装等若干部分，其中每一部分再按实际需要依次细分，直到形成与工程定额相对应的计算单元。得到若干计算单元的造价后，逐一汇总方可得到整幢楼房的造价。在此过程中，需要综合运用“工程制图”“工程结构”“工程材料”“房屋建筑学”“工程施工”和“工程计量与计价”等课程的知识。只有通过上述知识的“搅拌”，学生才能形成系统、完整的知识结构，形成解决工程实际问题的能力。因此，知识的物理搅拌是走向成功的第一步。在学习不同课程的过程中，必须有意识地把相关联的知识联系起来，注重其相互“搅拌”，为正确理解、掌握知识及在更高层面上进行知识融合做好铺垫。

2. 知识的化学融合

化学融合与物理搅拌相比，本质的区别在于物理搅拌仅仅局限于各个组成部分面上的交融组合，而化学融合着眼于本质性能的改善和提高，强调通过将各个组成部分有机融合在一起，达到物质性能的改变和提升。

工程造价专业知识的“化学融合”，旨在将解决某一具体工作的所有相关课程知识有机地组合起来，在一个统一的平台下形成专业知识的有效结合，改变“一盘散沙”式的无序状态，出现“摩天大楼”式的化学反应，实现从量的积累到质的飞跃。四个平台知识在学生知识体系中发生化学反应并融会贯通，形成知识的有机整体。知识的化学融合可以通过渐进式的学习模式来实现。

同样，以“工程计量与计价”课程为例，在时间安排上，先学专业基础课程，掌握工程制图、房屋建筑等技术平台的课程，专业知识的内容由浅入深、由易到难、由局部到整体、由分析到综合逐步展开。在内容设置上，相关知识前后搭接，步步深入，实现从分散到综合的过渡。这个模式是推进化学融合的有效方式，一方面，它根据课程之间的逻辑关系确定彼此的先后顺序，从而让学生在专业知识的获取上由浅入深、由易到难、由简单到复杂、由分散到综合；另一方面，学生在学习过程中，可以保持动态的学习热度和积极性，这种全过程的学习方式易于学生掌握、消化和吸收所学的知识，真正达到学以致用的目的（图6-4）。

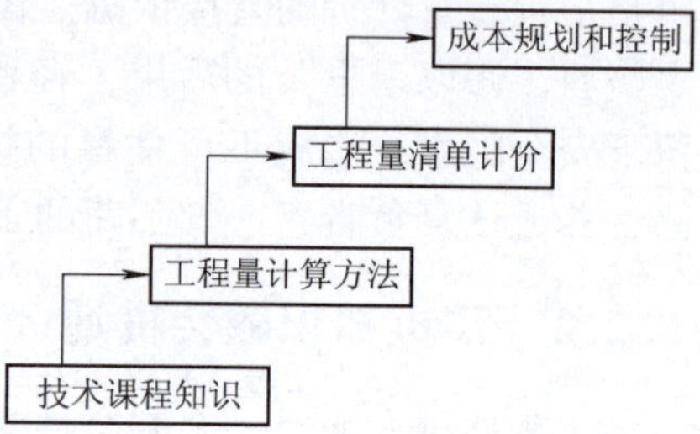

图6-4 “阶梯式”学习模式

6.2.3 强化实践技能培养

工程造价是应用性极强的学科，是培养造价工程师的专业。工程造价行业需要的是兼具扎实专业技术功底和实践能力强的造价人员。因此，在掌握基础理论的同时，还必须注重通过各种形式的实践活动培养和锻炼自身的实践技能，做到理论知识与实践经验的高度结合，不断提高解决工程实际问题的能力。在学校，为了帮助学生掌握工程技术知识、专业理论和方法，促进对所学课程知识的消化和拓展，提高学生分析和解决问题的能力，工程造价专业教育十分重视对学生实践教学环节的培养。目前，实践教学环节主要以实验、课程设计、毕业设计、毕业论文、认识实习、课程实习、生产实习、毕业实习等为主。

1. 实验课的学习

在基础实验教学阶段，既要重视实验操作能力的培养，同时也要关注实验技术理论的学习和提高，如实验原理、实验设计、调试技术、测试方法、数据处理、误差分析等。学习方法要注意以下各点：

1）认真做好实验前的预习。阅读实验讲义，明确实验目的，掌握实验原理。即弄清楚为了达到上述实验目的所依据的是什么理论，运用什么样的实验方法，需要观察测定的项目与哪些因素有关，进而分析实验要点，包括实验步骤、需要观察的现象以及保证实验成功必须控制误差的关键等。要熟悉所使用的仪器性能、仪器调试和校准的方法、测量范围、注意事项等。

2）手脑并用，严格按程序操作。首先要认真听指导教师的实验讲解，牢记实验中的注意事项，以及以往做该项实验时出现的问题、取得实验成功的关键；接着要仔细地做好实验设备检查，主要检查仪器备品是否齐全、是否符合规范要求、进行实验系统组装合成等；最后，在动手实验前要再一次用心思考实验的基本程序、操作步骤和方法。有些实验还要经过指导教师检查同意后再进行。

3）注意实验安全。在实验中要注意增强自身环保意识，重视人身安全。

4）做好实验报告。实验报告书一般都有固定的格式，其内容包括实验目的、实验原理、实验步骤、实验现象、数据处理及误差分析等，最后还应有讨论分析，反映实验者对本次实验的看法、建议，需要进一步研究的问题及实验者自己的见解等。

2. 课程设计

（1）课程设计的要求 课程设计的性质不同于课外作业。课外作业是配合课堂教学进度，根据教师所设计的典型条件解答某个具体问题，或根据教师所给数据进行运算绘图，它所涉及的范围是某一单元或章节。而课程设计是一门或几门相关课程知识的综合运用，需要全面地考虑相互联系的各个方面和条件，如钢筋混凝土结构课程的梁板柱构件设计。它不仅仅是应用一些现成的公式做简单的计算工作，还要根据设计综合考虑各因素间的相互作用。因此，课程设计的主要任务是应用所学的有关专业知识，处理好各种因素的相互关系，创造性地完成符合要求的设计任务。

（2）课程设计的学习方法　课程设计通常在 1 ~ 3 周内完成。一般有课程设计任务书，任务书包含目的、内容、要求、设计资料、设计步骤、设计方法、设计进度、参考资料等。每个学生的课程设计课题不完全相同或其所采用参数不同，但每个人都要求独立完成。

学生做课程设计时，首先要按教师的要求认真阅读设计任务书。如果可以自由选择课题，则要根据自己的专长、能力和爱好与教师商定，然后根据设计任务拟定进度计划。制订计划时既要保证自己按时高质量完成，也应适当留有余地，以便留有必要时间进行返工或修改。

课程设计的成果一般是学生撰写的说明性的文字（如设计说明书、施工方案等）、绘出的相关图纸或一系列计算表格。图纸要布置得当，说明书要条理清楚、语句通顺、字迹工整、论据充足，表格要计算正确、格式规范，图面干净、比例恰当、线条分明、尺寸完整。总之，必须以科学的态度对待课程设计的学习。

3. 毕业设计与毕业论文

毕业设计（毕业论文）是学生在毕业前的最后一个重要教学环节。其目的在于巩固、加深、扩大学生所学理论和专业知识，并使之系统化；培养学生综合运用知识技能以及解决工程技术实际问题的能力，使其初步掌握设计原则、方法和步骤等。可以说，它是学生毕业之前的一次“实战演习”。

（1）毕业设计（毕业论文）的要求　毕业设计和毕业论文在深度和广度上的要求都比课程设计或课程论文高。其范围覆盖全部专业知识和技术，同时具有创新性，能解决较为复杂的实际问题。

毕业设计和毕业论文的选题一般应符合下列原则：①符合专业培养目标，以便巩固本专业所学知识，能较快适应本专业的工作任务，对所学知识有综合运用能力。②好的课题应使学生既能发挥设计构思，又能分析计算；既有理论探讨，又能运用现代方法。课题太简单、狭窄、资料太少、条件限制太呆板，以及课题太陈旧，都难以达到这种要求。③内容分量及难度适当，使学生经过努力能在规定时间内完成，若难度过大，在有限时间、有限知识领域很难完成，会挫伤学生的信心；分量过轻又使学生无压力感，不利于调动学生的积极性和创造性。④课题应能在规定时间内取得成果。如果做一个实验，其结果不可预期，盲目收集一堆资料却分析不出结果等，都是不合宜的。

（2）毕业设计（毕业论文）的学习方法　学生在进行毕业设计或撰写毕业论文阶段应该注意以下四点：

1）事业心和责任感。以科学的态度从事设计和写作，要有实事求是的精神，认识到自己“作品”的实际价值。例如，在建筑设计中应该根据国家的建筑法规，按照安全、适用、经济、美观的原则进行设计。在论文写作中应该遵守国家方针，材料可靠、内容翔实。

2）处理好与指导老师的关系。要把老师的严格要求当做是对自己的真正关心，要接受老师的“指着走”，而不是“抱着看”。要牢记“授人以鱼只供一餐之需，授人以渔则终身受益无穷”。

3）工作中应贯彻理论联系实际的原则，正确地运用科学的研究方法和设计方法。

4）虚心学习。虚心向教师、技术人员和生产者学习，向书本学习，向实际学习，并大胆借鉴国内外的先进经验为我所用。

毕业设计和论文完成后，要认真整理好全部资料（包括图纸、资料、实验记录、原始数据、计算数据、调研、程序、磁盘、图片、设计手稿，复印件和毕业设计成果等），便于参加由专家组成的答辩委员会的提问。

毕业设计要取得优秀，必须具备以下要求：①在设计中勇于承担任务，认真努力，态度端正；②能全面完成设计的任务，能灵活、正确、综合运用所学知识，在设计中有独到见解或创新，有较强的分析和解决问题的能力；③图纸质量高，考虑问题全面，成果结论正确，论据充分，说明书条理清楚，文理通顺；④在答辩中能正确回答问题，有较强的表达和沟通能力。⑤如有实验内容，要求实验技能高、方案正确、数据可靠，动手能力强。设计中还要翻译或拟写一定数量的外文资料。要注意一篇高质量的论文，不需面面俱到，而应做到资料翔实、分析中肯、论点正确、见解独特。

4. 实习

（1）认识实习　刚刚进入大学的一年级本科生，大部分对“工程”不甚了解或知之甚少。通过认识实习这一环节，能够帮助学生初步了解工程、工程系统以及施工现场实际状况，形成学生对建设工程的初步认识，激发学生对专业的学习兴趣，为后续课程的学习增加感性认知。通过认识实习活动，也可以锻炼学生观察、思考实际问题的能力，培养学生认真、严谨的学习态度和工作作风。

在认识实习过程中，学生应严格按指导教师的安排，认真听取施工现场安全管理人员的入场教育，做好安全防范措施；主动和工程技术人员和工人师傅沟通，在技术人员或现场指导人员的带领下熟悉工程概况和工地情况；认真观察工人师傅从事的砌砖、钢筋混凝土、装修等现场劳动，了解手工操作的基本技能。学生应仔细观察各种现象，认真听取现场介绍并做好现场参观记录，通过撰写实习报告对参加认识实习的收获进行总结。

（2）课程实习　作为课程教学内容的重要组成部分，课程实习与课程理论教学配合进行。如工程测量实习，在“工程测量”课程理论教学进行到一定阶段时，学校将安排时间集中进行。学生需要掌握主要测量仪器与工具（水准仪、经纬仪等）的实际操作，学习依据测量数据绘制地形图的基本方法，使所学的相对分散、抽象的测量知识通过综合应用形成完整、系统的实际能力。

学生顺利完成课程实习任务，需要事前认真学好相关课程的理论知识，实习过程中虚心接受实习老师的指导，同时要充分发挥团队合作精神。某些课程实习内容多、时间紧，单靠个人力量难以完成，只有通过小组的合作才能有效提高实习的效果，按时完成任务。

（3）生产实习　生产实习是教学计划的一个重要组成部分，是强化学生对专业基础知识、原理、方法的理解和掌握的重要环节，是培养学生综合实践能力的有效方法，是学生进入社会的纽带和桥梁。

例如在“工程项目管理”的生产实习过程中，学生应用已学的专业知识和技术方法编制实习工程的施工组织流程，并与现场的施工组织流程相比较，找出两者的差异，分析各自优缺点。通过生产实习，可以较深入地了解国内目前建筑行业的发展水平，并结合自己所学专业知识，分析、研究工程实践中的一般规律性现象和问题，探索提高工作质量的方法和途径。

学生在生产实习中应注意杜绝三种倾向：一是漫不经心、不以为然。工程建设需要严谨和认真，而工程造价更要做到谨慎无误；可以说，养成一种细致的工作态度是生产实习的第一目的。二是脱离实际、照本宣科。部分学生在实习过程中不注意对工程特定条件进行系统、全面的分析，对所参与、了解到的现象仅仅机械地与曾经学过的课本内容相对照，轻易得出对、错、优、劣的结论。必须认识到：课本内容是若干工程实践共性经验的抽象反映，而理论对实践的指导作用并非一定是已有的结论对各种工程问题的机械规定。三是浅尝辄止、不求甚解。有些学生在实习中接触工程实践后，形成了工程造价只需要实际操作技能的片面认知，而忽略了扎实的理论基础、系统的思维方法和全面的知识结构才是指导实际操作、提高工作质量的根本。缺乏完备的知识结构和良好的理论基础，或许能从事一时、一事的工程造价工作，但很难有长时间、多领域和高层次的发展。树立正确的学习态度，应注重生产实习中所参与和观察的每一细节，深入了解其产生、形成和发展的实际背景与客观条件，结合所学的理论知识和技术方法对其进行认真归纳、总结和分析，从而逐步提高自身对基础理论、技术方法的正确理解和运用能力。

工程造价专业实践教学环节的内容要求及学习方法建议见表6-2。

表6-2　实践教学环节的内容要求及学习方法

活动形式 活动阶段	学习要求	实验课	设计课	实习课	课外科技活动
实践课前	复习已学理论	基本概念、基本原理、基本方法			
	弄清学习目的	实验目的	设计目标和设计阶段	对现象、过程和工具的认识与操作	课程内涵及其目标
	搜集信息资料	以往的实验报告、与本实验有关的资料，与本实验有关的仪器设备	社会需求、自然及环境条件，材料、技术、制造条件，经济、市场条件，以往的设计资料	以往的实习报告，操作规程，岗位职责，现场生产的一般情况	阅读有关文献，参阅相近的研究报告，材料、设备、资金情况
实践课初	自拟方案计划	实验方案、计划、仪器设备	设计方案、计划	个人实习计划	科技活动方案、计划
实践课间	完成技能训练	熟悉仪器设备，掌握实验技能	查阅技术标准，掌握设计技能	操作技能，处理技术问题	调查研究，实验，统计分析等
	勤观察多思考	观察实验现象，了解事物本质	从综合比较分析中寻找最佳方案	观察思考生产过程中的技术和管理问题	科学技术事实及其概括，直觉、灵感与科学发现
	锻炼创新能力	创新的思想意识、认知风格、处置方法、工作态度			
	解决实际问题	描述实验现象，统计分析实验数据，得到实验结论	按照设计目标完成设计任务，满足各项设计指标	记录实际生产过程，解决若干生产中遇到的实际问题	完成课题
实践课末	做好文字总结	实验报告	设计说明书，计算书	实习报告	科技小论文

此外，一些学校会安排一定学时，聘请行业专家对学生进行专题讲座或与学生进行专题研讨，并且每年会定期举行课外实践活动，如项目管理沙盘模拟大赛、软件算量上机教学、BIM 技能培训课程等，积极为大学生创造实践学习环境，鼓励学生掌握工程技术的实施和运作方法，培养专业动手能力，进而加深学生对专业知识的理解和提高自身技能水平。

项目管理沙盘模拟一般结合学生在校期间所学课程内容，旨在激发大学生对建设项目全过程进行项目管理的意识，通过工程项目管理沙盘的形式，让学生在“在参与中学习”。通过游戏的方式，体验到真实的工作环境，有助于提升大学生的综合实践能力。项目作为整个企业的利润之源，工程项目管理作为施工企业的价值链主体，它的管理优劣决定着企业的成败，施工企业的管理信息化也要围绕着“项目管理”来建设。因此，参与项目管理沙盘模拟大赛角逐的学生，不仅要在平时注重专业知识的积累，还要对项目管理、施工组织等相关知识具有总体的把握，掌握好项目管理这一核心要素，培养统筹全局的管理意识。

软件算量上机教学是指学校对工程造价及其相关专业学生进行“广联达”“鲁班”等造价算量软件的上机实践操作教学。其教学形式一般可为校内教师对学生进行授课，或与校方合作的企业培训人员对学生进行授课。软件算量教学是基于学生对建设工程专业基础知识、房屋建筑学、施工技术、工程计量和计价等熟练掌握的基础上，教授学生应用计算机算量软件对具体的工程项目从建模到计量的操作过程。算量软件一般包括土建算量和钢筋算量软件。该实践教学活动要求学生具备扎实的建筑基础知识功底、缜密的逻辑思维能力和良好的计量习惯，并在上机操作时进行反复练习，方可熟练掌握上机算量技能。

BIM（Building Information Modeling）即建筑信息模型，是在计算机辅助设计（CAD）等技术基础上发展起来的多维模型信息集成技术。BIM 技术是一种应用于工程设计建造管理的数据化工具，通过参数模型整合各种项目的相关信息，在项目策划、运行和维护的全生命周期过程中进行共享和传递，使工程技术人员对各种建筑信息做出正确理解和高效应对，为设计团队以及包括建筑运营单位在内的各方建设主体提供协同工作的基础，在提高生产效率、节约成本和缩短工期方面发挥重要作用。BIM 技能培训主要针对土木工程相关类专业学生，培训其使用计算机通过操作 BIM 建模软件，将建筑设计和建造中产生的各种模型和相关信息制作成可用于工程设计、施工和后续应用所需的 BIM 及其相关的二维工程图样、三维几何模型和其他有关的图形、模型和文档的能力，锻炼学生通过操作 BIM 专业应用软件，提高 BIM 技术的综合应用能力。校内 BIM 技能培训对学生要求相对较低，教授内容也较为浅显，主要是对学生进行 BIM 基本技能的培训，旨在激发学生对本专业的学习热情和研究兴趣，促进其主动进行课外学习。

6.2.4　锻炼综合技能培养

1. 查阅参考文献的技能

文献，是记录、存储、传递知识的载体，也是与某一学科有关的图书资料。吸收、利用前人或他人的知识需要阅读和研究文献。文献的形式有以下三大类：

（1）图书　它包括：

1）**教科书**：即按照教学要求和学生认识规律编写而成，着重于系统和基本的理论与方法，大体上反映某门具体学科体系的全貌，知识内容比较成熟和稳定，如《高等数学》。

2）**专著**：即某一领域的学术性著作，是研究成果最集中的体现。其理论观点较为全面，提供的知识比较系统、成熟、可靠，且信息量大，如《钢筋混凝土结构理论》。

3）**论文集**：即研究人员的专题研究成果或阶段研究成果的汇编，往往先发表于报刊再由编者筛选而成，具有较高的学术参考价值，如《工程管理论文集》。

4）**工具书**：即供人们查阅知识信息、当做参考工具使用的图书，其知识内容广泛，便于查考使用，如《百科全书》。

5）**国家标准**：即以科学、技术和实践经验的综合成果为基础，对重复性事物和概念所做的统一规定，由国家标准化主管机构批准，并在公告后需要通过正规渠道购买的文件，除国家法律法规规定强制执行的标准以外，一般有一定的推荐意义，如《土的工程分类标准》（CB/T 50145—2007）。

6）**技术规程**：即主要是对具体技术要求、操作方法或实验程序做出的技术规定，所涉及的内容比较具体，专用性强，如《钢筋混凝土梁设计规程》。

7）**技术规范**：即对有关使用设备工序、执行工艺过程以及产品、劳动、服务质量要求等方面的准则和标准，所涉及的范围一般很广，较系统、通用性强，是国家标准的一种形式，如《建设工程工程量清单计价规范》（GB 50500—2013）。

（2）报刊 它包括：

1）报纸：指连续性出版物，以新闻报道为主，信息量大，现实感和实效性强，但理论价值较小。

2）期刊杂志：指有出版规律、每期载有不同作者至少两篇以上的连续出版物。其体裁庞杂多样，内容多是未经重新组织的研究成果，具有相当大的参考价值，如《建筑经济》。

（3）非报刊文献 它包括：

1）学术会议论文：这种文献专业性强，可基本反映某一学科的进展状况、新成就、新发现、新问题等。

2）科技报告：即一种科研或革新成果的正式报告，或是研究试验过程中的阶段进展情况实录，一般具有较高的使用价值。

3）政府出版物（行政法令、规章制度、会议决策等）。

4）技术档案（讲义、图片、照片、技术资料等）。

查阅文献的基本方法有两种：**人工查阅**和**计算机查阅**。

人工查阅是指研究者不借助计算机，自己以手工进行查阅文献的方式。利用各种目录、索引、文摘等检索工具和辞典、百科全书等参考工具书，用手工来查找所需文献。它具体可分为以下三种方法：①利用图书馆卡片式馆藏目录进行查阅，这种方法的使用频率目前相对较少。②利用工具书进行查阅，这些工具书常常按照特定的方法对文献进行编排，如按拼音、部首、分类、主题、地区、时间段限等编排方法对文献进行整理。研究者只需根据其相应的方法，就可以查找到自己需要的文献。③利用参考文献进行查阅，这种方法又称跟踪法或滚雪球法。一般说来，从少数几个参考文献入手，可查找到更多的本研究所需要的文献资料。这个过程经过几次重复以后，参考文献会慢慢地丰富起来。该方法最大的好处是文献范围比较集中，获取文献资料方便迅速，并可以不断扩大查阅线索。

计算机查阅是指利用计算机在检索系统的数据库中查阅文献，或在互联网上查阅文献的方式。研究者只需登录相应的网络资源数据库或搜索引擎，输入关键词并按照计算机提示的步骤操作，就可以得到自己所需要的相关文献。检索系统的数据库指一组计算机可读的相关文献集。一个检索系统通常由一个或多个数据库组成；每一数据库由许多文献记录组成，每一个文献记录了该文献的题目、作者、内容简介、文献出处等字段。随着信息技术的发展和网络资源的不断整合，利用计算机查阅文献资料已是一种最常用的途径，其具有信息量大、覆盖面广、方便快捷等诸多优点，大大提高了研究者的检索效率。

下面以在CNKI（中国知网）数据库中查阅2013—2015年有关“工程造价专业教学”的文献为例，介绍利用计算机检索的操作过程：

1）打开浏览器，在网址栏输入 http：//www. cnki. net/，按〈Enter〉键进入CNKI网站首页，如图6-5所示。

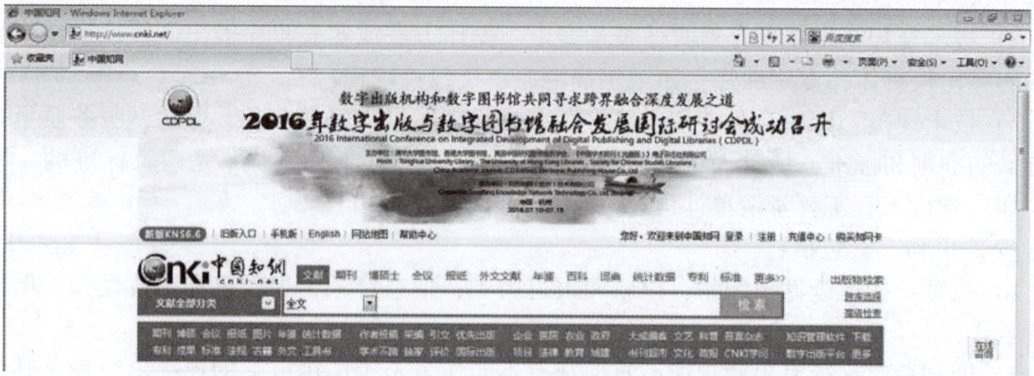

图6-5 CNKI首页界面

2）一般用户须先进入“登录”窗口，输入用户名、密码，单击“登录”按钮，如图6-6所示（校内用户不必登录，直接进入下一步骤）。

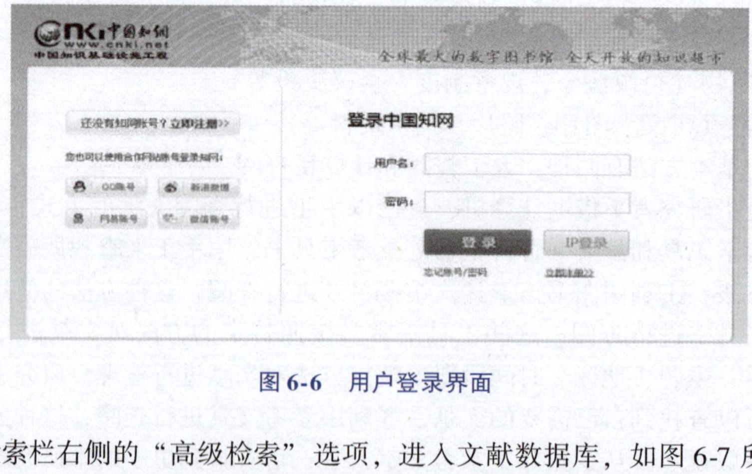

图6-6 用户登录界面

3）选择检索栏右侧的“高级检索”选项，进入文献数据库，如图6-7所示。此外，若想查阅报纸上的有关文献，则可在高级检索首页选择“报纸”数据库。

4）在检索条件选项的下拉菜单中选择“全文”（也可以选择主题、篇名、关键词、摘要、参考文献、中图分类号等项目，视个人需要而定）；在检索栏中输入“工程造价专业教学”；在检索控制条件的发表时间栏内输入“2013”到“2015”，单击“检索”按钮。这时页面下出现符合检索条件的文章172篇，如图6-8所示。

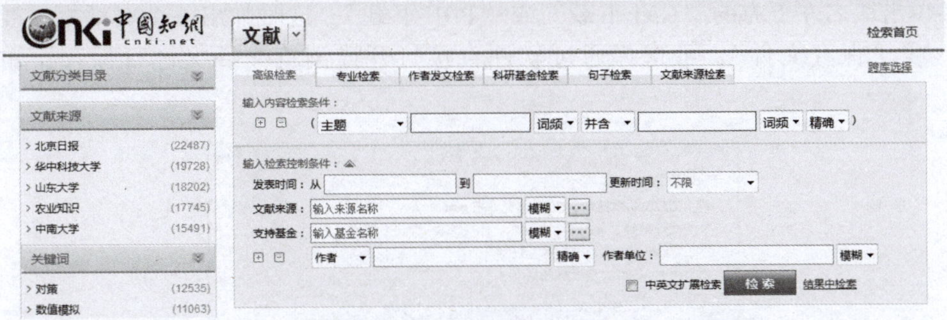

图 6-7　选择文献数据库

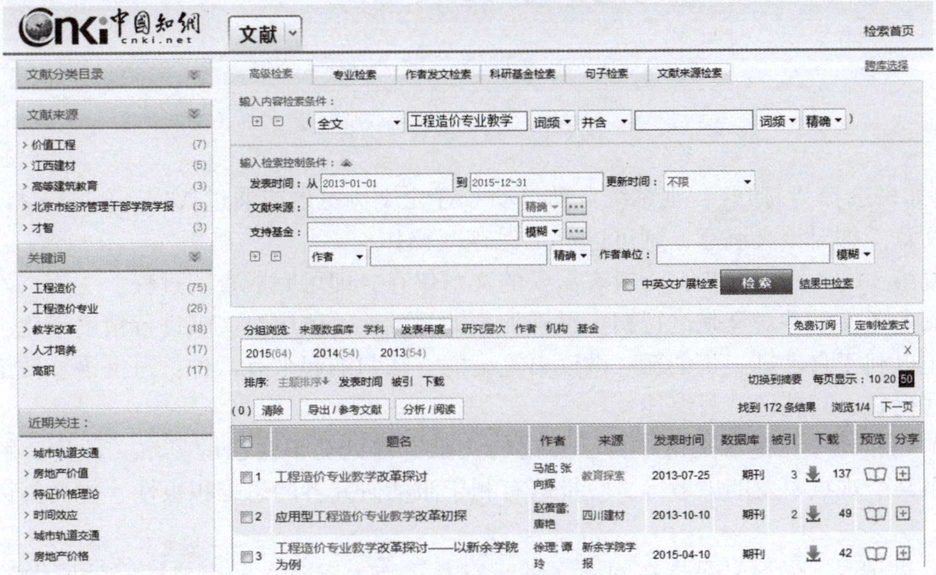

图 6-8　检索过程及结果

5）单击所需文章的篇名，新页面将显示该文章的基本信息，如作者、机构、摘要、关键词、基金、所属期刊栏目、刊名等信息，如图 6-9 所示。

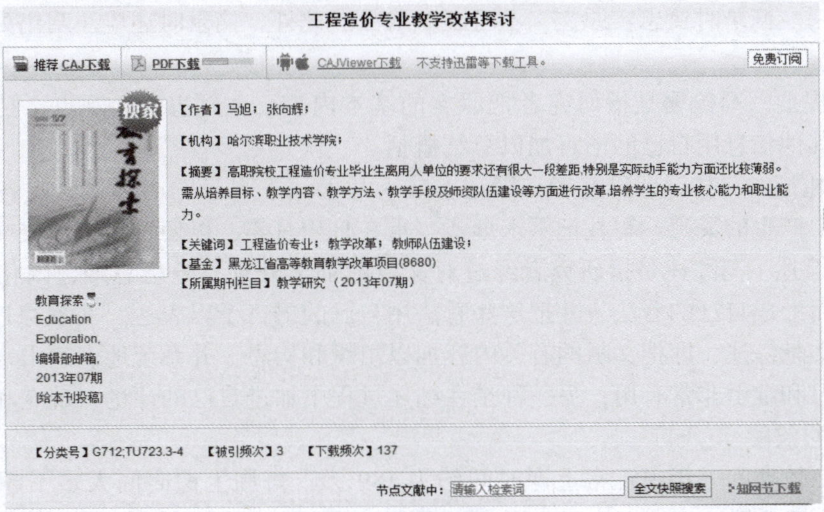

图 6-9　检索结果之一

6）单击篇名左下方的“CAJ 下载”或“PDF 下载”，这时弹出一个对话框，要求选择“打开”或“保存文件”，可选择通过软件直接打开或浏览文件夹进行保存，如图 6-10 所示。

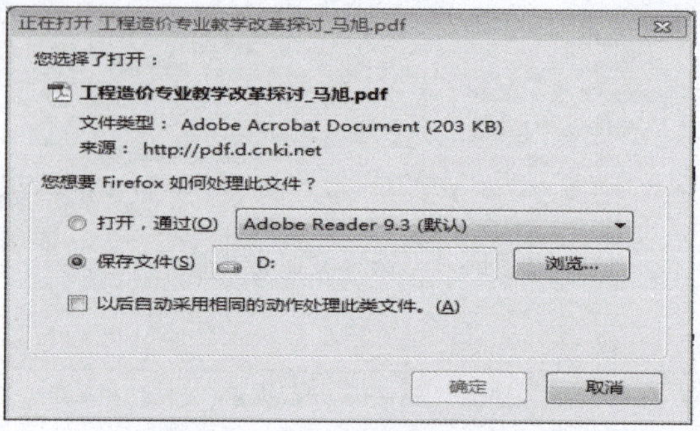

图 6-10 打开或保存文件

7）如果选择“打开”，则系统自动启动 CAJ 全文浏览器或通过 Adobe Reader 打开文件，显示该文章。如对该文满意，则可进行“保存”操作。

重复第 5）、6）、7）步，将所有需要的文章保存，即可完成查阅过程。

查阅参考文献并对文献进行初步整理加工的基础上，还应对文献进行精读消化，并结合读书笔记以利于自己进一步创新。做读书笔记的方法归纳起来有六种：写批语、做记号、做摘录、写提要、写札记、写综述。

（1）写批语 **写批语**是指在自己阅读的文献空白处写下自己的见解、评价、解释、质疑或者由某个观点引发的思考等。写批语有利于激活研究者的思维积极性，提高阅读时的注意力。

（2）做记号 **做记号**是指在阅读文献时对其重点、难点、疑点或精彩处所做的各种符号，如直线、曲线、红线、黄线、圆圈、箭头、问号、感叹号等。这些符号代表什么，由研究者自己统一规定。

（3）做摘录 **做摘录**是指用笔记下文献中的重要处和精彩处，以为自己今后写作时论证或引证之用。摘录时要忠实原文，不可断章取义。此外，摘录时还应注明出处，以便日后核查。

（4）写提要 **写提要**是指研究者把原文的基本内容、主题思想、观点、独到之处、精彩之处以及其他信息用自己的语言加以总结概括。

（5）写札记 **写札记**即研究者在笔记本或卡片上记下自己的心得体会、各种联想以及在日常生活中产生的灵感。写札记不求形式，重在日积月累，以便日后整理成文。

（6）写综述 **写综述**是指研究者经过对文献的加工处理、分析总结、内化为自己的结构体系，从而形成自己的看法，并把这些看法用自己的语言予以表达。文献综述有两种：一种是纯粹的文献综述，即把文献的有关内容加以组织和构思，并系统地表达出来，这种文献综述对于学习和继承非常有用；另一种是在综述过程中加进自己的评论、观点和见解等。

2. 自学的技能

大学生在校期间一年中正常上课时间约为 189 天，每周上课时间大多不超过 25 学时，平均每天只上 5 学时，白天 8 小时内还剩 3 小时，再加晚自习 2 小时，平均每人还有 5 小时自学时间，与上课时间正好为1∶1。若利用双休日和寒暑假的白天也进行自学，即（80天+84天）=164天=1312小时，则全年上课时间与自学时间之比为（189×5）∶（189×5+1312）=1∶2.388。可见，大学生的学习过程中绝大多数是靠课外自学。某高校文艺学教授说："在一定条件下，一个人学问的大小和他掌握书籍的多少成正比。"因此，掌握正确的读书方法对于课外自学就显得特别重要。

读什么书？怎样读书？取决于每个人不同知识结构的需要。而确立什么样的知识结构，又取决于每个人不同的志向目标和兴趣爱好。但也有共性，即博专统一、一专多能的知识结构。

读书贵在能烂熟、记住，才能进一步灵活应用。因此，加强记忆的方法，则是读书诸法中最基本最重要的方法，主要包括以下几种：

（1）利用最佳时段加强记忆　心理学实验表明，记忆的最佳时段是学习的开头时段、刚结束时段和具有醒目效果的时段。例如读书、上课、听报告、看演出等活动，如果连续几小时，常常是活动的开头阶段和刚结束时段记忆的印象最深刻。因此，教育家主张把学习再细分若干时段，来增加更多的开头、结尾最佳记忆时段。同时设法突出醒目效果，如提炼有意味的彩色标题，用红笔在书上圈画点线，来突出视觉上的醒目效果，以此来帮助记忆。

（2）用朗读与默读相结合来加强记忆　朗读可以通过视听双重感官向大脑皮质输送信息，但是心理实验同时发现：记忆外语单词，默读数遍之后再进行朗读，效果更佳。

（3）高度集中注意力最容易记忆　注意力是指发觉一件事物或现象后，把意识固定在该事物或现象上。如果达到"意识焦点化"，就最容易强化记忆。在这个意义上，记忆力等于注意力。但是，要想高度集中注意力，就必须保证身心健康。

（4）复习可以提高记忆维持率　经验表明：如果只学习一次，即使当时觉得记得很熟，但9小时后可能忘记殆尽；但如果不断复习，却可以大幅度减少遗忘。根据教育心理学家的研究，复习时间安排的最佳效果是：第一次学习45分钟的内容，10分钟后复习5分钟，1天后再复习5分钟，1星期后再复习3分钟，半年后再复习3分钟。这样复习多次后，再回忆就很容易了。

知道了记忆的方法后，再来看如何读书，重点介绍一种"五层塔形读书法"。它是指纵向进层式的分层次，即根据每个人的主攻方向、理想志趣而分别确定泛读、通读、精读、熟读、背诵的层次范围。这五个层次形如宝塔，范围逐渐缩小；又如打井，难度逐层加深。它体现出循序渐进、由博返约的内在规律。

1）**泛读**。泛读即博览群书，广泛涉猎。泛读并不都是一字一句地读，而是指区分轻重缓急：对有些内容逐行逐句地读，有的可以一目十行地浏览大意，还有些只需挑选某些章节来读，其他则甚至暂时只需看内容提要和目录，以便将来需要细读时心中有数。可以说，泛读是在知识海洋中走马观花式的巡礼，也是博观约取的第一步。

2）**通读**。在泛读中确定的与自己专业或具体目标直接相关的那些书，要逐行逐页地一本本读完，并通晓大意，获得大体而完整的印象，但还不要字斟句酌地琐细推敲，即通读。通读之于泛读，是线与面的关系；之于精读，则又是面与线的关系。

3）**精读**。精读即将在通读中遴选出来的重点部分，再反复精细地读。不仅要落实字词句，而且对全篇的基本内容（或中心论点）和基本特征，都要准确把握。

4）**熟读**。熟读即把精读部分再加以筛选，将其中某些篇章或段落再进一步反复诵读，达到烂熟于心的程度。熟读的方法是放声朗读，这样才能声心交感，凝神专注，记得快而牢；还要反复朗读，正所谓“读书千遍，其义自见”，熟读不但能够温故知新，不断加深理解，而且有利于实践应用。熟读之于通读、精读是点与面、线的关系，点、线、面相结合是最合理的知识结构。

5）**背诵**。读书虽不必死记硬背，但在融会贯通的基础上，努力背诵一些基本的、常用的、精彩的东西，却是十分必要的。背诵要注意两点：一是要选择，对于那些与自己专业或目标无关或关系不大的，都不需要强记硬背；二是要注意方法，选择适合自己的时间和方法背诵。

上述五层阅读法，并不局限于某个专业范围之内，可根据兴趣和需要，跨学科专业应用。例如你是学工科的，但你在泛读中发现经济学著作中某一篇文章很经典，也可列入精读或熟读范围。其他学科专业都可依此类推。

3. 解决疑难问题的技能

大学生在学习过程中会遇到的各种疑难问题，主要有两种类型：一是涉及学习重点的疑问，例如对某一个公式的演变不甚了解，会产生“从那个公式怎么演变成这个公式”的疑问，这一类问题，只要了解推演过程便可以快速解决；二是迷宫式的疑问，又称“无穷尽探求型”疑问，这类问题是属于无法立刻解决的，如果一直耿耿于怀，非弄个水落石出不可，反而会耗费大量时间和精力。所以，大学生应该培养自己提出与学习主体有关联的疑问的能力，切忌脱离太远。否则，大量与学习主体无关的疑问，会使思路越来越杂乱，最终可能导致一无所获。

高等学校的学习特点和人才培养模式，要求学生要善于发现问题，并学会自己解决问题。很多疑难问题的解决，首先可以借助图书馆来寻找答案，因为图书馆具有方便、快捷的查询功能，也有助于大学生培养自己独立学习、独立思考的能力。对确实靠自己无法解决的问题，可以考虑与同学探讨或向同学讨教。向同学讨教的好处甚多，既可以从同学那里学到不少知识，又可以将自己了解的知识教给同学，还可加深对所讨论问题的理解。若以上方法都不能获得满意的解答，最后还可以找老师课下请教或向专业人士咨询解决。一般，向老师发问可限于实在想不明白的问题；其他的小问题，可以在上课之前和下课之后与同学们讨论解决。当然，在上课时，也应该用心听其他同学的发问，并认真思考。因为对于一般学生来说，课本中关键性的问题是大致相同的。

4. 正确对待考试的技能

大学生们虽然久经考场，但面对大学考试，压力仍然很大。有的总觉得自己的成绩和所付出的努力不成正比；有的会对考试丧失信心，产生自卑怯懦心理；有的则对考试过分焦虑，甚至出现焦躁症状；还有的为考高分而作弊；更有的自暴自弃等。考试作为一种衡量学生学习和掌握知识程度的手段和尺度，大学生应该用正确的态度加以对待。积极对待考试的方法有以下三条。

（1）正确认识和看待考试　有些大学生把考试看做是和别人竞争的一种手段，认为要超过别人，就必须在考试成绩上胜人一筹。于是，精神总是处于高度紧张之中，从而可能引起失眠、健忘等症状，严重影响正常工作和学习。因此，大学生要明白考试的含义，不要将考试当做学习的唯一目的，更不要过分看重分数的高低，人为地给自己增加心理压力；更关键的是注重自己对知识的真实掌握程度，坦然面对考试。

（2）注意考试中的心理卫生　减少过度的考试焦虑和考试怯场。考试焦虑是指担心考试失败有损自尊的一种负面情绪反应，表现为考试前后精神紧张、心烦意乱、失眠、健忘、注意力难以集中、思维迟钝、记忆力下降等，并出现多汗、腹泻、感冒、眩晕等身体不适。考试怯场是焦虑情绪在考场上的反应，常常表现为心跳加快、情绪紧张、思维迟钝、恶心、烦躁、出汗、头晕等症状。这两种症状都会使考生的注意力分散、回忆困难，水平难以正常发挥；严重者还会引起焦虑症和强迫症。因此，大学生应该注意自身的情绪调节，平时树立自信心、勤奋学习，制订合理的学习和复习计划，做到心中有数；加强体育锻炼和营养，保证充足的睡眠和精力参加考试；学会放松自己，尤其是平时学习和考场上运用深呼吸法或心理暗示法放松自己。

（3）寻求心理咨询　目前学习压力与学习障碍已成为大学生最常见的心理问题之一。这种现象有一定的客观原因，但主要和大学生个体的心理素质和学习目的、学习动机及需求有关。大学生当面临巨大的考试压力或考前焦虑，自己又难以从根本上调节的情况下，应及时寻求心理咨询员的帮助。在咨询员的指导下，通过训练及早摆脱考试给心理带来的重负和紧张。

本章小结

学习是指人在一定的环境中，对某些具体的经验、知识和技能的获得，引起智力的发展、能力的提高、情感意志行为的变化过程。在教育上，学习则意味着通过模仿、读书、听课、研究、参加实际工作等获得知识和技能，并且要反复巩固以便真正获得它。学习具有目的性、间接性、系统性、集中性、指导性等特点。

理工科大学生的学习任务主要包括五个方面的内容，其反映了理工科大学生培养目标的三个侧面，即知识能力方面、情感方面和意志方面的目标。理工科大学生应具备的学习观主要包括学习的基础、学习目标、学习模式、学习风格和学习观念五个方面的内涵。

大学生学习过程可以划分为五个基本阶段：形成动机阶段、组织信息阶段、学习应用阶段、重复巩固阶段和迁移综合阶段。以上学习过程的后一阶段既是前一阶段的发展，同时又会反作用于前一阶段。大学生在校学习还要经历从小到大两个不同层次的学习过程，第一层次是指从一门课程的开始到结束的学习过程；第二层次是从入学到毕业的学习过程。

学习规律是指学习过程中存在于人们意识之外的，学习本身固有的本质联系和必然趋势。学习原则是根据长期积累的经验，人们所制定的对学习的基本要求。学习规律和学习原则既有区别又有联系，从大学生的角度提出四个学习客观规律和所派生的基本原则，即“终身性”规律和“讲究学习方法”原则；“知识积累、认知发展”规律和“靠已知掌握未知、理论联系实际”原则；“受环境制约”规律和“充分利用学校教育环境”原则；“不可替代”规律和“自主性学习”原则。

为适应工程造价行业系统性、综合性、严谨性等特点，通过严谨的职业资格认证考试成为工程造价人员，要求大学生在学习阶段掌握良好的基础理论知识和技术方法，具有运用所学知识和方法分析、解决实际问题的能力。在专业学习过程中，应认真学好基础课程，注重知识的融会贯通、加强实践能力培养和锻炼综合能力素质。这也是学好工程造价专业知识、方法的基本要求。

【关键概念】　学习、学习动机、学习规律、学习原则、基础课程、实践技能、课程设

计、综合技能

习　题

6.1 孔子曰：“学而时习之，不亦说乎”。由不会到会谓之“学”，它强调________；由不熟到熟谓之“习”，它强调________。

6.2 智力是人认识事物形成各种能力的总和。这些能力包括：观察力、____________、想象力和__________。

6.3 大学生学习过程中的重复巩固阶段的要素包括________、________和常规。

6.4 自主性学习的内涵包括五个方面，即________、自我选择、自我培养、________和自我调整。

6.5 BIM中文名为__________，是在计算机辅助设计等技术基础上发展起来的多维模型信息集成技术。

6.6 学生学习的特点不包含(　　)。

A. 目的性　B. 间接性　C. 系统性　D. 自主性

6.7 学风是长期在学习实践中形成的在治学方面的综合特征，通常不包括(　　)。

A. 勤奋进取的精神　B. 自我识别　C. 严谨求实的态度　D. 科学实效的方法

6.8 图书作为文献的一种形式，它不包括(　　)。

A. 教科书　B. 报纸　C. 专著　D. 工具书　E. 国家标准

6.9 “五层塔形读书法”中的“五层”是指(　　)。

A. 通读　B. 泛读　C. 精读　D. 熟读　E. 背诵

6.10 理工科大学生有哪些学习任务？这些学习任务包含了大学生培养目标的哪些方面？

6.11 理工科大学生应具备怎样的学习观？

6.12 大学生的学习过程可以划分为哪些阶段？这些阶段之间有什么样的关系？

6.13 简述学习的客观规律和基本原则。

6.14 大学生应从哪些方面培养自己的综合技能？

第 7 章

工程造价专业人士制度

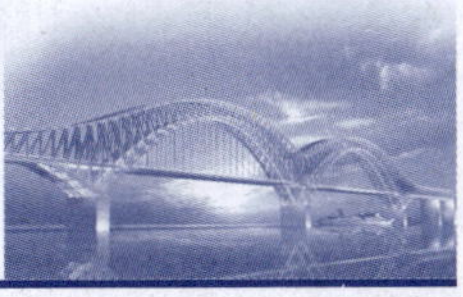

学习要点 本章主要阐述工程造价领域的专业人士与专业人士制度，中国内地工程造价领域专业人士制度的发展、注册及管理制度，国内造价工程师的执业环境等内容。通过本章的学习，要求了解工料测量师和造价工程师的区别，了解中国内地造价工程师执业资格制度的发展历程，熟悉造价工程师执业资格考试、注册及管理制度，了解造价工程师的执业环境，并树立责任风险意识，掌握一定的风险控制措施。

7.1 工程造价专业人士和专业人士制度

7.1.1 工程造价专业人士

随着社会化生产大发展，原始共同劳动的规模日益扩大，劳动分工与协作越来越细、越来越复杂，建筑业的分工也逐渐细致化。项目建设已经逐步衍化为业主、建筑设计师、施工承包商、专业承包商、造价工程师、监理工程师、中介机构等多方参与主体合作完成，他们在建筑市场的环境中相互之间进行各类资源和服务的交易。其中，造价工程师作为工程造价专业人士，在市场经济条件下的工程造价计价过程中发挥着非常重要的作用，建设项目的交易活动中离不开工程造价专业人士的工作。那么工程造价专业人士是如何产生的呢？

1. 工程造价专业人士的产生

在英国，建筑市场上最早产生的工程造价专业人士是建筑师。自人类文明出现以来，最早期的建筑项目组织形式是由业主自行施工建造，然后逐渐发展到业主雇用各种工匠进行施工，自己则作为主要技术人员和管理人员来完成全部工程项目的设计和组织工作。16 ~ 17 世纪，随着资本主义社会生产大发展以及人们对建筑设计的要求越来越高，于是“建筑师”在欧洲应运而生。彼时，建筑师即总营造师，他们受雇于业主，负责项目设计、购买材料、计算工程量、雇用工匠，并组织管理项目施工。后来，随着建筑技术的发展，建筑设计也日趋商业化，一部分建筑师联合起来进行设计，在技术咨询领域内发展；另一部分建筑师则负责项目的施工或监督项目施工，形成了设计和施工的分离。设计和施工的分离不仅导致了业主对工程监督的需要，也导致了对工程造价进行确定与控制的需要。从此，一部分建筑师开始提供工程量清单（Bill of Quantities，BQ），并负责从项目前期工作到项目结束后的工程决算。建筑师根据业主要求承包商所承担的工作量，确定工程所需的费用，并在工程完工后，按照公平合理的单价结算，付给承包商工程款。

由于当时没有合适的准则作为计价依据，建筑师和承包商之间很难达成最终一致的结算。因此，承包商开始雇用自己的工程量核算人员，对建筑师提出的各项工程量清单进行核对。但由于利益驱动，承包商往往将自己计算的工程量不断增大，最终致使业主和公众对项目各方，尤其是建筑师与承包商都缺乏信任。直至19世纪初，英国政府规定建设项目必须有一名总承包商进行承包，于是产生了以总价合价为基础的招标方式以及各承包商在工程开工前彼此进行价格竞争的现象。作为总承包招标的工作内容，客观上需要业主和承包商共同雇用同一位专业人士计算工程量，以便各承包商在同样的工程量清单上报价。1837年英国通过了《威烈特保护法》，要求雇用公用的工料测量师计算工程量。1862年，英国皇家建筑师学会（The Royal Institute of British Architects，RIBA）发表声明支持由工料测量师提供工程量，反对由建筑师计算工程量。至此，工料测量师作为工程造价专业人士，其地位有了稳固的基础。此后，1868年英国测量师学会成立，1878年在英国颁布的《市政房屋管理条例》中，工料测量师的地位得到了法律承认，1946年启用皇家特许测量师学会（Royal Institute of Chartered Surveyors，RICS）称号。到了20世纪50年代，1951年澳大利亚工料测量师协会成立，1956年美国造价工程师协会也宣告成立。同时，其他一些发达国家的工程造价管理协会也相继成立。从20世纪70年代至今，各国的造价工程师协会先后开始了造价工程师执业资格认可工作，推出造价工程师或工料测量师资质认可所必须完成的专业课程教育和实践经验，以及培训的基本标准。

2. 工料测量师与造价工程师

国际上工程造价专业人士从总体上可以分为两大体系：一是以英国为代表的工料测量师（Quantity Surveyor，QS）体系，强调成为工料测量师的条件之一是必须获得相应的工料测量学历；二是以美国为代表的造价工程师（Cost Engineer，CE）体系，强调专业人士执业资格的获得应基于工程技术的继续教育。

（1）工料测量师体系　英国及亚太地区的多数项目造价管理人员要取得相应测量师协会（如英国皇家特许测量师学会、澳大利亚工料测量师学会等）认证的工料测量学历，并通过相应的学会认可后，被称为“工料测量师（QS）”。围绕该认证制度，英国已形成了高等教育与专业人士执业资格制度一体化的成熟人才培养模式。英国高等学校制定了具有鲜明特色的工料测量学科教育，在许多设置建筑管理的高等学校中都设有工料测量学（Quantity Surveying，QS）专业，或在相关专业中设置QS相关课程。在此基础上，亚太地区的澳大利亚、马来西亚、新加坡等都形成了与英国同源的工程测量专业高等教育体系。

（2）造价工程师体系　美国的高等学校不设置“工程造价（Cost Engineering）”专业，其要求工程造价专业人士必须在大学接受工程师高等教育，进入专业领域后再补充必要知识，通过考试获得“造价工程师（CE）”的称号。如果不具备工程学位或工程师背景的人士通过了资格考试，则在确认时只能成为注册造价顾问（Certified Cost Consultant，CCC）。工程造价/成本估算专业人士的资格由行业协会确认并颁发证书，国际全面造价管理促进会（The Association for Advancement of Cost Engineer-International，AACE-I）和造价估算与分析联合会（SCEA）均提供认可程序。可见，美国对工程造价类专业人士也强调高等工程教育，并且美国作为开展高等工程教育专业认证最早的国家之一，已形成一套成熟的工程教育专业认证准则。近年来，为了满足广大青年专业人士希望早日获得一定的专业认证的需要，美国造价工程师协会在造价工程师的基础上，设置了预备造价咨询师（Interim Cost Consultant，ICC），预备造价咨询师只需要具备四年的相关专业经验。

那么，工料测量师和造价工程师有什么区别与联系呢？一些权威咨询协会对此仍未达成一致的看法。国际全面造价管理促进会（AACE-I）《全面造价管理指南》研究课题的负责人，霍尔曼（Hollmann）先生认为“工程测量通常与管理会计有关，在很大程度上属于财务管理、产品管理或运营管理的范畴；而造价工程则通常是与造价预算、造价分析与控制有关，属于技术管理、资产管理和项目管理的范畴。”此外，英国皇家特许测量师学会（RICS）认为皇家特许工料测量师是建筑队伍的财务经理，他们通过对建设造价、工期和质量的管理来创造和增加价值。他们的工作涉及从最初的可行性分析，至最终的项目竣工结算和评估。他们提供预算、造价计划、建筑合同方面的建议及有关承包商的选择建议，提供建设项目价值工程分析、财务账目核查，为税务和保险部门提供费用账目分析，并且为客户提供房屋经营与维护的全生命周期造价咨询服务。国际造价工程联合会（ICEC）认为造价工程师主要的职责涉及造价预算、造价控制和经营规划与管理科学的工程领域，它包括对建设项目和过程的管理、计划、排产和盈利分析。

可以说工料测量与工程造价非常相似，并且在很多职能方面是重合的。两者都是在建设项目管理领域工作，工料测量更多地注重建筑设计和建造，而工程造价更多地注重工程计划和过程。现将 RICS 对工料测量师、AACE-I 对造价工程师所规定的工作职责和范围做一比较，见表 7-1。

表 7-1　工料测量师与造价工程师的工作职责和范围比较

RICS 的工料测量师	AACE-I 的造价工程师
① 提出最适合的项目实施方式，选择、组织和评价投标书及合同管理 ② 规划、估价和控制费用，评价设计方案，做可行性研究 ③ 提出费用控制基准和做预算 ④ 提出项目寿命周期费用，进行成本效益分析 ⑤ 制定合同条件，如工程量表，但不局限于此 ⑥ 确定完成的施工工程量的价值，在施工中实施费用控制，确定变更和可能的变更引起的造价变化 ⑦ 安排资源供应时间表 ⑧ 编制计划和施工工作的进度计划，应用网络分析技术 ⑨ 分包合同管理 ⑩ 项目最终结算等	① 建筑合同文本的服务/多种语言的造价估算服务 ② 行政控制管理 ③ 建筑领域中项目控制和工程咨询 ④ 建筑行业中高质量的工料测量/商务管理服务 ⑤ 工程造价估算服务 ⑥ 工程建设管理服务、造价估算服务、工程建设监管、进度计划、索赔等 ⑦ 资金项目管理 ⑧ 企业项目管理系统、计算机化管理、资产管理、风险和索赔管理、相关的系统集成和管理 ⑨ 提供本国的国家造价数据、估算服务/审计、培训活动、价值工程、索赔、程序支持、标杆管理、项目程序、专业的外部资源及 PM/CM 服务 ⑩ 全方位的工程咨询服务

通过进一步对比来看，造价工程师与工料测量师所从事的工作大部分是一致的，但涵盖的范畴仍有一定区别。**造价工程师相对偏重于工程设计和造价控制**，是从工程科学的角度出发，注重运用工程技术手段实现造价的预算与控制。而**工料测量师相对偏重于建筑设计和工料度量**，更多地强调从管理科学的角度出发，突出组织的协调作用，利用管理和专业技能提升项目的价值。

7.1.2　工程造价专业人士制度

1. 英国的工料测量师制度

在英国，从事工程造价行业的专业人士是工料测量师，其被誉为建筑队伍的财务经理，在资产管理领域中具有重要地位。作为工料测量师，要具备广泛全面的专业知识、精湛的专业技术和高尚的职业道德品质，以确保站在客户的立场上承担选用、管理及配置各项资源的工作，从而使整个建设项目圆满完成。这就对工料测量师的知识、能力和职业操守都提出了很高的要求。在英国的市场经济环境下，实行严格的专业人士资格认可制度，由皇家特许测量师学会全权负责对工料测量师的执业资格认可、注册、行为监督和管理等工作。

（1）工料测量师认证机构　在英国，对工料测量师的执业认可工作是由皇家特许测量师学会全权负责的。**皇家特许测量师学会**（Royal Institution of Chartered Surveyors，RICS）是由社会俱乐部形式发展起来的，其先驱可以追溯到1792年成立的“测量师俱乐部”。1868年成立英国“测量师学会”即现在学会的前身，这些组织的会员依靠测量师这项职业的声誉服务于社会。1881年学会被准予皇家注册，1921年皇家赐予赞誉，1946年启用皇家特许测量师学会（RICS）称号至今，目前已有14万多会员分布在全球146个国家。

（2）工料测量师的执业资格认证制度　皇家特许测量师学会采用将会员和执业资格合一的方式进行管理认证，从业人员要想获得执业资格，必须满足皇家特许测量师学会的入会标准，并经过一定时间的专业实践培训，经考核合格后，成为皇家特许测量师学会（RICS）的正式会员，方可独立从事工料测量的各项工作。

皇家特许测量师学会（RICS）对工料测量师的执业资格主要从专业知识和执业能力两方面进行严格的审核和考核，确保其必须达到两项基本要求：①学业资历，一般要获得RICS认可的相关专业的学位或文凭；②必须经过RICS组织的专业能力评估（Assessment of Professional Competence，APC），评估合格者才能最终成为特许工料测量师（Certified Quantity Surveyor）。皇家特许测量师学会（RICS）对高校的专业课程体系实行课程认证制度，以保证学生掌握毕业以后执业所需的基础专业知识；而专业能力评估（APC）是在一段时间的实际工作中对申请人实行的一系列系统化的培训和评估，最终通过评估的人被认为具备了作为专业测量师所具备的执业能力。RICS通过学历和专业能力评估，保证了获得执业资格的人都是合格的专业人士，从而确保了整个测量师专业队伍的质量。

（3）RICS会员等级　皇家特许测量师学会（RICS）的会员分为不同的等级，分别为**专业级会员**（包括资深会员（fellows）和专业会员（professional members））、**技术级会员**（technical members）和**荣誉级会员**（honorary members）。此外还有学生会员、实习测量师、技术练习生等三个相关的非正式会员。其中，只有专业级会员可以使用特许测量师（Chartered Surveyor）的头衔，具有独立的执业资格，可以承揽有关业务，签署有关估算、概算、预算、结算、决算等文件。技术级会员可以使用技术测量师（Technical Surveyor）的名称，一般是作为特许测量师的助手，从事测量工作；荣誉级会员可在其姓名后使用HonRICS头衔。学生会员等非正式会员是面向开始学习建筑、土地、房地产或测量有关课程的学生等相关人士的，主要为了给进入该行业人士职业生涯的开始阶段提供一些帮助，如测量专业的最新信息、职业忠告、工作经验计划、继续教育（CPD）研讨会以及免费进入学会图书馆等条件。

（4）RICS入会途径与会员转换　根据申请者的教育背景和工作经验的不同状况，皇家特许测量师协会为申请者提供了成为正式会员的不同途径，其中，直接成为RICS会员的途径有毕业生途径（Graduate Route）、学术途径（Academic Route）、专家途径（Senior Professional Route）三大类，另外还有成为学术会员和技术会员的途径。针对不同的入会途径，RICS提出了不同的申请条件，并制订了详细的APC计划——一般包括一定时间的结构化专业实践培训（structured training）和最终的专业能力评估。

此外，RICS 的各类会员之间也具有一定的转换关系，例如学生会员毕业后，通过专业能力评估（APC）即可成为皇家特许测量师协会（RICS）的正式会员，获得特许工料测量师的称号，技术测量师通过专业能力评估（APC）后同样可成为特许工料测量师，而特许工料测量师满足一定的条件后即可申请为资深工料测量师。各类会员之间的转换及入会途径如图 7-1 所示。

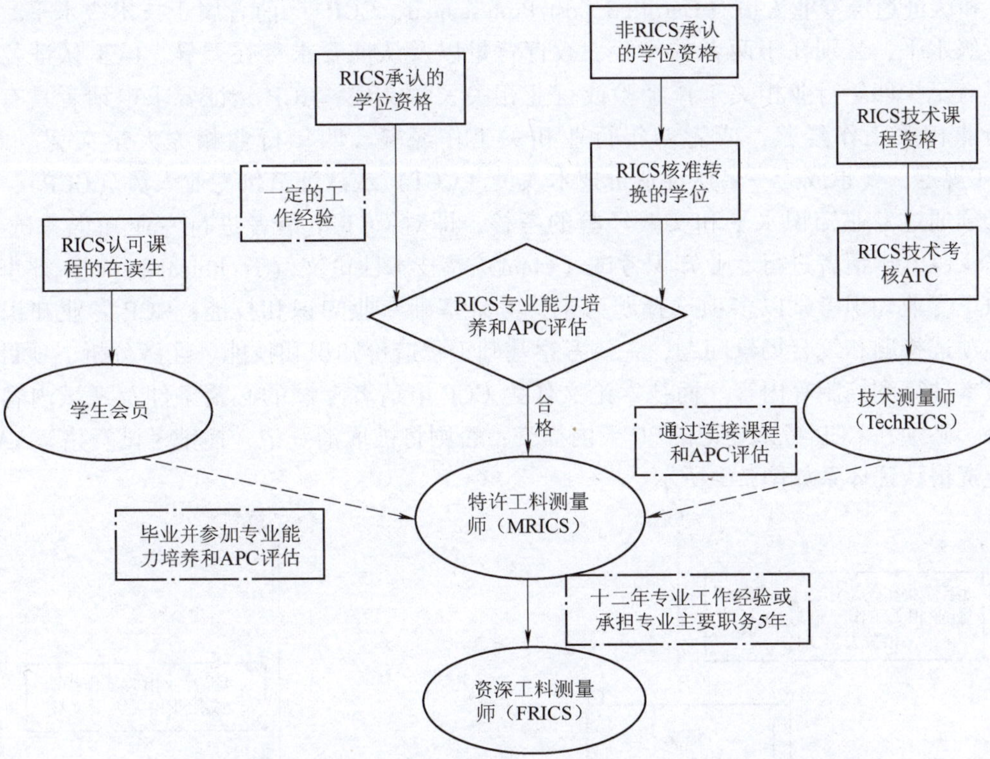

图 7-1　皇家特许测量师学会（RICS）入会途径及会员间的转换关系

2. 美国的造价工程师制度

在美国，工程造价领域的专业人士称为造价工程师（Cost Engineers，CE）。美国联邦政府没有主管建筑业和工程造价咨询业的政府部门，通常不对工程造价咨询机构的资质进行认证，而是注重对执业人员的资格认证。美国工程造价或成本估算专业人士的资格由行业协会确认并颁发证书，目前提供这种执业资格认可的行业学会主要有国际全面造价管理促进会（The Association for the Advancement of Cost Engineering International，AACE-I）和成本估算与分析学会（Society of Cost Evaluation and Analysis，SCEA）。它们均推出了造价工程师或估算师资质认可所必须完成的专业课程教育、实践经验以及培训的基本要求。但值得注意的是，造价工程师并不属于美国政府注册的专业人士，该协会所提供的认可只代表某人在这一专业领域具有一定的专业技能，能够胜任某一方面的工作，并不意味着其就获得了执业许可或注册执业资格，也不具备执业的法律资格为开业提供法律依据。下面将主要以国际全面造价管理促进会（AACE-I）对造价工程师的执业资格认可进行介绍。

（1）造价工程师认证机构　国际全面造价管理促进会（AACE-I）成立于 1956 年初，

是一个非营利性的工程造价管理职业协会，其前身为美国造价工程师协会（American Association of Cost Engineers，AACE），于 1992 年更改为现名。该协会发展迅速，目前在全球 100 个国家范围内已有超过 9000 名会员，是全美服务于造价管理全过程的最大组织，并且在造价估价师、造价工程师、项目计划员、项目经理、项目控制专家行业协会中处于领导地位。

（2）AACE-I 的执业资格认可制度　国际全面造价管理促进会（AACE-I）在工程造价方面提供的认证资质主要有两种，分别是**认证造价技术人员**（Certified Cost Technician，CCT）和**认证造价专业人员**（Certified Cost Professional，CCP）。前者属于技术级水平，后者为专业级水平，区别在于两者的经验、教育背景以及认证要求存在差异。CCT 认证要求申请者具有至少四年行业相关工作经验或行业相关大学文凭，CCP 认证要求申请者具有至少八年行业相关工作经验，或者四年行业相关工作经验、四年行业相关大学文凭。此外，AACE-I 规定，要想成为一名认证造价技术人员（CCT）或认证造价专业人员（CCP），申请者还必须通过专业知识水平和实践经验的考核，即对 CCT 申请者进行专业知识考试（exam）、对 CCP 申请者进行专业知识考试（exam）及技术性论文（Technical Paper）评审。其中，CCT 专业知识考试以多项选择题为主，考察基础专业知识和技能；CCP 专业知识考试分为多项选择题和复合场景问题，主要考察基础工程造价知识和技能、经济分析、项目管理以及成本估算和控制等内容。而技术论文作为 CCP 申请者考试的必要条件及考试内容的组成部分，必须在 CCP 考试登记的 30 天内提交；否则将被取消登记，撤销考试资格。AACE-I 的执业资格认证体系如图 7-2 所示。

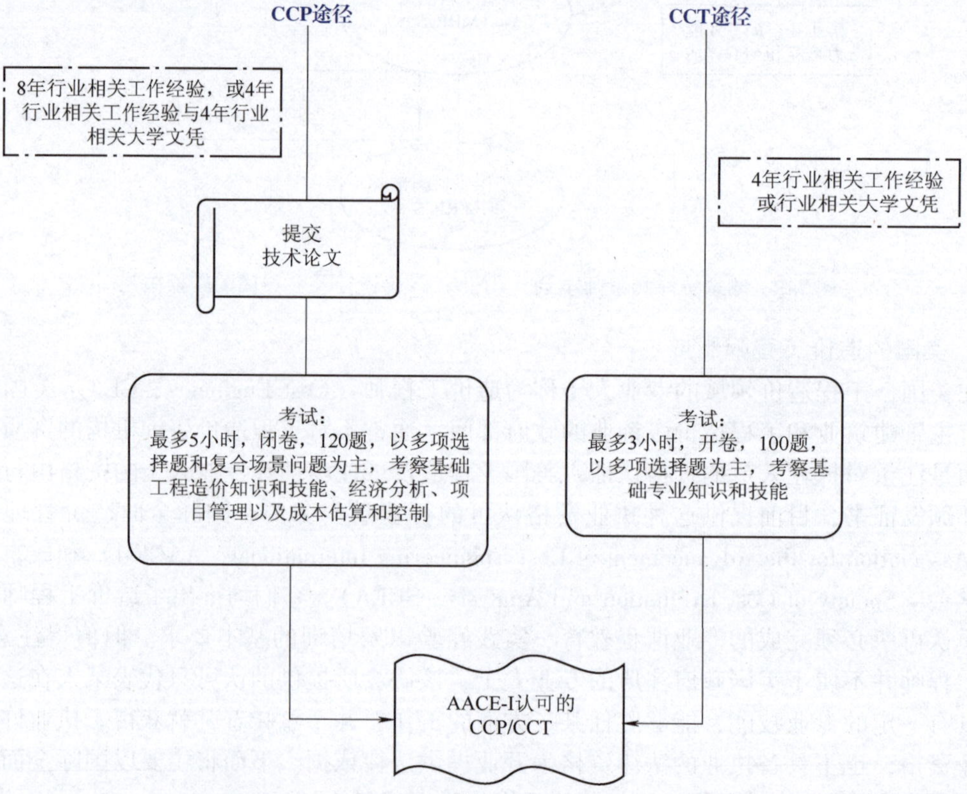

图 7-2　AACE 的认证体系

AACE-I 还进行认证造价技术人员（CCT）和认证造价专业人员（CCP）的再认可制度（Recertification），以保持其作为行业专家的专业知识水平、实践能力和技术水准。AACE-I 规定 CCT 认可的有效期为四年，CCP 认可的有效期为三年，有效期截止时间前可通过重新参加考试或累计学分（12CEUs）的方式进行再认可。AACE-I 的再认可制度可视为一个系统化的继续教育机制，为认可的专业人士提供了进行持续学习的机会，使其有机会与同行进行交流，积累行业的专业知识和经验。

3. 中国内地造价工程师制度

改革开放以来，随着我国内地建筑业领域工程招标投标制度、工程合同制度、建设监理制度、项目法人责任制等工程管理基本制度的建立和完善，客观上需要一批同时具备工程技术、工程计量与计价知识和通晓经济法与工程造价管理的人才在经济领域进行项目管理，我国逐步建立了造价工程师制度。

（1）中国内地造价工程师制度的发展　1996 年开始，中国内地对工程造价专业人员的管理，取代了从 20 世纪 80 年代就开始实行的各省、市、自治区分别制定的概预算人员持证上岗制度，正式实行造价工程师执业资格制度。1996 年 8 月 26 日，国家人事部、建设部联合发布了《造价工程师执业资格制度暂行规定》（人发［1996］77 号），明确规定国家在工程造价领域实施造价工程师执业资格制度，以加强建设工程造价专业技术人员的执业准入控制和管理，确保建设工程造价管理工作质量，维护国家和社会的公共利益；1998 年 1 月 26 日，在国家人事部、建设部在公开发布的“关于实施造价工程师执业资格考试有关问题的通知”中指出：造价工程师执业资格考试自 1998 年起在全国举行，此后除 1999 年停考一次外，以后的各年都举行了全国统一考试；2000 年 1 月，建设部颁布了第 75 号令《造价工程师注册管理办法》（建设部令第 75 号），宣布于 2000 年 3 月 1 日起正式施行；2001 年 9 月，建设部发布了《关于造价工程师注册证书、执业专用章制作等有关问题通知的函》（建标造函［2001］50 号），以加强造价工程师注册证书、执业专用章的制作及管理工作；2002 年 7 月建设部制定了《<造价工程师注册管理办法>的实施意见》；2006 年 12 月建设部又发布了新的《注册造价工程师管理办法》（建设部令第 150 号），规定于 2007 年 3 月 1 日起施行，新的管理办法增加了工程造价行业组织应当加强造价工程师自律管理等规定；2007 年中国建设工程造价管理协会（以后简称“中价协”）制定了《注册造价工程师继续教育实施暂行办法》（中价协［2007］025 号），并于 2008 年 1 月 1 日起施行；2010 年中价协发布了《关于 2010 年至 2011 年注册造价工程师继续教育工作实施意见的通知》（中价协［2010］001 号）等相关文件。至此，中国内地的造价工程师执业资格制度逐渐完善起来。

此外，在我国造价工程师制度的发展过程中，造价员也作为从事工程造价活动的专业人员在国内建筑领域发挥了重要作用。造价员由概预算人员、预算员发展而来，是指取得《全国建设工程造价员资格证书》并在一个单位注册从事建设工程造价活动的专业人员。建设部于 2005 年 5 月发布了《关于由中国建设工程造价管理协会归口做好建设工程概预算人员行业自律工作的通知》（建标［2005］69 号），指出由中价协按照行业自律的要求，做好相关工作，并尽快组织制定有关行业自律方面的制度和办法。2005 年 9 月 16 日，建设部办公厅发布《关于统一换发概预算人员资格证书事宜的通知》（建办标函［2005］558 号），声明将概预算人员资格命名为“全国建设工程造价员资格”，并拟于 2005 年底前由中价协完成《中国建设工程造价员资格证书》的换证工作。此后，中价协在 2006 年发布了《全国建设工程造价员管理暂行办法》（中价协［2006］013号），明确指出根据建标［2005］69号文件精神，为加强对建设工程造价员的管理，规范建设工程造价员的从业行为和提高其业务水平，制定该办法，并由中价协负责全国建设工程造价员的行业自律管理工作。2011年中价协根据建标［2005］69号对造价员管理办法又进行了修订，发布了《全国建设工程造价员管理办法》（中价协［2011］021号），于2012年1月1日起施行。在此期间，造价员作为行业自律管理的从业资格，由各省协会和中价协组织考试、中价协颁发《全国建设工程造价员资格证书》，实行登记从业管理制度。通过造价员资格考试取得资格证书的人员，经过登记取得从业印章后，方能以造价员的名义从业。直至2016年1月20日，国务院发布了"关于取消一批职业资格许可和认定事项的决定"（国发〔2016〕5号），宣布取消全国建设工程造价员职业资格。而同时，中价协也就取消全国建设工程造价员职业资格事项与住房和城乡建设部、人力资源社会保障部进行积极沟通，相应的该资格的后续证书换发工作及管理或替代方法等，将按国家颁发的新文件执行。现阶段造价员职业资格的改变，也标志着国家对工程造价行业职业资格准入制度的管理更为严格和规范。

（2）中国内地造价工程师制度概述　造价工程师执业资格制度属于国家统一规划的专业技术人员执业资格制度范围。根据《造价工程师执业资格制度暂行规定》，造价工程师是指经全国统一考试合格，取得造价工程师执业资格证书，并经注册从事建设工程造价业务活动的专业技术人员。《注册造价工程师管理办法》（建设部令第150号）明确指出"注册造价工程师，是指通过全国造价工程师执业资格统一考试或者资格认定、资格互认，取得中华人民共和国造价工程师执业资格（以下简称执业资格），并按照本办法注册，取得中华人民共和国造价工程师注册执业证书（以下简称注册证书）和执业印章，从事工程造价活动的专业人员。"我国对注册造价工程师实行注册执业管理制度。

造价工程师执业资格与取消的造价员的区别在于：造价工程师是由住房和城乡建设部与人力资源和社会保障部共同组织考试、住房和城乡建设部进行注册管理，属于国家依法设定的执业资格，是国家行政机关实施的行政许可。造价工程师依法具有相应造价文件的签字权并依法承担法律责任。而造价员由各省协会和中价协组织考试，中价协颁发造价员资格证书并登记注册取得从业印章，属于水平评价类资格证书，不具有行政许可的性质。造价员的职责是协助造价工程师完成造价工作，而不具有独立的造价文件签发权。因此，**一种是注册管理的执业资格，一种是行业自律管理的从业资格**。

7.2　中国内地造价工程师执业资格管理制度

根据《造价工程师执业资格制度暂行规定》中的规定，国家在工程造价领域实施造价工程师执业资格制度。**造价工程师**是指经全国统一考试合格，取得造价工程师执业资格证书，并经注册从事建设工程造价业务活动的专业技术人员。国家住房和城乡建设部与人力资源和社会保障部共同负责全国造价工程师执业资格制度的政策制定、组织协调、资格考试、注册登记和监督管理工作。造价工程师执业资格考试实行全国统一大纲、统一命题、统一组织的办法，原则上每年举行一次。国家住房和城乡建设部负责考试大纲的拟定、培训教材的编写和命题工作，统一计划和组织考前培训等有关工作。培训工作按照与考试分开、自愿参加的原则进行。国家人力资源和社会保障部负责审定考试大纲、考试科目和试题，组织或授权实施各项考务工作，会同住房和城乡建设部对考试进行监督、检查、指导和确定合格标准。

7.2.1　报考资格

1）凡中华人民共和国公民，遵纪守法并具备以下条件之一者，均可申请造价工程师执业资格考试：

a. 工程造价专业大专毕业后，从事工程造价业务工作满五年；工程或工程经济类大专毕业后，从事工程造价业务工作满六年。

b. 工程造价专业本科毕业后，从事工程造价业务工作满四年；工程或工程经济类本科毕业后，从事工程造价业务工作满五年。

c. 获上述专业第二学士学位或研究生毕业和获硕士学位，从事工程造价业务工作满三年。

d. 获上述专业博士学位，从事工程造价业务工作满两年。

2）上述报考条件中有关学历或学位的要求是指经国家教育行政部门承认的正规学历或学位。

3）根据人事部《关于做好香港、澳门居民参加内地统一举行的专业技术人员资格考试有关问题的通知》（国人部发〔2005〕9号）和人事部、国务院台湾事务办公室《关于向台湾居民开放部分专业技术人员资格考试有关问题的通知》（国人部发［2007］78号）文件精神，凡符合造价工程师执业资格考试有关规定的香港、澳门和台湾地区居民，均可按照规定的程序和要求，报名参加考试，在报名时须提交国务院教育行政部门认可的相应专业学历或学位证书，从事相关工作年限证明和居民身份证明等材料，台湾居民还须提交《台湾居民来往大陆通行证》。

7.2.2　考试内容

根据建设部、人事部的设想，造价工程师应该是懂技术、懂经济管理与法律，并具有实践经验和良好职业道德的复合型人才。因此，全国造价工程师执业资格考试内容主要包括以下科目：

1）**建设工程造价管理**：主要考查应考人员对工程造价管理的基本制度和内容、工程建设法规、工程项目管理的内容及方法、工程经济理论、工程项目投融资以及工程建设全过程造价管理的内容的掌握情况。

2）**建设工程计价**：主要考查对工程造价构成以及基本计价依据的掌握，系统进行工程计价与造价预测的能力，以工程量清单计价方式为核心的合同价款管理，以及竣工决算的编制等能力。

3）**建设工程技术与计量**：分为土建和安装方向，报考人员可根据工作实际选报其一。主要测查考生对这两方向专业基本技术和计量规则的知识水平，以及应用能力。

4）**建设工程造价案例分析**：主要考查应考人员综合运用专业技术和造价知识，分析和解决建设工程造价实际问题的执业能力。

其中“工程造价案例分析”为主观题，在答题纸上做答；其余三科均为客观题，考试形式均采用闭卷笔试的办法。考试成绩以两年为一个周期，采用滚动管理，报考全部科目的考生在连续两个考试年度内通过全部科目方为合格，予以发放《全国注册造价工程师执业资格证书》。免试部分科目的考生，须在一个考试年度内通过应试科目，方可发放《全国注册造价工程师执业资格证书》。

7.2.3 注册制度

造价工程师执业资格实行注册登记制度。为了加强对注册造价工程师的管理，规范注册造价工程师执业行为，维护社会公共利益，建设部于2006年讨论通过《注册造价工程师管理办法》，并于2007年3月1日起施行。

（1）注册条件　注册造价工程师的注册条件为：取得执业资格，受聘于一个工程造价咨询企业或者工程建设领域的建设、勘察设计、施工、招标代理、工程监理、工程造价管理等单位，无规定不予注册的情形。

（2）注册程序　取得执业资格的人员，可自资格证书签发之日起一年内，向聘用单位所在地的省、自治区、直辖市人民政府建设主管部门（以下简称省级注册初审机关）或者国务院有关部门（以下简称部门注册初审机关）提出注册申请。逾期未申请者，须符合继续教育的要求后方可申请初始注册。初始注册的有效期为四年。

对申请初始注册的，注册初审机关应当自受理申请之日起20日内审查完毕，并将申请材料和初审意见报国务院建设主管部门（以下简称注册机关）。注册机关应当自受理之日起20日内做出决定。

对申请变更注册、延续注册的，注册初审机关应当自受理申请之日起5日内审查完毕，并将申请材料和初审意见报注册机关。注册机关应当自受理之日起10日内做出决定。

注册造价工程师的初始、变更、延续注册，逐步实行网上申报、受理和审批。

（3）初始注册　申请初始注册的，应当提交下列材料：①初始注册申请表；②执业资格证件和身份证复印件；③与聘用单位签订的劳动合同复印件；④工程造价岗位工作证明；⑤取得资格证书的人员，自资格证书签发之日起一年后申请初始注册的，应当提供继续教育合格证明；⑥受聘于具有工程造价咨询资质的中介机构的，应当提供聘用单位为其交纳的社会基本养老保险凭证、人事代理合同复印件，或者劳动、人事部门颁发的离退休证复印件；⑦外国人应当提供外国人就业许可证书，中国台港澳人员应提供就业证书复印件。

（4）续期注册　注册造价工程师注册有效期满需继续执业的，应当在注册有效期满30日前，申请延续注册。延续注册的有效期为四年，申请延续注册的，应当提交下列材料：①延续注册申请表；②注册证书；③聘用单位签订的劳动合同复印件；④前一个注册期内的工作业绩证明；⑤继续教育合格证明。

（5）变更注册　在注册有效期内，注册造价工程师变更执业单位的，应当与原聘用单位解除劳动合同，并按照规定的程序办理变更注册手续。变更注册后延续原注册有效期。申请变更注册的，应当提交下列材料：①变更注册申请表；②注册证书；③与新聘用单位签订的劳动合同复印件；④与原聘用单位解除劳动合同的证明文件；⑤受聘于具有工程造价咨询资质的中介机构的，应当提供聘用单位为其交纳的社会基本养老保险凭证、人事代理合同复印件，或者劳动、人事部门颁发的离退休证复印件；⑥外国人应当提供外国人就业许可证书，中国台港澳人员应提供就业证书复印件。

7.2.4 管理制度

为了保证注册造价工程师的专业水平和综合能力，加强对造价工程师执业的监督和管理，中国内地对注册造价工程师实行继续教育和执业资格年检制度。

（1）**继续教育制度** 管理办法中对注册造价工程师在注册有效期内的继续教育有明确的规定：造价工程师在每一注册期内应当达到注册机关规定的继续教育要求。注册造价工程师继续教育分为必修课和选修课，每一注册有效期各为60学时。经继续教育达到合格标准的，颁发继续教育合格证明。只有获得继续教育合格证明的注册造价工程师才能申请续期注册。

中价协负责组织开展继续教育工作，各省级和部门管理机构应在中价协的组织下，负责开展本地区和本部门注册造价工程师继续教育工作。取得《中华人民共和国造价工程师执业资格证书》超过一年，但少于一个注册有效期（四年）申请初始注册的人员，在申请初始注册时，应提供自执业资格证书签发之日起至申请初始注册年度止，每满一个年度不少于30学时继续教育学习证明。注册造价工程师暂停执业期间，应主动参加继续教育学习，其造价工程师执业资格保留。未参加继续教育学习的注册造价工程师申请恢复执业时，应补习暂停执业之日起至申请恢复执业年度止的继续教育学习课程。超过一个注册有效期或者一个延续注册有效期未参加继续教育学习的造价工程师，申请初始注册或恢复执业申请时，应参加中价协组织的继续教育补习学习班，考核合格者由中价协出具相关继续教育合格证明。

（2）**资格年检制度** 造价工程师执业资格年检由建设行政主管部门负责。造价工程师执业资格年检应报送下列材料：①造价工程师上年度从事工程造价业务情况汇总表；②造价工程师上年度完成的三个典型业务报告封面复印件（反映本人执业单位和执业专用章使用情况）或两份工程造价业务报告；③造价工程师继续教育证书复印件（反映本人上年度继续教育情况）。

造价工程师未通过年检的，限期整改，整改期间必须参加40小时的培训，并不得执行工程造价咨询业务。年检不合格的，由住房和城乡建设部注销其造价工程师执业资格，并予以公告。造价工程师在其执业过程中还应遵守相关规定，否则应承担相应的法律责任。

7.2.5 专业能力标准

工程造价是一门职业技术性较强的应用学科，结合我国工程造价专业人士从业的范围、职责及未来的需求，构造了一个动态的有层次的专业人士能力体系，见表7-2。

表7-2 我国造价工程师的知识结构和能力标准

专业能力体系	技术平台	经济平台	管理平台	法律平台
基本能力	建筑技术	工程经济	项目沟通	建筑法律及规章
	工料测量技术	统计学	人际关系处理	
	计算机技术	财务管理	项目组织	
			商务管理	
执业能力	估算技术	可行性研究	战略规划	
	造价控制	价格评估	合同管理	
			采购管理	
发展能力	信息管理	价值管理	项目风险管理	争端解决
	全寿命期成本管理	会计、审计	质量管理	新的法律和规章
			集成管理	

（1）基本能力　此能力主要是为了搭建造价工程师所需要的基本能力平台，主要通过学历教育建立其系统性。各方面能力的主要内容有：

1）建筑技术：包括工程材料、土木工程施工、工程结构等方面知识的理解和运用。

2）工料测量技术：理解和运用工程建设中所涉及的标准术语、能够进行准确的工程计量。

3）计算机技术：包括信息处理的基本技术、有关的软件和硬件管理、网络技术、计算机辅助工程造价的能力。

4）工程经济：包括宏观经济学与微观经济学、现金流的现值和终值的处理、建筑业的国民经济分析、项目融资、敏感性分析、方案选择等。

5）统计学：包括概率论、预测技术、风险概率、统计检验、数据处理等。

6）财务管理：包括成本管理的一般概念、最优化管理、生产能力管理等。

7）项目沟通：包括通过口头、书面或其他方式进行有效沟通、能够准确地以正式书函方式进行意思表示，以及沟通技巧等。

8）人际关系处理：包括处理项目团队中的各方关系、激励理论、项目内部成员间的矛盾解决、激励理论等。

9）项目组织：包括绘制组织结构图，识别项目参与各方的作用、职责、权利、义务，建立项目内部的横向和纵向的矩阵式结构。

10）商务管理：包括顾客满意度、客户关系管理、职业健康和安全管理、资源的合理分配及相应的成本管理。

11）建筑法律及规章：包括有关建筑合同的法律及规章、有关争端解决方法的不同形式。

（2）执业能力　执业能力是在基本能力的基础上建立起来的，在执业资格的考试过程中，应着重考察从业人员在各个方面的实践工作能力。其主要包括：

1）估算技术：具备项目全寿命期工程计量与计价的能力。

2）造价控制：包括工作分解结构及相应的项目编码、利用挣值管理作为成本控制及风险预测的手段、造价发展的趋势分析、对各种造价控制手段的掌握和运用。

3）可行性研究：包括获取相应的信息、数据评价和分析、对财务性和非财务性的回报进行分析、分析资本市场、分析供给和需求的统计数据、分析通货膨胀的影响、分析利率的影响等。

4）价格评估：在熟悉价格学的基础上，掌握市场价格信息及其走向，能做出正确的价格判断。

5）战略规划：包括界定项目的范围、研究项目的可交付性、制定项目的成本计划、进度计划和质量计划、进行合理的资源分配、考虑项目与项目之间的关系和冲突矛盾（即从考虑单一项目发展到若干项目的综合考虑）。

6）合同管理：包括安排不同的合同类型、进度款支付和工程结算、变更和索赔管理、对合同履行过程中出现的价格波动情况进行处理、定期向上级汇报。

7）采购管理：包括检查项目的可交付性、准备工程量清单及其他所需的文件、准备投标文件、执行投标人的选择程序、进行谈判、评标并选择中标人。

（3）发展能力　发展能力是在基本能力和执业能力的基础上进行拓展，其具体的能力标准可以根据造价管理和项目管理的发展前沿进行调整。主要内容包括：

1）掌握工程造价领域前沿知识：如全寿命期成本管理、价值管理、集成管理等。

2）造价工程师原执业领域的拓展：包括项目风险管理、质量管理、信息管理（主要指工程造价数据库的建立和使用）、会计、审计、争端解决等。

另外，从工程造价全过程角度进行工程造价专业人才能力的培养，可对所需专业能力按照项目管理全过程分阶段进行细分，见表7-3。

表7-3 工程造价专业能力标准分层结构

专业能力	决 策 阶 段	实 施 阶 段			收尾阶段及运营阶段
		设计阶段	招投标与合同准备阶段	施工阶段	
基本能力	建筑技术、项目管理、相关法律法规、工程经济、工程财务、工程造价信息管理技术				
核心能力	① 项目投融资 ② 项目可行性研究及评估 ③ 投资估算 ④ 造价信息管理	① 工程计量 ② 工程计价	① 招标、投标文件编制 ② 合同文件准备和安排 ③ 工程项目采购管理	① 合同管理 ② 结算支付管理 ③ 变更管理	① 建设单位会计与审计 ② 竣工决算 ③ 项目后评估
发展能力	① 项目资源管理 ② 客户关系管理 ③ 多项目管理 ④ 企业战略管理	① 全寿命期造价（LCC） ② 价值管理（VM）		① 索赔管理 ② 挣值管理 ③ 争端解决	① 造价监督 ② 资金审计 ③ 税收 ④ 资产管理

7.3 中国内地造价工程师的执业环境

7.3.1 执业机构

通过全国造价工程师执业资格统一考试或者资格认定、资格互认，取得中华人民共和国造价工程师执业资格，并按照《注册造价工程师管理办法》注册，取得中华人民共和国造价工程师注册执业证书和执业印章，从事工程造价活动的专业人员，称为注册造价工程师。注册造价工程师的执业机构有：建设单位、施工企业、房地产企业、建设工程咨询企业、建设工程监理企业、勘察设计单位、招标投标代理机构、造价师事务所以及工程造价管理、工程审计、财政金融等企事业单位。

7.3.2 业务内容

（1）执业范围　依据《造价工程师执业资格制度暂行规定》，凡从事工程建设活动的建设、设计、施工、工程造价咨询、工程造价管理等单位和部门，必须在计价、评估、审查（核）、控制及管理等岗位配套有造价工程师执业资格的专业技术人员。《注册造价工程师管理办法》（建设部第150号令）规定注册造价工程师执业范围包括：

1）建设项目建议书、可行性研究投资估算的编制和审核，项目经济评价，工程概算、预算、结算、竣工结（决）算的编制和审核。

2）工程量清单、招标控制价（或者控制价）、投标报价的编制和审核，工程合同价款的签订及变更、调整、工程款支付与工程索赔费用的计算。

3）建设项目管理过程中设计方案的优化、限额设计等工程造价分析与控制，工程保险理赔的核查。

4）工程经济纠纷的鉴定。

（2）注册造价工程师的权利和义务

1）注册造价工程师享有下列权利：使用注册造价工程师名称、依法独立执行工程造价业务、在本人执业活动中形成的工程造价成果文件上签字并加盖执业印章、发起设立工程造价咨询企业、保管和使用本人的注册证书和执业印章、参加继续教育。

2）注册造价工程师应当履行下列义务：遵守法律、法规和有关管理规定，恪守职业道德；保证执业活动成果的质量；接受继续教育，提高执业水平；执行工程造价计价标准和计价方法；与当事人有利害关系的，应当主动回避；保守在执业中知悉的国家秘密和他人的商业、技术秘密。

7.3.3 责任风险

1. 责任风险的定义

责任风险是指因个人或团体的疏忽或过失行为，造成他人的财产损失或人身伤亡，按照法律、契约应负法律责任或契约责任的风险。

2. 造价工程师责任风险

造价工程师责任风险是指造价工程师在执业过程中，由于受到各种不确定性因素的影响，其实际收益与预期收益发生一定偏差，从而有蒙受损失和获得额外收益的机会或可能性。造成造价工程师的风险成因可以从外部和内部两方面来分析，如图7-3所示。

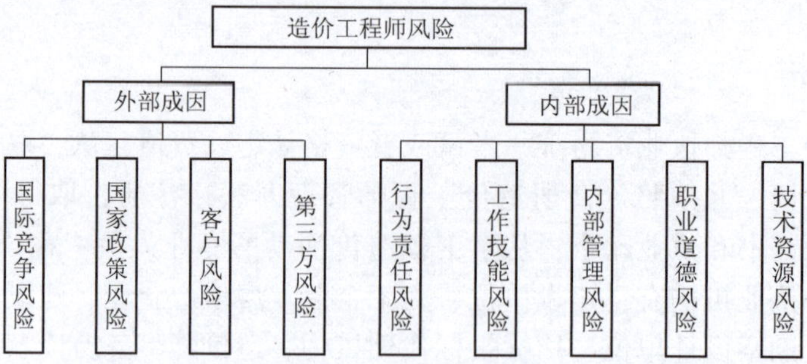

图7-3 造价工程师风险的成因

（1）外部成因引起的风险

1）来自国际竞争的风险。国外工程造价咨询人员具有丰富的经验、先进的现代化手段，熟悉国际惯例，掌握许多符合市场经济要求的计价方式，具有良好的诚信度、更宽广的服务范围，能为客户提供优质高效的服务。而我国企业在开拓国际市场时，对国际惯例或项目所在国的法律、法规、文化习惯不熟悉，从而给造价工程师带来风险。

2）来自国家政策的风险。国内政治、经济、法律环境的变化，政策、执业资格管理办法等的变更，都会给造价工程师带来风险。

3）来自客户的风险。由于存在信息不对称问题，客户可能为了自身的利益提供不完善的资料，而造价工程师很难觉察，给他方造成损失，可能引起他方诉讼，从而带来风险。另一方面，客户可能为了自身的利益，通过各种手段和压力，苛刻要求造价工程师挤压或提高工程造价，使得造价报告偏离实际水平，给造价工程师带来较大风险。

4）来自第三方的风险。工程造价报告的间接使用者——第三方（包括债权人、实际的或潜在的股东、供应商、银行和其他贷款人等），可能由于信任报告而造成损失。如可行性研究报告评价较好的项目，实施后没能取得预期效益，可能损害了第三方利益，给造价工程师带来信任危机。

（2）内部原因引起的风险

1）行为责任风险。它是指造价工程师不履行合同义务或者履行合同义务不符合约定，在工作中发生主观上有意或无意的失职行为给委托方、第三方造成损失而承担违约责任的风险。如由于疏忽大意，对某些该实行检查的项目未进行相应的检查，或者虽然进行了检查，却未能发现隐患，并因此给工程造成损失，造价工程师要负相应的责任。

2）工作技能风险。造价工程师所掌握知识、技能的高低决定了其工作质量的好坏。尽管造价工程师履行了合同中规定的义务，但由于工程技术日新月异，新材料、新工艺层出不穷，并不是每一位造价工程师都能及时、准确、全面地掌握所有的相关知识和技能，因此出现偏差是在所难免的，但由此带来的风险要由造价工程师来承担。

3）内部管理风险。造价工程师所在单位内部的管理机制是否健全，运作是否有效，直接影响着造价工程师的工作效率和主观能动性的发挥。这可能会给直接从事该项目的造价工程师带来连带风险。

4）职业道德风险。为了规范造价工程师的职业道德行为，提高行业声誉，中价协发布《造价工程师职业道德行为准则》（中价协［2002］第015号），给造价工程师的执业提出了一系列约束法则。

5）技术资源风险。由于受到技术资源的限制，造价工程师无法对施工过程进行全面细致的检查。例如企业不具备造价软件和相应设备，使工程造价工作很难按时按量完成；提供给造价工程师的图样、工程变更、现场签证等基本材料存在问题等，这些都会使造价工程师面临责任风险。

7.3.4 风险控制

造价工程师面临的风险是复杂、多方面的，控制和防范这些风险也应是多方面、多角度的。

1. 对造价工程师外部责任风险的管理

（1）建立合伙制机构　合伙制企业是由两个以上的个人联合经营的企业，合伙人分享企业所得并对营业亏损共同承担责任。造价工程师的合伙是指由两个（包括公民、法人）或两个以上的造价工程师根据共同协议组成的联合体。合伙制的特征是造价工程师必须共同出资、共同经营、共同收益、共担风险，并对合伙联合体债务承担无限连带责任。

（2）建立行业自律制度　保护信誉良好的咨询企业，建立黑名单制度，对从业人员在工作中徇私舞弊、滥用职权、收受贿赂或严重失误有一定的抑制作用。由行业协会公布

“黑名单”，并在年检时给予处分，直至终身取消执业资格。

（3）建立信用评级制度　建立中介机构和从业人员的信用评级制度。由信用评级机构根据中介机构及其从业人员的履约记录、营业记录、资信情况等进行信用评级，以促使工程造价咨询人员自觉遵守市场秩序，严谨认真地完成本职工作。

（4）完善法律体系　我国建设工程造价管理存在政策法律不完善的现状，主要表现在：不同层次的法律、法规、规章、制度之间存在相互矛盾的状况；法律、法规、规章、制度覆盖不全面，部分定义不够明确。因此，一方面要理顺现有法律之间的关系，对相互矛盾之处进行修订；另一方面要不断立法完善法律、法规，对必要处做进一步明确。除此之外，针对有法不依、执法不严的情况还要建立有效的监督机制。

（5）推广担保制度　推广担保制度要求造价咨询机构在承揽业务时，提供金融或其他担保机构出具的保函。这样，可进一步提高工程造价咨询单位的信誉水平。

（6）拓宽造价工程师服务面　造价工程师的执业岗位从传统的建筑业扩展到房地产业、投资行业、银行业、保险业以及法律、税务等诸多行业。其工作内容也可从工程造价的分析、控制与核算扩展到工程合同管理与法律事务服务、工程项目管理，为保险业提供工程索赔理赔金额计算、为仲裁机构或法律部门提供有关工程造价方面的权威性裁决意见等。

（7）加强我国造价工程师的继续教育　为适应新形势的发展要求，拓展我国造价工程师的知识结构，可从经济学基础知识、工程项目风险管理理论、建设法规、投资策略与工程经济分析、工程合同管理、现代项目管理、会计基础、计算机与信息管理知识等方面加强造价工程师的继续教育。

2. 对造价工程师内部责任风险的管理

风险源是风险发生的根源，消灭了风险源便可以控制风险的发生。消灭造价工程师的风险源可从以下几个方面着手。

（1）严格履行合同　严格履行合同是防范风险的基础。造价工程师必须树立牢固的合同意识，对工作中涉及的所有合同，都要做到心中有数。对自身的责任和义务要有清醒的认识，既要严格按合同的规定履行自身的责任和义务，又要注意在职责范围内开展工作。合理地运用自身掌握的专业技能，最大限度地降低损失。

（2）提高专业技能　造价工程师的专业素质、知识结构、执业技能是其提供服务的必要条件。造价工程师只有通过不断学习，培养团队组织协调能力，才能适应社会和科学技术不断发展变化的需要，进而减少因不熟悉新工艺、新材料、新技术、新规范等给委托方、第三方带来损失。

（3）提高内部管理水平　设置合理的企业内部机构，建立严格的岗位责任制度，是减少造价工程师责任风险的重要措施之一。如结合工程实际，制定行之有效的人事管理制度、劳动合同管理制度，建立和健全激励和约束机制、造价质量考核制度等。

（4）加强职业道德约束　企业一方面可以采用奖惩制度，将职业道德行为与经济效益挂钩，有效防范造价工程师职业道德带来的风险；另一方面要加强造价工程师的职业道德教育，使遵守职业道德成为造价工程师的自觉行为。同时建立有效的监督机制，如将造价工程师职业道德行为与资格年检和清除制度相联系等。另外，造价工程师应对承包方进行重点监督，加强对其职业道德的约束，防范因承包方的职业道德低下而给自身带来风险。

（5）推行职业责任保险制度　由于工程造价计价与控制具有个别性、差异性、动态性、大额性等特点，造价工程师在进行业务活动时必然会面临较大的风险。因此，建立造价工程师职业责任保险制度，既是造价工程师运用市场手段来转移责任风险、减少财务损失的重要风险管理对策，也是减少委托方及第三方损失、降低整个工程建设风险的重要对策。

综上所述，造价工程师面临的风险是多方面的。在执业过程中，应增强风险防范意识，正确分析和评价其风险，选择合理的风险管理对策，降低风险可能带来的损失。

本章小结

国际上，工程造价专业人士从总体上可以分为工料测量师和造价工程师两大体系。工料测量师相对偏重于建筑设计和工料度量，更多地强调从管理科学的角度出发，利用管理和专业技能提升项目的价值。而造价工程师相对偏重于工程设计和造价控制，从工程科学的角度出发，注重运用工程技术手段实现造价的预算与控制。

1996年开始，我国内地对工程造价专业人员的管理，正式实行造价工程师执业资格制度。造价工程师执业资格制度属于国家统一规划的专业技术人员执业资格制度范围。根据《造价工程师执业资格制度暂行规定》，造价工程师是指经全国统一考试合格，取得造价工程师执业资格证书，并经注册从事建设工程造价业务活动的专业技术人员。造价工程师执业资格考试由国家住房和城乡建设部与国家人力资源和社会保障部共同组织，实行全国统一大纲、统一命题、统一组织的办法，考试每年举行一次。造价工程师专业能力包括基本能力、执业能力和发展能力。

注册造价工程师是指通过全国造价工程师执业资格统一考试或者资格认定、资格互认，取得中华人民共和国造价工程师执业资格，并按照《注册造价工程师管理办法》注册，取得中华人民共和国造价工程师注册执业证书和执业印章，从事工程造价活动的专业人员。我国对注册造价工程师实行注册执业管理制度。注册造价工程师的执业机构有：建设单位、施工企业、房地产企业、建设工程咨询企业、建设工程监理企业、勘察设计单位、招标投标代理机构、造价师事务所以及工程造价管理、工程审计、财政金融等企事业单位。

造价工程师责任风险是指造价工程师在执业过程中，由于受到各种不确定性因素的影响，其实际收益与预期收益发生一定偏差，从而有蒙受损失和获得额外收益的机会或可能性。造价工程师的风险可以从外部和内部两方面来分析，一般包括外部成因引起的风险和内部成因引发的风险。造价工程师面临的风险是复杂、多方面的，控制和防范这些风险也应是多方面、多角度的。在执业过程中，应增强风险防范意识，正确分析和评价其风险，选择合理的风险管理对策，降低风险可能带来的损失。

【关键概念】 工料测量师、造价工程师、执业资格、注册造价工程师、专业能力、执业环境、责任风险

习 题

7.1 在英国，从事工程造价行业的专业人士是____________，其被誉为建筑队伍的财务经理，在资产管理领域中具有重要地位。

7.2 皇家特许测量师学会的正式会员分为专业级、____________、____________三个不同的等级，其中专业级会员包括____________和____________。

7.3 目前美国提供工程造价专业人士执业资格认可的行业学会主要有____________和____________。

7.4 造价工程师执业资格与已经取消的造价员的根本区别在于：一种是____________的执业资格，一种是____________的从业资格。

7.5 为了保证注册造价工程师的专业水平和综合能力，加强对造价工程师执业的监督和管理，中国内地对注册造价工程师实行____________和____________制度。

7.6 ____________是指因个人或团体的疏忽或过失行为，造成他人的财产损失或人身伤亡，按照法律、契约应负法律责任或契约责任的风险。

7.7 全国造价工程师执业资格考试内容不包括(　　)科目。

A. 建设工程造价管理　　B. 建设工程计价

C. 土木工程施工　　D. 建设工程造价案例分析

7.8 造价工程师申请初始注册时，不需提交下列(　　)材料。

A. 初始注册申请表　　B. 执业资格证件和身份证复印件

C. 工程造价岗位工作证明　　D. 继续教育合格证明

7.9 因外部原因引起的造价工程师的责任风险不包括(　　)。

A. 客户风险　　B. 第三方风险

C. 国家政策风险　　D. 行为责任风险

7.10 对造价工程师内部责任风险的管理可从以下(　　)方面着手。

A. 加强我国造价工程师的继续教育　　B. 严格履行合同

C. 提高专业技能　　D. 加强职业道德约束

7.11 工程造价领域的专业人士是如何产生的？

7.12 造价工程师体系和工料测量师体系有何异同？

7.13 报考我国内地造价工程师有哪些要求？

7.14 我国内地对注册造价工程师的监督和管理是如何进行的？

7.15 我国造价工程师要面临哪些责任风险？如何控制这些风险？

第8章 工程造价专业人才需求与择业导向

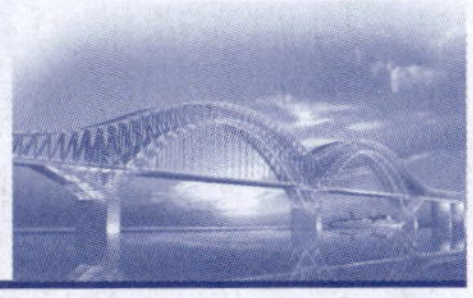

学习要点 本章阐述了工程造价专业的人才需求状况与工程造价专业学生的择业导向问题。通过本章的学习，要求了解我国工程造价行业从业人员的发展现状以及社会对工程造价专业人才的需求状况，熟悉现代社会对工程造价专业学生的要求；熟悉工程造价专业学生毕业后的就业领域，并针对自己学生生涯结束后的职业发展加以思考，做出规划。

8.1 工程造价专业人才需求

8.1.1 我国工程造价领域从业人员现状

伴随着我国经济的持续发展和交通、能源等基础设施投资的迅速增加，房屋建筑、公路、铁路、民航机场、港口和航道、水利水电、电力、矿山、冶炼、石油化工、市政公用、通信与广电、机电安装和装饰装修等行业建设工程数量已有较大幅度增加，工程规模也在不断扩大，建筑市场已进入全面快速发展阶段。工程造价作为项目建设市场的一个重要组成部分，在其间发挥着越来越重大的影响作用，工程造价领域也必然需要更多更优秀的从业人员。然而，在充分肯定我国工程造价行业已取得巨大成绩，工程造价领域从业人员整体素质不断提高的同时，应该清醒地认识到我国工程造价领域从业人员素质与工程实践需要之间仍客观存在着较大差距。

据统计，截至2015年底，我国从事工程造价领域的从业人员中，注册造价工程师约为15.3万人，造价员约150万人。其中，由工民建专业、经济管理类专业和其他专业改行而来的居多，工程造价专业出身的占少数，而具备大专以上学历的仅有40%左右，且存在知识结构不尽合理、工程技术与工程管理的相关专业理论知识缺乏、外语水平薄弱难以进行对外工作交流、企业定额观念淡漠、不能有效地利用现代化手段进行信息管理等现象。

目前，我国工程造价咨询机构中较为普遍地存在缺少以工程技术为基础，兼有经济、法律、管理等方面知识的复合型人才。造价管理人员不具备全面的经济、商务、法律等方面的系统知识和综合协调管理能力，缺乏对现代企业复杂的建筑施工技术、工程经济等问题的处理能力和对现代信息技术的掌握，不具备事前预判和事中控制的能力，在市场调查、经济分析和风险防范上，不能为客户提供高效、优良、全方位的服务，尚未达到参与建设项目全过程造价确定和控制的管理水平。这也是工程造价从业人员准入标准低、缺乏现场施工经验、对施工程序了解不深、日常业务学习不够、职业素质不高等多方面原因长期影响的结果。

综上所述，我国工程造价领域从业人员现状可归纳为：大量工程造价人才在各自岗位上已经和正在发挥重要的作用，但较为普遍地存在知识面过窄，综合管理能力不强，创新思维、协调沟通能力有限，面向国际市场的能力不足等问题。而另一方面，建筑行业的发展前景尤为广阔，交通基础设施与城市化的不断推进等共同决定了工程造价专业毕业生的未来市场需求量可观，就业形势令人看好。因此，通过工程造价专业教育培养大批合格的造价管理人员，是优化工程造价从业人员结构，提高整个建筑业生产一线技术和管理岗位专业人才素质的主要措施之一，也是当前建筑业发展面临的亟待解决的问题。

根据职友网（http：//www. jobui. com/salary/）对工程造价相关企业近一年发布的薪酬数据的统计，工程造价行业人才薪酬分布状况如图 8-1 所示。

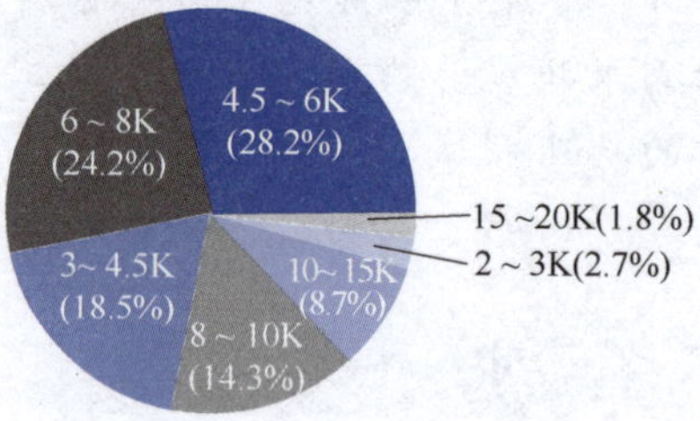

a)

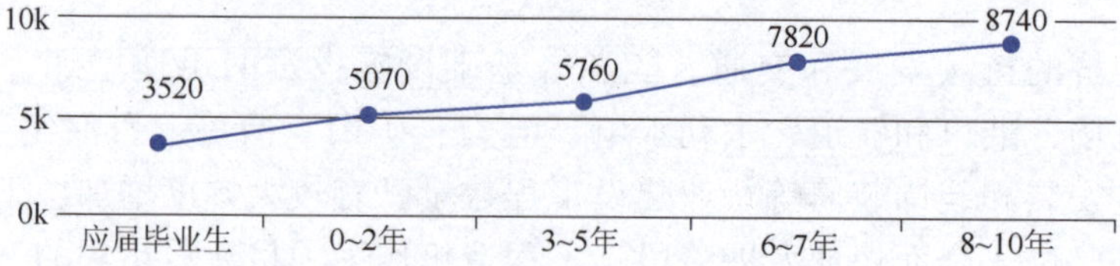

b)

图 8-1　工程造价行业人才薪酬分布状况

a）按薪酬区间统计　b）按工作经验统计

（截至 2016 年 9 月 24 日，根据近一年北京、上海、广州、深圳、成都、武汉、天津、南京、重庆、西安等城市的 10777 份薪酬数据样本的统计，工程造价行业在全国各大城市范围内的平均薪酬约 6010 元/月。——职友网）

8.1.2　现代社会对工程造价专业的人才需求

随着社会的发展，工程活动已经成为人类活动的中心领域，与工程有关的问题往往是人类面对的关键问题。一方面，工程作为直接的现实的生产力，将持续地塑造人类当前和未来的存在状况。随着城市化的进程，企业的组织结构、劳动就业结构、企业管理制度和整个经济的管理方式发生着改变，人们的劳动方式、工作方式、生活方式、休闲方式等都将发生巨大变化，从而改变人们的思想观念、道德观念和思维方式。另一方面，作为面向未来的人类行动，工程活动包含着众多风险和不确定性。人类社会面临的突出问题的产生与工程有着千丝万缕的联系。无论是环境污染问题，还是温室效应问题，都是明显的例证。可见，从事工程活动，就意味着对人类未来的一种谋划，也意味着对人类生存状况的重建。就此而言，那些直接参与工程创新活动的工程造价人才，担负着通过工程来营造人类未来的重大使命。

为了适应工程实践的需要，应对经济全球化、市场国际化的挑战，**工程造价专业人才除了具有良好的知识结构，较强的沟通、协调能力和分析问题、解决问题的能力，还必须在以下方面提高素养，才能成为称职的工程造价专业人才**。

（1）培养较强的组织领导与协调的才能　工程造价人才必须具备较强的组织领导与协调的才能。随着工程在社会发展中的作用越来越大，以及科学、技术、工程和社会之间的互动越来越强，工程造价人才会有越来越多的机会扮演组织者和领导者的角色。优秀的工程造价人才必须掌握基本的组织领导技巧，善于协调各方面关系，有能力处理工程活动中可能发生的冲突，更多地介入公共政策讨论，成为各个专业工程领域的重要角色，参与工程项目的规划、设计和建设，为所效力的机构创新发展做出贡献，在工程领域、研究机构、教育机构中发挥作用，展示才能。

（2）开放的头脑和灵活的思维能力　工程造价人才不仅需要充足的专业知识，更需要智慧，需要有开放的头脑和灵活的思维能力。为此，工程造价人才必须对工程建设和运行过程十分熟悉，清醒认识工程项目在“自然—社会—人文”关联中的位置和作用，正确把握工程管理在“自然—人文—社会”三元互动系统中的地位和价值。不仅能够站在投资者和管理者的角度评价工程价值，还能够站在全社会的角度评价工程的价值，且具有成熟的判断能力、思维能力和随机应变能力，能在工程中努力寻找协调这些价值目标的途径，使工程活动真正服务于可持续发展与和谐社会的建设目标。

（3）开阔的国际化视野，良好的人际交往技能与合作精神　在经济全球化时代，工程造价人才需要具备开阔的国际化视野，具有很强的跨文化沟通能力，拥有良好的人际交往技能与合作精神。工程活动的国际化意味着工程造价人才的全球流动，意味着随时需要跨越国界的工程创新团队。工程造价人才只有具备了良好的沟通技能与外语能力，对全球市场和政治、经济、社会背景的复杂性有深入的理解，才能适应经济全球化和市场国际化趋势。

（4）强大的知识更新能力　工程造价人才需要具有很强的知识更新能力。鉴于当今社会的快速变化和工程复杂性的急剧增加，知识老化的速度越来越快，尤其是各种标准、规范和政策推陈出新，各种现代化信息技术层出不穷，迫切需要工程造价人才不断地更新知识，努力增强学习能力和创造能力，成为一个终身学习者，善于学习新事物并能够将新获得的知识应用于发展变化着的工程实践中。

（5）积极参与公共政策的讨论和咨询过程　随着工程造价在工程建设活动中所起作用的进一步凸显，工程造价人才将更有机会介入公共政策的讨论和咨询过程。工程造价人才介入有关公共政策议题的讨论，不但是工程造价人才自身的责任，而且对于工程造价职业的整体形象来说也是十分必要的。充分认识工程与公共政策的互动良性关系，更有利于降低工程风险，增加工程成功的机会。

（6）培养自身高尚的职业道德　工程造价人才一定要明了自己肩负的伦理责任，培养高尚的职业道德。工程是汇聚了科学、技术、经济、政治、法律、文化、环境等诸多要素的系统，有很大的社会影响和历史影响。随着工程系统的规模不断增大，工程系统的复杂性越来越高，导致工程运行带来的风险也逐渐加大。工程必然涉及利益、风险和责任的分配，职业道德在其中起着重要的定向和调节作用。工程造价从业人员只有具备很高的伦理标准和很强的职业操守，谨慎应对工程可能包含的风险，才能完成对工程的建设管理任务。

8.2　工程造价专业择业导向

8.2.1　工程造价专业学生的就业领域

工程造价专业是以经济学、管理学与建筑工程技术为理论基础，以工程项目管理理论和方法为主导的社会科学与自然科学相交的边缘学科，旨在培养掌握工程造价管理的基本理论与方法，具备从事工程造价的确定和分析、工程预算和竣工决算的编制、工程招标投标和合同管理、投资控制、房地产估价等综合技能的高等工程技术应用型人才。

随着建筑市场的快速发展以及国家对基础设施建设力度的不断加大，使得各项工程对造价人才的需求不断增加，造价行业得到快速发展，工程造价岗位的待遇也随之提高。而造价岗位人才主要来源于工程造价专业的毕业生，因此，工程造价专业学生的就业前景十分广阔，就业领域也相当广泛。总体来说，这些学生毕业后，能够在建设单位、建筑施工企业、房地产企业、工程造价咨询机构、建设监理机构、设计院、政府部门、建筑装潢装饰工程公司、会计事务所、审计事务所等诸多单位，从事与工程造价相关的工程招标代理、建设项目投融资和投资控制、工程造价确定与控制、投标报价决策、合同管理、工程预（结）决算、工程成本分析、工程咨询、工程监理以及工程造价管理相关软件的开发应用和技术支持等工作。以下将对工程造价专业学生毕业后的主要就业领域进行介绍。

1. 建设单位

（1）建设单位简介　**建设单位**是指建设工程的投资方，又称业主或甲方，是整个工程的总负责人，一般泛指有建筑需求的企事业单位。它是国家基本建设计划的执行者，是工程建设的组织者和监督者，同时又是建成工程的使用者，在整个基本建设中起主导作用。

基建部门是负责管理建设单位基本建设的行政职能部门。其具体职能包括：按照单位确定的发展规划，负责向上级管理部门申报建设项目的立项、编制基建计划并办理项目报批手续；负责实施项目建设的前期准备、施工项目管理及竣工验收和资料归档，代表单位负责项目建设的进度控制、质量控制和投资控制；负责建设项目的数据统计和基建财务管理；负责单位建筑物和基础设施的修缮管理工作。建设单位项目管理组织机构如图 8-2 所示。

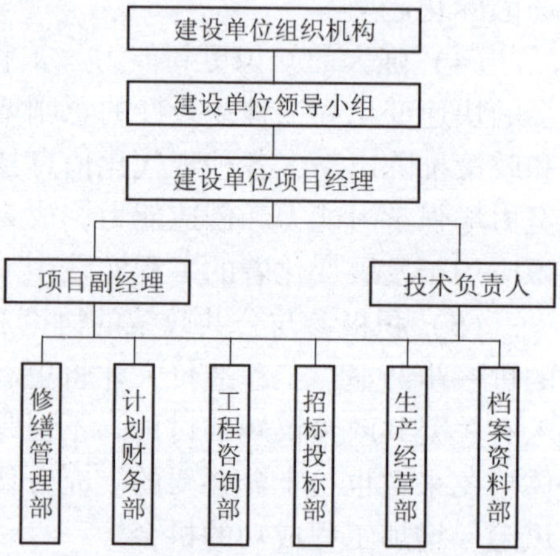

图 8-2　建设单位项目管理组织机构

（2）建设单位造价人员的具体工作

1）在工程开工之前，根据工程图做好项目的预算工作。对整个项目的分部分项工程量进行统计，并根据市场行情，对项目成本做出合理的估计。公开招标的工程，需计算工程的招标控制价，并为工程招标投标做出相应的准备。

2）工程开工后，根据工程的进度做好相关的统计工作，如各种经济类台账、报表，并及时上报相关合同预结算部门，让公司决策层对项目资金的需要量及使用情况有较为详细的了解。

3）对施工企业及材料供应商的经济报表、工程量结算单等依据相应合同规定、工程图、定额、工程实际进展状况等进行审核。

4）为公司洽谈施工发包合同、材料采购合同等提供智力支持，必要时进行多渠道询价。

5）工程结束后，对施工企业提交的竣工决算进行审核，并配合财务部门做好审计工作。

与施工企业造价人员相比，建设单位造价人员在项目前期的工作量往往较多，在工程进展过程中主要侧重于审核工作，其社会地位一般高于施工企业造价人员。

2. 施工企业

（1）施工企业简介　施工企业是工程造价专业本科毕业生就业的主流渠道。**施工企业**又称乙方，泛指建筑工程的总承包企业或分包企业、劳务分包企业等。如果工程项目由建设单位直接施工，那么建设单位也可以称为施工企业。施工企业项目管理组织机构如图8-3所示。

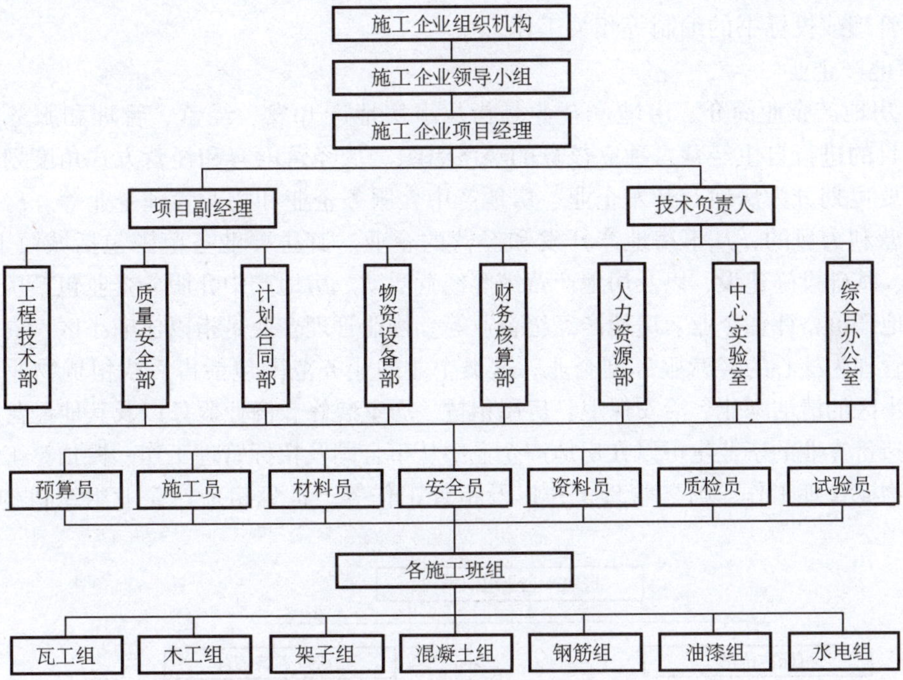

图8-3　施工企业项目管理组织机构

（2）施工企业造价人员的具体工作

1）招标投标阶段的造价管理。工程造价人员负责投标文件商务标的编制工作。在编制投标文件前，应先逐条研究招标文件、充分熟悉图纸，摸清招标人的要求及意图；在部门的统一指挥下参加标书答疑，进行现场勘察，熟悉施工现场条件，掌握工程全貌和设计图的工作内容；对现场物资供应状况、劳动力状况等进行调查；协助技术人员确定主要施工方法，安排施工进度计划，归纳总结工程的重点和难点部分，为项目经理选择施工组织设计提供建议；最终，结合企业定额、市场价格信息做出合理且具有竞争性的报价。

2）施工阶段的造价控制。施工阶段是资金投入最大的阶段，也是合同的具体化，是招标投标工作的延伸。为控制工程造价，造价人员应协同技术人员从技术措施上展开项目投资的有效控制，确定能合理利用的人力、财力、物力资源，以使预算造价最低。在对主要施工技术方案做好论证的基础上，广泛应用新材料、新工艺、新办法等，想方设法在技术上实施项目投资的有效控制。此外，在施工阶段，工程造价人员还应做好工程变更、施工签证等方面的资料收集工作，并据此做出调整预算，报建设单位签认，为工程结算打下一个良好的基础。

3）竣工阶段的成本控制。施工企业的竣工结算是施工企业按照合同规定的内容全部完工，交工后与建设单位按照合同约定的合同价款及合同价款调整内容进行的最终工程价款结算。这就要求造价人员认真复核施工过程中出现的合同变更、设计变更、施工签证、索赔事项及材料、设备的认价单等，并将其量、价分别与工程实际和市场价格进行对比分析，实事求是认真地进行统计分析，做出真实反映工程实际费用开支的计价文件。同时要从竣工结算中总结经验，吸取教训，为今后的工程造价管理工作积累资料。建立工程造价资料数据库，正确分析和判断工程造价的发展趋势，合理预测工程造价。

此外，工程造价毕业生在施工企业还可从事施工管理、材料管理、安全管理、资料管理、质量管理或投标书的编制等相关工作。

3. 房地产企业

（1）房地产企业简介　**房地产企业**是指从事房地产开发、经营、管理和服务活动，并以营利为目的进行自主经营、独立核算的经济组织。从经营内容和经营方式角度划分，房地产企业主要可划分为房地产开发企业、房地产中介服务企业和物业管理企业等。房地产开发企业是以营利为目的，从事房地产开发和经营的企业。其主要业务范围包括城镇土地开发、房屋营造、基础设施建设，以及房地产营销等经营活动。房地产中介服务企业包括房地产咨询企业、房地产价格评估企业、房地产经纪企业等。物业管理企业是指以住宅小区、商业楼宇等大型物业管理为核心的经营服务型企业。这类企业的业务范围包括售后或租赁物业的维修保养、住宅小区的清洁绿化、治安保卫、房屋租赁、居室装修、商业服务以及其他经营服务等。

工程造价专业的毕业生可以在房地产企业中从事合同及招标管理工作、概预算工作，或从事资产或物业管理工作、财务管理工作以及审计工作等。常见房地产企业组织机构如图8-4所示。

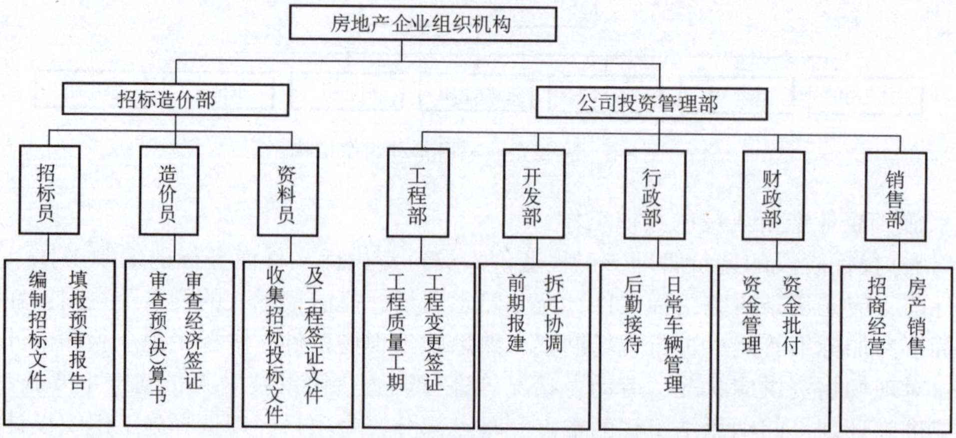

图8-4　常见房地产企业组织机构

（2）房地产企业造价人员的具体工作

1）在项目立项阶段，造价人员的主要工作是进行可行性分析，包括市场分析评估、估算投资等，协助项目策划人员完成对项目的全程策划。在设计阶段，造价人员的主要工作是编制设计概算，对设计进行经济效果分析与控制。在施工阶段，进行招标投标报价、控制投资，编制、审核预（决）算等工作内容。

2）为项目投资融资提供智力支持。造价人员须全面了解银行贷款、房地产信托、上市融资、债券融资等投融资的主要渠道，熟练掌握投资融资运作的相关规则和技术方法，能够根据具体的项目制定不同的融资方案，计算融资成本，预测融资状况对项目的影响，并估计项目的赢利水平，为项目的投资决策以及项目实施过程的成本控制提供对策和依据。

工程造价专业毕业生在房地产企业还可从事资产评估、置业顾问和中介经纪人等职务。

4. 咨询和监理机构

（1）工程造价咨询机构　**工程造价咨询机构**是指具备承担建设项目的可行性研究投资估算，项目经济评价，工程概预算、工程结算、竣工决算、工程招标投标标底、投标报价的编制和审核，对工程造价进行监控以及提供有关工程造价信息资料等业务工作的中介组织或咨询服务机构。该机构一般实行董事会领导下的总经理负责制，下设总工程师办公室、市场部、招标投标代理部、工程造价咨询部和综合事务部等部门及分支机构。工程造价专业的毕业生可以任职于招标投标代理部及工程造价咨询部，从事以下工作：建设项目建议书与可行性研究及投资估算的编制与审核，项目经济评价，财政投资评审，各类土木工程、市政工程、线路管道和设备安装工程及装修工程的招标代理，与工程建设有关的重要设备、材料采购招标代理，工程概算、预算、结算、竣工结（决）算、工程招标控制价、投标报价的编制和审核，提供建设项目各阶段工程造价监控及工程索赔业务服务，接受司法机关、仲裁机构委托对工程经济纠纷进行鉴定，建筑工程顾问，提供评估、招标及工程造价信息咨询服务，技术咨询等。工作内容涉及工程咨询的各个领域，包括从项目可行性研究到项目投资估算、从招标代理到项目管理、从招标控制价编制到工程造价监控、从工程造价审计到投资完成情况审计等众多方面。

（2）建设监理机构　**建设监理机构**是专业化、社会化的中介服务机构。具有一定资质的监理机构可接受建设单位的委托开展工程前期工作、规划咨询、编制建议书及可行性研究报告、评估咨询、招标代理及项目后评价等工作，也可承接各类工程设计和施工监理，主持各类型工程的招标投标业务、编审各类工程的预算、结算和招标控制价等。工程造价人员可以在监理机构从事施工现场监理和参与监理机构日常管理工作，例如对建设单位委托的工程项目投资决策、可行性研究、项目评估提供科学、可靠的咨询服务，对建设单位委托的工程建设监理项目的投资、质量、进度进行有效的监管与控制。

工程造价本科毕业生初期可以在监理机构担任监理员，完成以下工作：

1）在监理工程师的指导下开展现场监理工作。

2）负责施工企业提交的开工报告、施工组织设计、技术方案、进度计划的初审工作。

3）检查施工企业投入工程项目的人力、材料、主要设备及其使用、运行状况，并做好原始检查记录。

4）负责工程计量工作，审核工程计量的数据和原始凭证。

5）对施工企业的施工工艺或施工工序进行检查、巡视和记录。

6）担任旁站工作，发现问题及时指出，并向专业监理工程师报告。

7）负责分项工程及隐蔽工程验收，参与工程项目的竣工验收。

8）协助监理工程师进行工程质量事故的调查。

9）做好监理日志，并按照专业监理工程师的要求做好监理工作总结。

10）完成项目监理部安排的其他工作。

工程造价本科毕业生在取得高级专业技术职称或中级专业技术职称后具有三年以上工程设计或施工管理实践经验时，可以报名参加监理工程师考试，取得《监理工程师执业资格证书》，并注册登记从事工程建设监理工作。

5. 其他机构相关职位

（1）**定额办、造价总站** 收集、整理、发布工程建设价格要素信息和工程造价指数，建立省级建设工程造价数据库，负责对建设工程造价咨询机构及从业人员的日常管理服务工作，负责调解有关建设工程造价方面的争议和纠纷，指导各市（区）建设工程造价管理机构的业务工作。

（2）**建筑市场监管处** 负责相关省市注册监理工程师、注册建造师、注册造价工程师的管理，负责进出省建筑施工、监理、招标代理、造价咨询企业的管理。

（3）**建设工程招标投标管理办公室** 负责贯彻建设工程招标投标的法律、法规、规章和政策，并组织实施与管理，监督发包承包合同与招标投标文件是否一致，监督规范有形市场的服务，负责建设工程招标投标的统计工作，及时发布工程项目及招标投标的动态信息等。

（4）**设计单位** 相对大型的设计单位一般都设有造价部门，也是工程造价专业学生就业的一个途径。造价人员在此可以从事工程项目初步设计概算、预算、工程量清单计价（预算），工程投标报价、工程预算审计、结算或决算审计，总承包项目现场费用控制等工作。

（5）建设银行工程造价中心 建设银行为了适应形势的发展，凭借其长期代行国家财政职能——从事固定资产投资管理和工程造价预（结）算审查业务所拥有的各类资源优势，组建了提供工程建设监理、工程招标代理、工程造价咨询以及建设工程项目建议书和可行性研究报告编制等工程咨询类服务的中介咨询机构。其主要业务范围包括编制工程招标控制价、代审工程造价、接受委托代理工程监理、代理工程保险、建设项目可行性研究和评估、房地产估价、提供工程造价市场信息、受理法院以及工商等部门的委托鉴定工程造价、人才培训等。工程造价专业毕业生也可在此觅得一席发展之地。

（6）教师 工程造价专业的毕业生（尤其是研究生）可以留在高校或职业类学校从事工程造价相关专业的教育教学工作。

（7）**招标投标代理机构** 招标代理机构是依法设立、从事招标代理业务并提供相关服务的社会中介组织。工程造价专业的毕业生可以在招标投标代理机构从事招标代理业务，即接受招标人委托，组织招标活动。具体业务内容包括帮助招标人或受其委托拟定招标文件，依据招标文件的规定，审查投标人的资质，组织评标、定标等；提供与招标代理业务相关的服务，即提供与招标活动有关的咨询、代书及其他服务性工作。

（8）软件开发公司 工程造价专业的学生由于具备大量的工程计量与计价的相关专业知识，可以在软件开发公司从事与工程造价管理相关的软件开发应用、技术支持与软件培训等工作。如广联达、鲁班等知名的软件开发企业。

以某知名 211 院校为例，该校 2015、2016 届工程造价专业本科毕业生就业统计情况如图 8-5 所示。其中，该校 2016 届工程造价专业本科毕业生共 78 人，毕业后 7 人进入建设单位工作，占该级工程造价专业本科毕业生的比率约 9%；45 人毕业后就职于施工企业，如中建三局总承包、中建三局东北分公司、中铁十四局、中建三局二公司、中建四局珠海公司、中建三局装饰公司、中国十七冶集团有限公司等，占总人数比率约 58%；1 人就职于房地产企业，1 人进入设计院工作，2 人考取了公务员，2 人就职于投资公司，2 人就职于银行单位，2 人进入制造业公司从事造价或管理相关工作；其余 16 人选择毕业后继续深造，如出国留学或攻读国内高校研究生，占比约 20%。该校 2016 届工程造价专业毕业生就业分布图如图 8-6 所示。

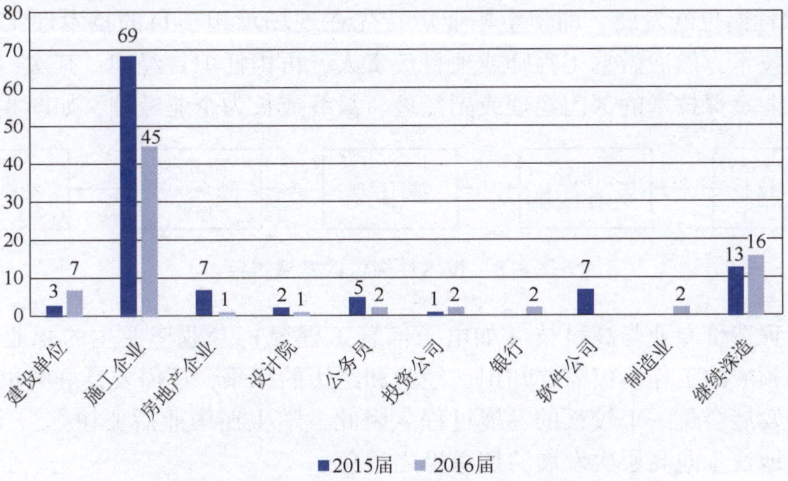

图 8-5　某 211 高校工程造价专业本科毕业生就业情况

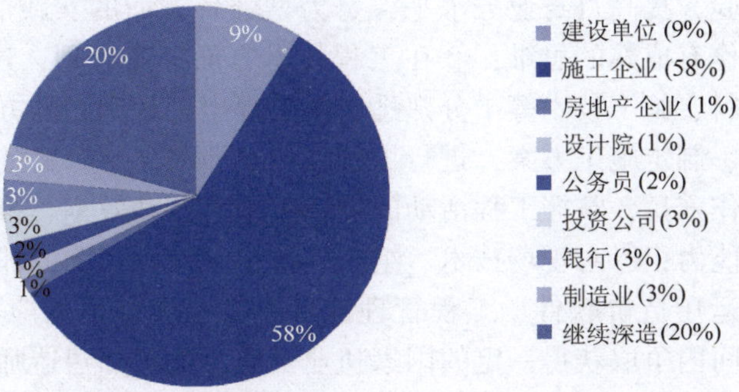

图 8-6　该校 2016 届工程造价专业毕业生就业分布图

8.2.2　工程造价专业学生毕业后的发展

1. 工程造价专业学生毕业后的职业发展

工程造价专业学生毕业后的第一职业定位应是面向施工企业，成为造价工程师或建造师等执业资格人员。其中，按照我国建筑领域的执业资格定位，建造师可发展为工程项目经理。根据对以往工程造价专业毕业生就业情况的调查分析，在工程承包企业内工程造价专业学生的发展路径通常有以下两种。

（1）商务性岗位的发展 学生毕业后首先在工程项目的成本、合同、组织等部门工作，经过一个阶段的工作经验积累，再承担工程项目副经理，主要负责商务方面的工作；再经历一番锻炼，可以上升至企业商务性部门担任部门副经理；最后，承担企业商务性部门的经理或者企业副经理工作，如图8-7所示。工程造价专业毕业生的职业发展路径大多以此为主。

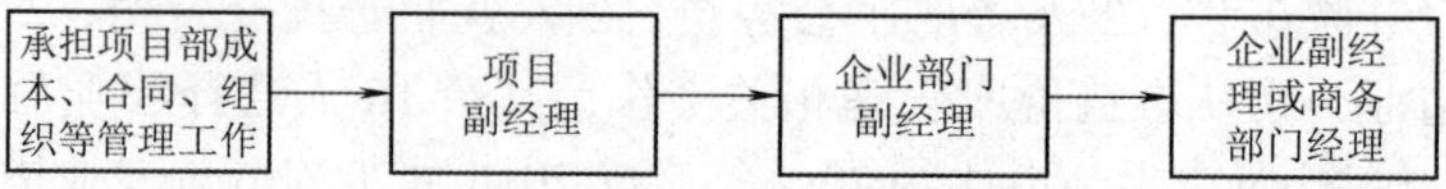

图8-7 商务性岗位的发展路径

（2）技术性岗位的发展 即学生毕业后首先在现场承担项目的技术性工作，如主要管理工程质量和技术，然后做总工程师或项目负责人，再担任项目经理；其次，经过经验的积累再上升为企业负责技术的部门经理或副经理，最终成长为企业经理，如图8-8所示。

图8-8 技术性岗位的发展路径

此外，工程造价专业与高科技（如电子信息工程等）专业毕业生的职业发展有很大区别。工程造价领域的工作不仅需要知识、经验和经历的积累，还需要良好的声誉与德行，学生在本领域的发展会是一个较长的发展过程。因此，学生在毕业后要树立一个稳定的心态，一步一个脚印地逐步向高层次发展，切忌操之过急。

由于工程造价以实际的工程为落脚点，如果对工程现场不了解，就很难胜任工程造价的实际工作。工程造价专业的学生毕业后应首先从工程现场的成本管理等工作开始，不断积累现场的施工和管理经验，提高自身业务水平，努力增强各方面的实践能力。这些能力包括：①对工程的实施和运作有成熟的思维；②在工程技术方面，对规划、建筑学有一定的了解，对工程结构、工程材料、施工技术等十分熟悉，能够提出处理问题的方案并做出安排；③能够编制施工组织设计、制定施工方案，进行工程估价（预算）；④工程现场组织能力，如能够进行平面布置、工作安排，掌握工程活动的逻辑关系、劳动效率、劳动组合；⑤招标投标文件编制和合同分析能力；⑥对现场技术、组织、价格、合同问题的即兴处理能力；⑦计算机应用能力，如熟练运用造价软件、工程管理软件；⑧专业外语的应用能力等。并且毕业后，应在工作一段时间内争取获得一定的国家执业资质，如参加建造师、造价工程师、监理工程师等资格考试，获取相关注册执业资格，这样将会给自身未来的发展提供一个很好的就业和提升的平台。

工程造价专业学生要对自己和行业有清晰的定位，认识到建筑行业需要的是知识型、学习型、应用型复合人才，自己应时刻具备持续发展的能力和空间，同时注重国际市场对人才需求的变化，努力提高外语和计算机应用水平，加强对国际事务的掌控能力，以便求得更高层次的发展。

作为一个工程造价专业的学生，首先应能管理好自己的“战略”，经营好自己的“项目”。毕业后，学生应注重职业发展路径设计，常做自己的职业发展战略研究，把握好自己的职业发展方向。同时，在自己的人生发展过程中做好每一个工程，有计划地做好每一件事务。

2. 工程造价专业学生毕业后的其他发展路径

具体地说，高校学生毕业后的发展路径受到个体特征、所属高等院校特征、劳动力市场发展状况以及宏观社会经济发展环境等多层面因素的影响，工程造价专业学生毕业后选择非传统就业发展路径的比例也在逐年增加。在就业竞争日趋激烈的背景下，该专业本科毕业生除了进入施工企业、建设单位、房地产等众多单位参加工作外，还可以选择从事自由职业、自主创业、灵活就业等模式，或在国内外高校接受继续深造教育，以提升学历、强化就业市场竞争力或暂时规避就业风险。

对于自主创业、自由职业或灵活就业等非传统型的就业模式，一般家庭社会经济地位较高或对所学专业兴趣不大、富有开拓性格的男性毕业生，往往较倾向于做出此类就业选择；而对于那些成绩优异、对本专业学习和求知兴趣浓厚，有深造愿望的毕业生则更倾向于选择继续深造（即读研或国外留学）的发展路径。从图 8-5 中也可以看出，近年来，工程造价专业学生结束本科教育后，选择继续深造的毕业生群体比例也在持续增加。

对于想进一步深造的学生来说，有多种选择可供参考：一是在国内高校继续深造。工程造价专业本科学生毕业后可进入本校研究生院开设的工程造价或管理类相关专业进行深造，或进入国内其他高校设立的技术经济及管理、管理科学与工程、建筑与土木工程或项目管理等相关专业硕（博）士点进行学习。国内开设此类专业的 985、211 类著名高校有清华大学、同济大学、东南大学、重庆大学、天津大学、哈尔滨工业大学、华中科技大学、武汉理工大学、长安大学等，毕业生可根据自己的实际情况和职业规划等综合考虑，考取对应院校。二是选择出国留学。随着土木工程行业的国际化趋势的发展，出国深造对于学习国际先进工料测量方法及项目管理经验也是很好的选择。工程造价专业学生出国深造的去向，主要是前往英、美、德、加、荷等具有土木工程学科优势的高等学府进行继续深造，如美国的杜克大学（Duke University）、英国伦敦大学学院（University College London）、加拿大麦吉尔大学（McGill University）等。但选择继续深造的毕业生也应同时做好心理准备：深造学习如同修行，是一个艰苦的过程，同时要花费一笔不菲的学费，如若做出此类选择便要脚踏实地坚持下去。

以在国内高校继续深造为例，工程造价专业学生欲考取国内高校相关研究生专业进行继续深造，则要参加研究生入学考试（保送研究生除外）。研究生入学考试分为初试和复试，学生需要查看招生专业目录，根据报考的院校与专业提前了解初试及复试科目，以便做好应试准备。一般初试科目包括思想政治理论、英语、数学和专业课，复试科目包含外语听力、口语及专业基础知识。其中，对于初试专业课科目及复试专业基础知识部分，各高校的考查科目及专业侧重点各不相同，应试者要尤其注意根据高校的不同要求提前做好准备。此外，与毕业后的就业选择相比，考取研究生也是人生中的一次重要转折。毕业生若有考研等继续深造的想法，一定要提前规划认真复习，做好充分的考前准备，以确保被心仪院校顺利录取。

学生在顺利考取工程造价相关专业研究生后，会经历从本科生到研究生的角色转换。在攻读研究生的过程中，应更多地将在已形成的知识图式中融入专业色彩，尽快使自己真正从“学术人”过渡到“专业人”。在研究生学习过程中不仅要注重收获理论学术成果，更要注重自身专业实践能力的养成，兼顾理论学习与专业实践学习的平衡。在学习中逐渐形成系统型、使命型、创新型的方式方法，提升专业素质，提高学习效率。具体地说，研究生的学习方法可以从以下几方面进行培养。

1）教学内容的深化与学习目标的定位学习到主动研究的转变。本科生的学习方法将不再适用于研究生的学习生涯，研究生学习方法的转变应以教学内容的转变为据，以学习目标的重新定位为本，以系统思维为纲，重构学习方法与策略。研究生的学习内容与本科生相比更为系统，更为深入。随着教学内容的丰富，研究生学习过程中应适时培养自身专业思维的形成，多汲取与专业相关的专业哲学、文化哲学、管理哲学、文化认知等使思维认知模式转变的方法，使教学内容与自主学习内容相得益彰，共同促进自主研究的深度和广度。其次，学习目标的重新定位也是研究生学习方法优化的另一重要方面。随着教学内容的丰富，研究生的学习目标应重新构建，不应仅限于毕业学分的修满与否，应从专业系统的角度对自身研究水平与能力进行审视，查缺补漏的同时完善自身的专业学习方法，达到更深、更广、更高的研究目的。

2）教学方式的转变与学习理念的树立。研究生的教学方式相异于本科生的教学方式，其教学更倾向于对学生学习方式与方法的引导，培育学生专业思维的树立及思维模式的独立性。研究生在教学方式转变的情况下也应采取具体问题具体分析的学习理念，树立“主动式”学习理念，摒弃“被动式”的学习理念。具体来说，研究生应逐渐树立“问题意识”“求真意识”和“求是意识”。所谓问题意识，即在学习中带着探求与疑问去认识事物、解决事物，只有带着专业思维去探求去疑问才能真正认识事物的本质，继而为问题的研究奠定坚实基础。求真意识即在学习中本着强烈的执着精神与使命精神，去发现问题、解决问题，去探寻事物发展的规律，在研究生的学习中要多审慎，达到在众议中不盲从，求真务实，使科研有理有据，切实可行。而求是意识则是指在研究生的学习过程中以专业使命感与责任感为基奠，在探究问题时以专业发展为诉求，以研究切实的实践性为宗旨，实现研究对学科及社会的现实意义。“问题意识”“求真意识”和“求是意识”的学习理念既相辅相成，又在层层递进地引导着研究生成为真正的学者。

3）教学队伍的改革与学习方式的创新。研究生与本科生的教学在教学队伍方面也存在些许差异，研究生多采取导师负责制或双导师制，在很大程度上促进了学科间学习的交叉与融合，促进了校企、校社之间的交流，创新出较完善的人才培养模式。在此改革的形势下，研究生也需使其学习方式与双导师等制度相呼应。目前，双导师制包括校内、校际、校企（社）三种主要教学模式。研究生对校内双导师教学模式应广有涉猎，扎实掌握本专业基础知识的同时，做好跨学科、跨专业的知识图式的构建。在校际双导师教学模式下最大限度地利用校际带来的有效资源，为学术研究或实践研究提供更多的信息与条件。在校企（社）双导师教学模式下应适时转变学习方式，将焦点置于如何让理论研究成果发挥实践价值，如何让专业实践更好地去指导理论研究。研究生学习方式的创新不但要与教学队伍改革相适应，更需要研究生在学习方式转变中逐渐树立“自我”，在培养机制下时常进行自我教育、自我批评、自我肯定、自我否定等自我管理式学习，只有这样才能真正适应高校人才培养的改革与创新，做一名新时代的专业人才。

工程造价专业学生在研究生毕业后的就业可选择性更大。通常，其就业范围会愈加宽广、薪酬也较本科毕业生初就业时更高，发展空间更大。除可以进入本科毕业生的就业范围之外，研究生毕业后还可以在教育机构从事工程造价及房地产相关专业的教学、科研和行政工作，在建设银行等金融系统从事建设项目的投资融资等相关工作，在政府部门从事建设规划、工程审计、招标投标监督、项目申报审查、土地转让拍卖监督、房地产买卖监督等技术管理工作，或在设计单位从事建设项目的设计概算编制与审核等工作等。

本章小结

我国工程造价行业从业人员现状是大量工程造价人才在各自岗位上已经和正在发挥重要的作用，但较为普遍地存在知识面过窄，综合管理能力不强，创新思维、协调沟通能力有限，面向国际市场的能力不足等问题。

工程造价专业学生不仅要具有良好的知识结构，较强的沟通、协调和分析问题、解决问题的能力，还需具备较强的组织领导与协调的才能，开放的头脑和灵活的思维能力，开阔的国际化视野，良好的人际交往技能与合作精神，强大的知识更新能力，积极参与公共政策的讨论和咨询过程，培养自身高尚的职业道德，才能满足现代社会的需要，成为称职的工程造价人才。

工程造价专业学生主要就业领域包括建设单位、施工企业、房地产企业、咨询和监理机构、高校、定额办、设计院、造价总站、建设银行工程造价中心、招标投标代理机构、软件开发公司等。

工程造价专业学生的第一职业定位应是面向施工企业，成为造价工程师或建造师等执业资格人员。其中，按照我国建筑领域的执业资格定位，建造师可发展为工程项目经理。在工程承包企业内，工程造价专业学生的发展路径通常有商务性岗位的发展和技术性岗位的发展两种。此外，该专业本科毕业生还可以选择从事自由职业、自主创业、灵活就业等模式，或在国内外高校接受继续深造教育，以提升学历、强化就业市场竞争力或暂时规避就业风险。

【关键概念】　人才需求、建设单位、施工企业、房地产企业、工程造价咨询机构、择业导向

习　题

8.1　________是国家基本建设计划的执行者，是工程建设的组织者和监督者，同时又是建成工程的使用者，在整个基本建设中起主导作用。

8.2　________泛指建筑工程的总承包企业或分包企业、劳务分包企业等。

8.3　________是以营利为目的，从事房地产开发和经营的企业。

8.4　________机构的工作内容涉及工程咨询的各个领域，包括从项目可行性研究到项目投资估算、从招标代理到项目管理、从招标控制价编制到工程造价监控、从工程造价审计到投资完成情况审计等众多方面。

8.5　从经营内容和经营方式角度划分，房地产企业主要可划分为(　　)。

A. 房地产中介服务企业　　B. 物业管理企业

C. 房地产开发企业　　D. 建设单位

8.6　根据对以往工程造价专业毕业生就业情况的调查分析，在施工企业工程造价专业学生的发展路径通常包括(　　)。

A. 商务性岗位的发展　　B. 技术性岗位的发展

C. 成长为项目经理　　D. 成长为财务会计

8.7　房地产中介服务企业不包括(　　)。

A. 房地产咨询企业　　B. 房地产经纪企业

C. 房地产价格评估企业　　D. 房地产物业管理企业

8.8 工程监理机构是专业化、社会化的中介服务机构。一般具有相应资质的监理机构可进行下列(　　)工作。

A. 接受建设单位的委托开展工程前期工作、规划咨询

B. 编制建议书及可行性研究报告

C. 招标代理及项目后评价

D. 承接各类工程设计和施工监理

8.9 现代社会对工程造价领域的人才提出了怎样的要求？

8.10 简述工程造价专业毕业生的主要去向及其工作内容。

8.11 为适应未来工作的需要，工程造价专业学生应做好哪些准备？

8.12 思考自己的就业方向，尝试对自己的职业发展进行初步规划。

参考文献

[1] 高等学校工程管理和工程造价学科专业指导委员会. 高等学校工程造价本科指导性专业规范（2015年版）[S]. 北京：中国建筑工业出版社，2015.

[2] 李建峰. 建筑施工技术与组织 [M]. 北京：机械工业出版社，2016.

[3] 罗福午. 土木工程（专业）概论 [M]. 4版. 武汉：武汉理工大学出版社，2012.

[4] 任宏，陈圆. 工程管理概论 [M]. 2版. 北京：中国建筑工业出版社，2013.

[5] 严玲，尹贻林. 应用型本科专业认证制度研究 [M]. 北京：清华大学出版社，2013.

[6] 陈辉. 基于专业思维的研究生学习方法培育路径 [J]. 黑龙江教育（高教研究与评估），2016（6）.

[7] 周洙. 研究过程中的重要一环——查阅文献 [J]. 吉林省教育学院学报，2014，30（8）.

[8] 俞国凤，刘匀. 工程造价的基本原理与计价 [M]. 上海：同济大学出版社，2014.

[9] 中国建设工程造价管理协会. 建设工程造价管理基础知识 [M]. 北京：中国计划出版社，2014.

[10] 熊峰. 土木工程概论 [M]. 武汉：武汉理工大学出版社，2015.

[11] 郑文新，李献涛. 工程管理概论 [M]. 北京：北京大学出版社，2012.

[12] 尹贻林，严玲. 工程造价概论 [M]. 北京：人民交通出版社，2009.

[13] 马凤玲. 工程建设法规概论 [M]. 北京：中国建筑工业出版社，2015.

[14] 叶立群. 高等教育学 [M]. 3版. 福州：福建教育出版社，2013.

[15] 刘光忱. 土木建筑工程概论 [M]. 4版. 大连：大连理工大学出版社，2012.

[16] 戴晶晶，贾晓东. 土木工程概论 [M]. 成都：西南交通大学出版社，2016.

[17] 李建峰. 工程计价与造价管理 [M]. 2版. 北京：中国电力出版社，2012.

[18] 中国建设工程造价管理协会. 中国工程造价咨询行业发展报告（2015版）[M]. 北京：中国建筑工业出版社，2015.

[19] 周和生，尹贻林. 政府投资项目全生命周期项目管理 [M]. 天津：天津大学出版社，2010.

[20] 李鹏林. 大学生职业生涯规划与就业指导 [M]. 北京：中国农业大学出版社，2015.

信息反馈表

尊敬的老师：您好！

感谢您多年来对机械工业出版社的支持和厚爱！为了进一步提高我社教材的出版质量，更好地为我国高等教育发展服务，欢迎您对我社的教材多提宝贵意见和建议。另外，如果您在教学中选用了**《工程造价（专业）概论》第2版（李建峰 等编著）**，欢迎您提出修改建议和意见。索取课件的授课教师，请填写下面的信息，发送邮件即可。

一、基本信息

姓名：________ 性别：________ 职称：______________ 职务：______________

邮编：________ 地址：____

学校：____________________院系：________________任课专业：__________

任教课程：________________手机：________________电话：______________

电子邮箱：________________ QQ：________________

二、您对本书的意见和建议

（欢迎您指出本书的疏误之处）

三、您对我们的其他意见和建议

请与我们联系：

100037 机械工业出版社·高等教育分社

Tel：010-88379542（O） 刘 涛

E-mail：ltao929@163.com QQ：1847737699

http://www.cmpedu.com（机械工业出版社·教育服务网）

http://www.cmpbook.com（机械工业出版社·门户网）